U0166255

南堡油田开发实践

主　编：李国永
副主编：余成林　徐　波　王代刚

石油工业出版社

内 容 提 要

本书精选了历年来以冀东油田南堡油田作业区青年员工为主体创作的优秀科研论文 31 篇，分为地质油藏、注采工艺、地面工程三部分。

本书可供油气田开发生产管理人员和科研人员参考，也可供高等院校相关专业师生阅读。

图书在版编目（CIP）数据

南堡油田开发实践 / 李国永主编 . — 北京 ：石油工业出版社，2023.1
ISBN 978-7-5183-5859-5

Ⅰ . ①南… Ⅱ . ①李… Ⅲ . ①油田开发-河北-文集
Ⅳ . ①TE34-53

中国国家版本馆 CIP 数据核字（2023）第 017971 号

出版发行：石油工业出版社
　　　　　（北京安定门外安华里 2 区1号　 100011）
　　　　　网　　址：www.petropub.com
　　　　　编辑部：（010）64523825　图书营销中心：（010）64523633
经　　销：全国新华书店
印　　刷：北京中石油彩色印刷有限责任公司

2023 年 1 月第 1 版　2023 年 1 月第 1 次印刷
787×1092 毫米　开本：1/16　印张：14.25
字数：320 千字

定价：100.00 元
（如出现印装质量问题，我社图书营销中心负责调换）
版权所有，翻印必究

前　言

南堡油田位于河北省唐山市滦南县境内的浅水海域，矿权面积 $1000km^2$。在区域构造上，南堡油田隶属渤海湾盆地黄骅坳陷北部的南堡凹陷，历经多次构造运动，具有断块破碎、储层变化大等地质特征，是典型的复杂断块油田，油藏认识难度大。此外，鉴于特殊的浅水地表条件，南堡油田采用"海油陆采"的开发模式，油田效益开发又面临着相对成熟的陆地和海洋油田开发技术应用受限、作业空间狭小、环境敏感等特有的瓶颈问题。

自 2007 年南堡油田正式投入开发以来，广大青年石油人始终聚焦油田生产需求，直面生产实际问题，勇闯全新领域，奋战在生产科研第一线。经过多年的攻关，南堡油田已解决了滩海复杂断块油气田地质油藏、注采工艺、地面工程等方面技术问题，形成滩海油气田高效开发配套技术并取得良好应用效果，为滩海油气田安全、高效开发提供了技术支撑。

本书选录了自南堡油田成立以来的部分优秀成果，分为地质油藏、注采工艺和地面工程三部分，主要包括复杂断块油藏低级序断裂识别、浅水三角洲储层构型研究、剩余油刻画、气举采油技术优化、二氧化碳控水增油工艺、氮气采油工艺、海底输油管线防腐及治理、人工岛登陆点沉陷隐患治理等方面的研究成果。本书是南堡油田科研和生产一线技术人员理论与实践紧密结合的产物，对滩海油气田开发技术研究和油藏管理具有较大的参考意义，可供专业人员交流与学习。

本书在编写过程中得到了中国石油冀东油田公司领导、各级技术专家，以及高校学者的指导，得到了基层单位的大力支持，在此谨向相关单位的领导和专家，向广大的青年科技工作者致以衷心的感谢。

鉴于编者水平有限，书中难免存在不足之处，敬请读者批评指正。

目　录

第三部分　地面工程

第一部分

地 质 油 藏

南堡凹陷曲流河点坝储层内部构型
解剖与剩余油挖潜

李国永　李华君　轩玲玲　霍丽丽　郑佳佳　赵　颖　左　虎

（中国石油冀东油田公司）

摘　要：以南堡凹陷柳赞南区明化镇组曲流河沉积为例，应用"垂向分期、侧向划界"的方法，通过标志识别确定单河道、点坝及其内部构型分布，重点对点坝内部各构型要素进行定量描述，建立点坝内部构型模型，分析剩余油分布模式。研究结果表明，柳赞南区 L25-26 井区 $Nm III_{1-2}^1$ 单层发育的点坝长度为 587.7m，由 13 个侧积体叠加而成，侧积层水平间距约为 29m，侧积层倾角为 8°，倾向指向废弃河道外法线的北东方向。由于泥岩侧积层的影响，剩余油主要分布在点坝侧积体的上部，可通过水井卡封无效注水循环层、在油水井之间点坝上部钻水平井的方式挖潜剩余油。研究结果有效地指导了柳赞南区在特高含水开发阶段下开展的层内剩余油精细挖潜。

关键词：构型；点坝；曲流河；剩余油；南堡凹陷

储层构型研究是近几年发展起来的一项精细描述储层内部非均质特征的技术，主要用于高含水、高采出程度油藏在开发后期剩余油高度分散状态下的层内挖潜。在曲流河所有成因砂体中，点坝内部结构最为复杂，由若干个侧积体组成，侧积体之间发育斜交层面的泥质侧积层。南堡凹陷柳赞南区明化镇组属于曲流河沉积储层，目前该油藏已进入特高含水开发阶段。利用丰富的动静态资料，采用层次分析法和结构要素分析法，以曲流河点坝构型解剖理论为指导，开展曲流河点坝识别及典型井区点坝内部构型定量解剖，建立内部构型的三维地质模型，分析构型控制下的剩余油分布规律，为柳赞南区在特高含水开发阶段下开展层内剩余油精细挖潜寻找到有利途径。

1　油藏概况

柳赞油田位于南堡凹陷东北部高柳构造带东段，西以鞍部与高尚堡构造和拾场次凹相连，东北和东界以柏各庄断层与马头营凸起相连。柳赞南区位于柏各庄大断裂和高柳断层的下降盘，其总体形态受高柳断层控制且是被断层复杂化的逆牵引背斜构造，被断层分割成面积不等的多个断块，柳 102 块、柳南 3-3 块和柳 25 块是主要含油区块。柳赞南区明化镇组下段岩性主要为浅灰色、棕黄色块状砂岩与灰色、灰黄色泥岩互层，以泥包砂为特征，砂泥岩分异明显，电性上为低阻细锯齿和尖峰状电阻间互，是氧化至弱氧化环境下的曲流河沉积的砂岩、泥岩地层。柳赞南区累计探明地质储量 901×10⁴t，经历 2003—2006 年的水平井高速开发阶段后，油藏已进入特高含水开发阶段，储层内优势渗流通道发育，剩余油在平面和纵向上呈现出整体分散、局部相对集中的分布态势。深入解剖点坝内部构型，挖潜点坝侧积体内部剩余油成为目前研究的重点。

2 单期河道与点坝识别

点坝内部构型解剖的基本步骤首先是综合地震、地质、生产等各种资料确定地层发育模式，进行精细小层对比，划分沉积微相类型，从而确定复合河道砂体的分布；然后在复合河道内部应用"垂向分期、侧向划界"的方法，分层次逐级解剖，识别各级界面，确定单河道砂体、点坝砂体及其内部构型要素的分布[1]。

2.1 单期河道识别

单一河道砂体的划分主要针对曲流河复合河道砂体。首先绘制地层等厚图和砂体等厚图，分析古地形的变化趋势，进而分析河流的沉积方向。根据各种经验公式，确定单河道的规模。在垂向上利用泥质夹层、钙质夹层等沉积间断面确定单期次的河道砂体；在平面上根据砂体层位高度差异[2-4]、河间沉积、砂体厚度差异和废弃河道分布等不同识别标志确定出单期河道边界，最终识别出复合河道砂体内的单河道砂体。

2.2 点坝识别标志

在单期河道识别的基础上进行点坝砂体识别，主要依据垂向沉积韵律、砂体厚度以及发育位置紧邻废弃河道发育 3 个特征综合判断。

（1）垂向沉积韵律是点坝的单井解释依据。点坝砂体单井垂向剖面具有粒度向上变细、沉积规模向上变小的典型正韵律特征。一个点坝由若干个侧积体组成，侧积体之间发育泥质侧积层，表现在垂向上则为以泥质夹层分隔的多个正韵律砂体。侧积泥质夹层识别主要应用微电极、自然伽马、电阻率等曲线[5]，其特征为微电极出现不同程度的回返，自然伽马测井曲线呈现高值，自然电位测井曲线向基线方向偏移，深、浅电阻率测井曲线相对砂岩段下降。

（2）砂体厚度和废弃河道是点坝平面识别的主要标志。点坝的平面识别主要应用"废弃河道定边、砂体厚度定位"的方法。点坝砂体在复合河道内部的厚度最大，在砂岩厚度等值图上一般呈透镜状，同一曲流河道内多个点坝可形成"串珠状"，此特征可作为点坝识别的标志。废弃河道一般形成于点坝发育末期，常出现在点坝砂体最后一次洪水沉积的位置，是确定点坝平面边界的主要标志。

2.3 点坝砂体规模

国内外学者通过对露头和现代沉积进行研究，总结了大量描述曲流河储层几何形态和规模的经验公式，据此可对研究区的砂体规模进行定量预测。

Leeder[6] 通过 107 个河流实例的研究建立了反映曲流河规模的定量模式。研究表明，对于曲率大于 1.7 的河道，满岸深度和满岸宽度具有较好的对数关系：

$$\lg W = 1.54 \lg D + 0.83 \tag{1}$$

式中 W——河流满岸宽度，m；

D——河流满岸深度，m。

Lorenz 等[7]通过研究建立了单一曲流带宽度和河流满岸宽度的关系式：

$$W_o = 7.44W^{1.01} \tag{2}$$

式中　W_o——单一曲流带宽度，m；

　　　W——河流满岸宽度，m。

岳大力等[8]通过对嫩江月亮泡 19 个曲流河段的河流满岸宽度和点坝长度进行回归分析，建立了相关的关系式：

$$L = 0.8531\ln W + 2.4531 \tag{3}$$

式中　L——单一点坝长度，km；

　　　W——河流满岸宽度，km。

依据这些已有的经验公式，可以根据识别出的单井砂体厚度推断河道深度和宽度，进而推断点坝的宽度和长度。柳赞南区 L25-26 井区 NmⅢ$_{1-2}^{1}$（明化镇组Ⅲ油组 1-2 小层 1 号单砂体）单砂层点坝砂体的平均厚度为 6.2m，根据式（1）推算出该井区单期河流满岸宽度为 112.3m，代入式（2）可推算出单一曲流带宽度为 875.7m，点坝宽度近似等于单一曲流带宽度。将式（1）得到的河流满岸宽度代入式（3），推算出点坝长度为 587.7m。

3　点坝内部构型定量解剖

点坝内部构型解剖主要是对点坝内部构型各要素进行识别和定量描述。侧积体是点坝储层的主体，侧积层是识别点坝内部侧积面、划分不同侧积体的关键。定量描述侧积层的产状、侧积体的规模是点坝内部构型研究的核心。

3.1　侧积层模式

按照侧积层形态可以将侧积层的模式归纳为 3 类[9]：水平斜列式、阶梯斜列式及波浪式。研究区明化镇组下段形成的侧积层模式多为水平斜列式，即在点坝顶部侧积层角度较缓，中部侧积层角度较陡，在靠近废弃河道的部位角度较大。

3.2　侧积层倾向

侧积层倾向可以通过点坝的侧积过程及废弃河道的位置来判断，即侧积层总是向废弃河道方向倾斜[10]。此外，还可以依靠动态资料，根据注水见效规律判断侧积层的倾向。研究区 L25-26 井区 NmⅢ$_{1-2}$单砂层发育点坝砂体，根据点坝砂体的厚度特征，从 L25-26 井向 L25-22 井方向砂岩厚度逐渐变薄，代表了点坝侧积体逐渐消亡的过程。该井组 L25-26 井注水，L25-22 井很快见效水淹，只有侧积层倾向 L25-22 井，L25-26 井的注入水才能沿着侧积层向 L25-22 井推进，进而造成 L25-22 井见效。综合分析可知，L25-26 井组的侧积层倾向向着 L25-22 井。

3.3　侧积层倾角与间距

侧积层倾角与间距的确定是点坝内部构型解剖的重点和难点。油田开发后期，在老井附近会钻很多更新井，与老井一起俗称为对子井[11]，井距一般小于 50m，有的甚至只有十几米。利用对子井可以计算侧积层的倾角和倾向。已知两口井的井距，在地层顶面拉平

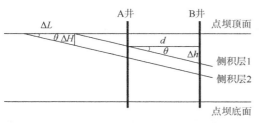

图 1   利用对子井计算侧积层倾角及间距的模型

的前提下，可以知道同一侧积层在两口井上的相对高程差（图 1），利用式（4）可以计算倾角 θ：

$$\tan\theta = \Delta h / d \qquad (4)$$

式中 θ——侧积层倾角，（°）；

　　　　Δh——两井侧积层高程差，m；

　　　　d——井距，m。

穿过对子井并且相邻的两个侧积层，与点坝顶面交点的连线在水平面上的投影距离即为这两个侧积层的水平间距（ΔL）。侧积层的水平间距与这两个侧积层所夹侧积体的厚度和侧积层倾角有关系，其计算公式为

$$\Delta L = \Delta H / \tan\theta \qquad (5)$$

式中 ΔL——侧积层间距，m；

　　　　ΔH——侧积体厚度，m；

　　　　θ——侧积层倾角，（°）。

研究区两口对子井之间的距离为 48m，同一侧积层在顶面拉平后的相对高程差为 7.01m。根据式（4）计算得到侧积层倾角 θ 为 8°。统计这两口井侧积体的平均厚度为 4.24m，利用式（5）计算可得侧积层的水平间距为 29m。

通过上述点坝砂体内部结构的精细刻画，可以看出 L25-26 井区 NmIII_{1-2}^1 单砂层发育的点坝规模不是很大（图 2），点坝砂体的平均厚度为 6.2m，点坝长度为 587.7m，由 13 个侧积体叠加而成，侧积体平面展布呈弧形的窄条带状，趋势与废弃河道趋势相似。侧积层水平间距约为 29m，侧积层倾角为 8°，由 L25-26 与 L25-22 注采井组确定的侧积层倾向指向 L25-22 井，即河道外法线的北东方向。侧积层纵向上从点坝顶部延伸到点坝底部的 2/3 处，底部 1/3 无侧积层发育，为连通体。

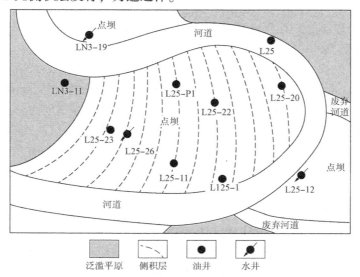

图 2   L25-26 井区 NmIII_{1-2}^1 单砂层点坝构型特征

3.4 侧积体规模

侧积体规模通常用单一侧积体水平宽度来表征，其大小约为河流满岸宽度的 2/3。由式（1）计算出 L25-26 井区 $NmⅢ_{1-2}^1$ 单砂层河流满岸宽度为 112.3m，因次单一侧积体水平宽度为 75m。

4 点坝砂体内部构型建模与剩余油分布模式

4.1 内部构型三维地质建模

在前述构型表征的基础上，采用序贯指示模拟与构型界面几何建模相结合的嵌入式三维地质建模方法，建立了 $NmⅢ_{1-2}^1$ 点坝的构型模型。该模型不仅能反映较大规模构型要素（单一微相）的三维空间分布，而且能反映点坝内部泥质侧积层的空间分布特征。储层参数的三维模型反映了点坝砂体内部不同部位的渗流特征差异，这种差异为分析剩余油分布模式提供了可靠的地质模型（图 3）。

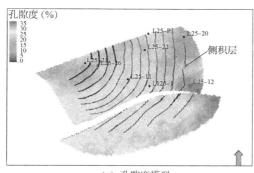

（a）孔隙度模型

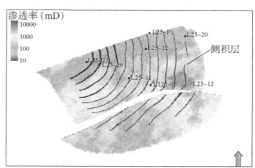

（b）渗透率模型

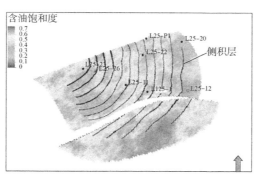

（c）含油饱和度模型

图 3 $NmⅢ_{1-2}^1$ 点坝砂体内部构型模型

4.2 点坝构型剩余油分布模式

通过对曲流河沉积单砂体层次细分及点坝内部构型解剖研究表明，单砂体空间分布及配置关系、储层物性及非均质性是影响层内剩余油分布的主要因素。由于点坝内部侧积夹层一般分布在点坝砂体上部 2/3 以上部位，砂体下部夹层发育较少且渗透率高，顶部渗透率相对较低并且有泥质夹层的遮挡，使得注入水很容易沿着点坝下部高渗透层推进，导致点坝下部水洗程度较高，中上部注入水波及范围较小、剩余油富集（图4）。平面上，由于侧积泥岩层的分割，剩余油往往呈条带状分布在侧积体顶部。针对这种剩余油分布模式，在详细分析注采井组层内油层动用关系的基础上，可在注水井实施细分注水，控制下部层段配注，扩大上部砂体内注入水的波及范围，挖潜侧积层遮挡形成的剩余油。对于砂体发育厚度大、上部侧积泥岩层发育的点坝，可以在注采井之间靠近点坝砂体上部钻水平井，提高井点对点坝砂体内部各个侧积体的控制程度，从而有效挖潜剩余油。此项研究成果目前在柳赞南区得到较好的应用，近两年通过油藏数值模拟与碳氧比测试相结合重新认识油层含油饱和度，实施封层补孔、回采、卡堵水、钻加密井和水平井等措施 21 井次，累计增油超过 $1.5×10^4$ t，有效改善了油藏的开发效果。

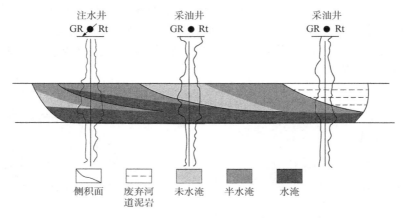

图4　点坝侧积体剖面剩余油分布模式

5　结论

（1）单河道砂体识别与点坝构型解剖是开发后期高含水油藏储层内部非均质特征描述及挖潜层内剩余油、改善开发效果的重要基础工作。可利用垂向沉积韵律、砂体厚度以及位置紧邻废弃河道三个特征来识别点坝。应用经验公式和对子井资料，对典型点坝内部构型的各要素进行定量计算，为认识全区曲流河点坝沉积特征和发育规模提供经验参数。

（2）点坝砂体内部构型三维地质模型与油藏数值模拟表明，由于泥岩侧积层的影响，剖面上剩余油主要分布在点坝侧积体的中上部，平面上剩余油呈条带状沿侧积体分布。通过扩大点坝上部注入水波及范围，在油水井之间点坝上部钻水平井的方式挖潜剩余油，取得了较好的应用效果。

参 考 文 献

[1] 尹艳树，吴胜和，翟瑞，等. 港东二区六区块曲流河储层三维地质建模[J]. 特种油气藏，2008，15（1）：17-20.

[2] 兰丽凤，白振强，于德水，等. 曲流河砂体三维构型地质建模及应用[J]. 西南石油大学学报（自然科学版），2010，32(4)：20-25.

[3] 周银邦，吴胜和，岳大力，等. 复合分流河道砂体内部单河道划分——以萨北油田北二西区萨 II_{1+2} b

小层为例[J]. 油气地质与采收率，2010，17(2)：4-8.

[4] 张庆国，鲍志东，宋新民，等. 扶余油田扶余油层储集层单砂体划分及成因分析[J]. 石油勘探与开发，2008，35(2)：157-163.

[5] 饶资，陈程，李军. 扶余 X10-2 区块点坝储层构型刻画及剩余油分布[J]. 特种油气藏，2011，18(6)：40-43.

[6] Leader M R. Fluviatile fining upwards cycles and the magnitude of paleochannels[J]. Geological Magazine，1973，110(3)：265-276.

[7] Lorenz J C，Heinze D M，Clack J A，et al. Determination of width of meander-belt sandstone reservoirs from vertical downhole data，Mesaverde Group，Piceance Greek Basin，Colorado[J]. AAPG Bulletin，1985，69(2)：710-721.

[8] 岳大力，吴胜和，刘建民. 曲流河点坝地下储层构型精细解剖方法[J]. 石油学报，2007，28(4)：99-104.

[9] 李阳，郭长春. 地下侧积砂坝建筑结构研究及储层评价——以孤东油田七区西 Ng_5^{2+3} 砂体为例[J]. 沉积学报，2007，25(6)：942-948.

[10] 周银邦，吴胜和，岳大力，等. 萨北油田北二西区点坝内部侧积层定量表征[J]. 断块油气田，2011，18(2)：137-141.

[11] 岳大力，吴胜和，谭河清，等. 曲流河古河道储层构型精细解剖——以孤东油田七区西馆陶组为例[J]. 地学前缘，2008，15(1)：101-109.

冀东油田南堡 2-3 区馆陶组储层综合评价

刘　伟　谢　东　何雄坤　赵崇志　熊强强

（中国石油冀东油田公司）

摘　要：从储层厚度、渗透率、发育面积、非均质性等指标评价南堡 2-3 区馆陶组主力含油储层，指出单因素储层评价结果存在相互矛盾，不利于全面认识储层；运用灰色相关性分析，计算上述 4 项参数的权重系数，并采用权重法对储层进行综合评价。评价结果显示：Ng I 4、Ng I 6 为一类储层；Ng II 5、Ng II 6、Ng IV 为二类储层，Ng II 13、Ng III 为三类储层；分析了各类储层的特征，并利用动态资料证实了评价结果的可信度。

关键词：南堡 2-3 区；综合评价；灰色相关性分析；权重系数

储层的评价是油藏开发的基础。在储层评价过程中，不同的研究者从储层发育特征、物性特征、非均质性特征等方面对储层展开研究，并提出了相应的评价标准[1]。但在评价过程中，采用单因素评价储层的结果常常会出现矛盾，如物性指标评价一个单砂层级别为好，而厚度指标评价同一个单砂层结果则为差。评价参数越多，不同指标评价结果出现矛盾的概率就越大。

针对储层单因素评价过程中出现的上述问题，本文利用灰色关联分析对南堡 2-3 区块馆陶组储层开展了储层综合定量评价。利用综合定量评价指标有效解决了单因素储层评价结果矛盾的问题。

1　基本概况

南堡 2-3 区块位于南堡 2 号构造北部，为一整体呈北东向展布的断鼻构造。自上而下发育第四系平原组（Qp），新近系明化镇组（Nm）、馆陶组（Ng），古近系东营组（Ed）、沙河街组（Es），奥陶系马家沟组潜山（Om）等多套含油层系，其中以馆陶组（Ng）和东营组（Ed）为最主要的含油层系。

Ng 主体为湖盆坳陷期发育的辫状河沉积，地层厚度为 600～800m。岩性特征上，Ng 地层具有四分的特点。顶部为块状含砾砂岩，上部为灰白色细砂岩与灰绿色泥岩不等厚互层，下部为深灰色玄武质泥岩、玄武岩、灰白色安山岩发育段，底部为块状砾岩、含砾砂岩发育段。据此可进一步划分出 Ng I 、Ng II 、Ng III 、Ng IV四个油组，23 个小层，其中以 Ng I 4、Ng I 6、Ng II 5、Ng II 6、Ng II 13、Ng III 、Ng IV 为主力含油小层。目前上述主力含油小层均投入开发，下部的 Ng II 13、Ng III 、Ng IV 三个小层已开始注水开发。

2　单因素储层评价

2.1　发育特征

剖面上，南堡2-3区Ng地层整体上呈现出顶底厚、中间薄的发育特征。下部Ng Ⅳ地层为冲积扇沉积，主体属扇中辫状河河道亚相，主要发育砂砾岩、含砾砂岩和粗砂岩。砂体单层厚度较大，连续性好。中部Ng Ⅱ 5、Ng Ⅱ 6、Ng Ⅱ 13、Ng Ⅲ小层为辫状河沉积，与Ng Ⅳ储层相比，砂岩的粒度相对较细，厚度明显变薄，且受河道多次变更的影响，砂体连续性变差。上部Ng Ⅰ 4、Ng Ⅰ 6小层也为辫状河沉积，此阶段构造活动减弱，较之Ng Ⅱ水体更为稳定，河道宽度明显增加，砂体厚度变大，连续性变好。

平面上，受物源方向控制，各层系内砂体呈近南北向延展。形态上可分为席状、土豆状、条带状，以条带状砂体为最主要的形态类型。砂体厚度从河道中心部位向边部逐渐减薄，砂地比也随之降低。总体上，心滩砂体厚度最大，河道砂体次之，河道边缘砂体最小。

2.2　物性特征

2.2.1　孔渗特征

受压实作用的控制，Ng主力含油小层从上至下呈现出物性逐渐变差的特征（表1）。主力含油小层电测解释平均孔隙度为26.2%，平均渗透率为356.8mD，砂岩岩心分析主要孔隙度分布区间为29.8%~33.5%，平均孔隙度为31.7%；渗透率分布区间为215~3180mD，平均渗透率为1451mD（表1），整体属于高孔中—高渗透型储层。

表1　南堡2-3区主力含油层系储层特征统计表

层位	单层厚度 （最小~最大/平均）(m)	单层渗透率 （最小~最大/平均）(mD)	单层孔隙度 （最小~最大/平均）(%)	渗透率极差
Ng Ⅰ 4	9.13~27.95/19.3	86.1~841.5/404.2	18.7~32.1/27.1	9.7
Ng Ⅰ 6	4.1~48.7/34.5	99.4~795.2/423.5	19.33~32.16/27.3	8.1
Ng Ⅱ 5	0.71~9.6/4.04	3.05~607.4/268.2	9.73~32.2/23.85	11.6
Ng Ⅱ 6	2.14~14.57/9.16	80.52~608/283.7	18.87~32.33/25.08	7.8
Ng Ⅱ 13	0.39~18.4/10.31	14.3~401.8/193.7	11.44~28.67/22.39	28.1
Ng Ⅲ	1.79~17.83/7.26	18.22~1004/215.3	13.3~35.48/22.43	55.1
Ng Ⅳ	21.2~110.7/65.4	2.96~201.8/83.24	2.61~24.18/18.48	16.6

2.2.2　非均质性特征

受沉积微相的控制，南堡2-3区Ng储层表现出较强的非均质性。平面上，高渗透砂体沿河道方向呈近南北向发育，厚度较大的Ng Ⅰ 4、Ng Ⅰ 6、Ng Ⅳ高渗透砂体呈分枝带状展布。厚度较小的Ng Ⅱ 13、Ng Ⅲ砂体连续性差，高渗透带呈土豆状孤立存在；在类型上，心滩砂体物性好于河道砂体，河道边缘砂体物性最差；剖面上，Ng Ⅱ 13、Ng Ⅲ 两套储层由于厚度薄，沉积相带多变，平面非均质性最强，渗透率极差超过 25。Ng Ⅰ 4、Ng Ⅰ 6 非均质性相对较弱，高渗透砂体呈条带状或分支条带状沿河道中心发育。

2.3　单因素评价结果分析

在储层单因素特征刻画的基础上，依据 SY/T 6285—1977《油气储层评价方法》所提供的储层分类标准，对南堡 2-3 区 Ng 储层进行评价，评价结果见表 2。

表 2　南堡 2-3 区储层评价结果

项目	Ng Ⅰ 4	Ng Ⅰ 6	Ng Ⅱ 5	Ng Ⅱ 6	Ng Ⅱ 13	Ng Ⅲ	Ng Ⅳ
厚度	特厚	特厚	中厚—厚层	中厚—厚层	特厚	中厚—厚层	特厚
渗透率	中	中	中	中	中	中	中
连续性	中等—好	中等—好	差	差	差	差	中等—好
突进系数	中等	弱非均质性	中等	中等	强非均质性	强非均质性	强非均质性

从单因素评价结果分析：在物性特征上，南堡 2-3 区 Ng 储层整体属于中渗透中厚—特厚储层。在发育特征上，Ng Ⅰ 4、Ng Ⅰ 6、Ng Ⅳ 三套层系储层厚度大，达特厚级别，连续性属中等—好级别，其他层系储层受断层切割和沉积相带的控制，基本属中厚储层，连续性较差；在非均质性特征上，Ng Ⅰ 4、Ng Ⅱ 5、Ng Ⅱ 6 表现为中等非均质性，其他层系储层均表现出强非均质性。从单因素评价结果可初步判断 Ng Ⅰ 4、Ng Ⅰ 6 储层各项指标明显好于其他层系。但在部分分层中，各项单因素指标评价结果存在明显的出入，如 Ng Ⅱ 13 储层厚度属特厚级别，但非均质性强，单因素评价结果存在矛盾。

3　综合评价

正如前文所述，单因素砂岩储层分类评价的指标涉及岩性、岩相、成岩作用、物性、孔隙结构、含油性、非均质性等内容，评价结果难免出现不一致。为此，有必要在单因素评价的基础上，进行储层综合评价并进行分类。

3.1　评价方法及计算过程

本文选用的综合评价指标计算公式[1]为

$$I_{RE} = \sum_{i=1}^{n} a_i x_i \tag{1}$$

式中　I_{RE}——储层综合评价指标；

n——储层评价参数的个数；

a_i——储层评价参数的权系数；

x_i——储层评价参数。

储层评价参数为已知参数，储层评价参数的权系数是未知数，只要求出权系数，则储层综合评价指标就可以计算出来。

权系数的确定采用灰色关联法。首先确定母序列，即参考数列，记为 $\{X_i(0)\} = 1$，2，$\cdots$，n；然后根据研究需要确定比较数列，记为 $\{X_i(p)\}$，$p = 1$，2，$\cdots$，m；$i = 1$，2，$\cdots$，n。

利用参考数列与比较数列，建立原始数据矩阵[3]：

$$X = \begin{pmatrix} x_1(0) & \cdots & x_1(m) \\ \cdots & \cdots & \cdots \\ x_n(0) & \cdots & x_{1n}(m) \end{pmatrix} \quad (2)$$

采用最大值法对原始矩阵进行归一化处理，得矩阵 X'，计算处理后的数据各子因素（比较数据列）与主因素之间的灰关联系数。计算公式如下[1-2]：

$$\left. \begin{array}{l} \xi_i(k) = \dfrac{\min_i \min_k \Delta i(k) + \rho \max_i \max_k \Delta i(k)}{\Delta i(k) + \rho \max_i \max_k \Delta i(k)} \\[4mm] \Delta i(k) = \left| X'i(p) - X'(0) \right| \end{array} \right\} \quad (3)$$

式中　$\xi_i(k)$——第 k 个样本比较曲线 x_i 对于参考曲线 x_0 的相对差值；

ρ——分辨系数，一般取值 0.5。

利用公式：

$$r_{i,0} = \frac{1}{n} \sum_{i=1}^{n} \xi_i(k) \quad (4)$$

式中　$r_{i,0}$——参考列与第 i 个比较列的关联度；

n——比较列 i 中的样本数。

可求取比较序列与参考序列的关联度（$r_{i,0}$）；归一化处理后即为储层综合评价时各参数的权重系数[3-5]，即式(1)中的 a_i。

3.2　评价结果及验证

3.2.1　剖面综合评价

整个权重系数的确定过程已实现由计算机软件计算[2]。为便于单因素评价结果进行对比，以各层平均采油指数为参考列，以上文进行过研究的砂岩厚度、延伸长度、渗透率与突进系数 4 项参数进行计算。

经无量纲处理后，结果见表 3。

表 3　南堡 2-3 浅层储层基本参数统计表

层位	参考列	比较列			
	采油指数	厚度	渗透率	延伸长度	突进系数
Ng Ⅰ 4	0.96	0.30	0.95	0.60	0.66
Ng Ⅰ 6	1.00	0.53	1.00	0.72	0.69
Ng Ⅱ 5	0.21	0.06	0.63	0.35	0.63

续表

层位	参考列	比较列			
	采油指数	厚度	渗透率	延伸长度	突进系数
Ng Ⅱ 6	0.43	0.14	0.67	0.35	0.65
Ng Ⅱ 13	0.29	0.16	0.46	0.44	0.14
Ng Ⅲ	0.03	0.11	0.51	0.40	0.23
Ng Ⅳ	0.16	1.00	0.20	1.00	0

经计算，各项比较序列权重系数依次为 0.22、0.28、0.23、0.27。

依据所计算的权系数，对南堡 2-3 浅层储层进行综合评价，结果见表 4。

表 4　南堡 2-3 浅层储层综合评价结果表

层位	综合评价过程				综合评价结果	分类
	厚度×0.22	渗透率×0.28	延伸长度×0.23	突进系数×0.27		
Ng Ⅰ 4	0.06	0.27	0.14	0.18	0.65	Ⅰ类
Ng Ⅰ 6	0.11	0.28	0.17	0.19	0.74	
Ng Ⅱ 5	0.01	0.18	0.08	0.17	0.44	Ⅱ类
Ng Ⅱ 6	0.03	0.19	0.08	0.18	0.47	
Ng Ⅱ 13	0.03	0.13	0.10	0.04	0.30	Ⅲ类
Ng Ⅲ	0.02	0.14	0.09	0.06	0.32	
Ng Ⅳ	0.21	0.06	0.23	0	0.50	Ⅱ类

对各层段评价结果情况进行分析，将储层分为 3 个级别：

（1）Ⅰ类储层：综合权衡分数大于 0.6，发育于 Ng Ⅰ 4、Ng Ⅰ 6 小层中。储层厚度大，分布稳定，单层厚度大于 10m。受成岩作用影响，埋深较浅的两套储层物性较好，平均渗透率均大于 400mD。

（2）Ⅱ类储层：综合权衡分数为 0.4~0.6，发育于 Ng Ⅱ 5、Ng Ⅱ 6、Ng Ⅳ小层中。Ng Ⅱ 5、Ng Ⅱ 6 小层储层受水体频繁变化影响，厚度较薄，发育面积较小，发育特征影响了储层综合评价结果。而 Ng Ⅳ层虽储层厚度最大，发育面积最广，但受压实作业影响，储层物性普遍较差，物性特征影响了储层综合评价结果。

（3）Ⅲ类储层：综合权衡分数小于 0.4，发育于 Ng Ⅱ 13 和 Ng Ⅲ小层中。两个小层中储层各项指标均较差。

研究区在 Ng Ⅱ 13、Ng Ⅲ、Ng Ⅳ三个小层中注水，水井吸水剖面情况与各层系渗透率、厚度（射开厚度）、非均质性等单因素指标不一致，而与储层综合评价得分一致（图 1），即 Ng Ⅳ好于 Ng Ⅲ好于 Ng Ⅱ 13，验证了综合评价结果的可信性。

3.2.2　平面综合评价

依据各单井产油能力（采油指数）与储层厚度、孔隙度、变异系数、距油水界面的距离等参数的关系，可对平面上不同地区的储层进行综合评价。

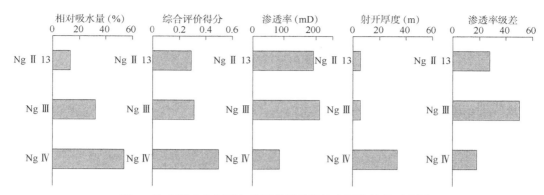

图1　注水层吸水剖面与单因素评价及综合评价结果对比图

本文选取了南堡2-3区Ng的22口油井，将采油指数作为参考列，孔隙度、距油水边界距离、射开厚度、变异系数作为比较列，经灰色相关性综合分析，各参数权重系数分别为0.31、0.23、0.25、0.21。在此基础上，可综合评价各小层储层平面优劣。评价结果如图2所示。

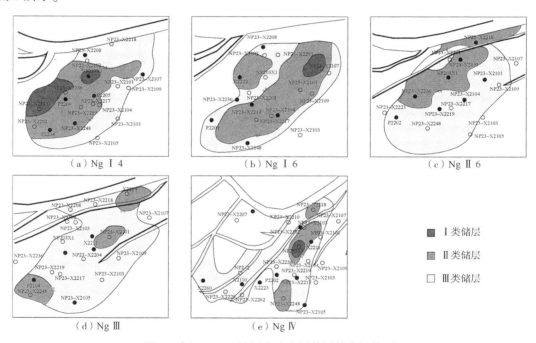

图2　南堡2-3区浅层主力小层储层综合评价图

各小层储层综合评价结果显示：

（1）自上而下，Ⅰ类、Ⅱ类储层发育面积整体呈变小的趋势，与储层剖面综合评价结果一致。NgⅠ、NgⅡ油组Ⅰ类、Ⅱ类储层连片发育，NgⅢ、NgⅣ油组Ⅰ类、Ⅱ类储层呈孤立块状展布。

（2）各层系内Ⅰ类、Ⅱ类储层发育位置受沉积相带与构造位置共同控制，呈北东向展布，与主河道方向基本一致。NP203X1井区是优质储层继承性发育位置。

（3）同一层系内，Ⅱ类储层油井初期产量和累计产油量明显高于Ⅲ类储层。Ng Ⅰ 4、Ng Ⅰ 6底水油藏中，Ⅱ类储层油井含水上升明显快于Ⅲ类储层，应是采油速度因素所致。

4 结论

（1）南堡2-3区馆陶组储层单因素及综合评价结果对比表明，利用灰色关联分析法确定评价指标的权重系数，并在此基础上，利用权重系数法开展储层综合评价能有效地降低单因素法评价结果的不确定性，提高评价精度。

（2）评价结果显示，剖面上南堡2-3区馆陶组主力含油小层中以Ng Ⅰ 4、Ng Ⅰ 6最优，Ng Ⅱ 5、Ng Ⅱ 6、Ng Ⅳ次之，Ng Ⅱ 13、Ng Ⅲ相对最差。

（3）平面上，各小层优质储层发育受沉积和构造双重控制，整体呈北东向展布，自上而下发育面积逐渐变小。NP203X1井区是优质储层继承性发育区。

参 考 文 献

[1] 赵明宸，陈月明，蒋海岩，等．调剖措施效果影响因素的不确定性及其关联分析[J]．中国石油大学学报（自然科学版），2006，30（6）：59-62.

[2] 刘思峰，党耀国，方志耕，等．灰色系统理论及其应用[M]．5版．北京：科学出版社，2010.

[3] 张一伟，熊琦华，王志章，等．陆相油藏描述[M]．北京：石油工业出版社，1997.

[4] 徐凤银，朱兴珊，颜其彬，等．储层定量评价中指标权重的计算途径[J]．石油学报，1996，17（2）：29-34.

[5] 彭仕宓，熊琦华，王才经，等．储层综合评价的主成分分析方法[J]．石油学报，1994，15（增刊）：187-192.

南堡陆地浅层河流相储层优势渗流单元描述技术

余成林　刘阳平　刘　栋　吴博然　沈贵红

（中国石油冀东油田公司）

摘　要：以天然水驱为主要开发方式的浅层河流相油藏是南堡陆地开发的重要油藏类型，目前综合含水率达95.2%，优势渗流单元描述是做好油藏治理，提高采收率的重要基础工作。本文以地震、地质、测井二次解释、动态资料等为基础，在储层结构、储层分类、水淹特征等综合研究基础上，建立"成因砂体定界、物性特征定类、水淹特征定型"的优势渗流单元研究方法和技术。研究表明，优势渗流单元主要分布于曲流河储层点坝单元及辫状河储层心滩单元，具有局部发育特点，其中点坝内的优势渗流单元呈条带状多层分布且横向以侧积面为界；心滩内的优势渗流单元呈发散状多层分布且横向边界常受控于落淤层及韵律叠置界面。优势渗流单元发育部位的储层物性一般较好，明化镇组孔隙度平均为28.5%，渗透率大于1300mD；馆陶组孔隙度平均为27.1%，渗透率大于800mD，孔喉结构以特大孔粗喉型及大孔粗喉型为主。优势渗流单元物性定量时变预测模型表明，随着开发过程的延长，优势渗流单元的储层物性变好，其变化幅度总体呈"早期较快、中期持续变小、后期趋于稳定"的特点。

关键词：浅层；河流相；优势渗流单元；流体动力地质作用；南堡陆地

储层精细描述是贯穿油藏开发全生命周期的永恒主题，其研究深度、精度和广度也是一个持续变化的过程。针对河流相、三角洲相、冲积扇相等不同类型的人工水驱（化学驱）油藏，前人在流动单元、优势渗流通道、流体动力地质作用等方面做了大量卓有成效的研究工作，但其研究的最小储层单元大多为小层。随着油藏开发工作向纵深推进，对提高驱油效率和波及体积等方面的精准性提出了更高的要求，因此，以小层为基础的流动单元[1-8]、优势渗流通道[9-10]、流体动力地质作用[11-14]等方面的研究已经不能很好满足高—特高含水阶段在开发地质研究领域的精度需求。本文以南堡陆地浅层河流相储层为例，提出了优势渗流单元的开发概念，认为优势渗流通道是优势渗流单元在油藏开发过程中的基本属性之一。采用动态与静态结合、宏观与微观综合的研究思路，本文建立了"成因砂体定界、物性特征定类、水淹特征定型"的优势渗流单元研究技术。优势渗流单元研究成果有助于提高剩余油研究精度，也能为油藏调整及三次采油等提供有力的技术依据。

1　南堡陆地浅层油藏开发概况

南堡陆地浅层油藏属渤海湾典型的复杂断块油藏，其含油层位为新近系明化镇组

（Nm）、馆陶组（Ng），油藏埋深 1500～2400m，油藏断块及含油面积小，边底水发育，油水关系复杂。浅层储层属河流相沉积，其中明化镇组为曲流河相沉积、馆陶组为辫状河流相沉积，储层空间非均质性强，孔喉结构类型为大孔粗—中喉，属高孔高渗透储层，平均孔隙度为 30.2%，平均渗透率为 1450mD。

南堡陆地浅层油藏于 1986 年正式投入开发，以天然水驱开发方式为主。截至 2015 年底，冀东油田浅层油藏已开发地质储量 7112.54×10⁴t，占冀东油田已开发地质储量的 31.1%；2015 年 12 月综合含水 92.5%，月产油 3.31×10⁴t，占全油田月产油量的 26.4%。受油藏非均质条件和长期水洗影响，大多数开发单元表现出明显的优势渗流特征，严重制约了油田的高效开发，因此深化浅层河流相优势渗流单元识别与预测是做好流体运动控制、提高油田开发效果的迫切需要，同时对三角洲等碎屑岩油藏的研究也具有积极的借鉴意义。

2 优势渗流单元的内涵及研究思路

2.1 优势渗流单元的内涵

自 Hearn 提出 Flow Unit 概念以来，国内外学者对"流动单元"共给出了 8 种不同定义，以 Hearn 等[1]、穆龙新等[2]、常学军[3] 等所提出的定义较具代表性，其定义的总体特点是强调储层结构相对独立性、物性和流动特征相近。对优势渗流通道而言，不同学者对其定义比较统一，即油藏在长期水驱开发过程中，储层孔隙结构发生了较大变化，由于储层渗透率增大，而在储层中形成的高渗透或特高渗透带，水驱过程在该带中构成低效、无效循环。这一定义的总体特点是强调水驱对储层物性的改善、空间发育的局部性、大大降低水驱波及体积。在单砂体内部，由于沉积条件差异、开发方式及生产制度不同造成储层的渗流状况产生差异，容易导致部分单元渗透率和储层孔隙结构发生较大改变，从而引起天然水或者注入水突进，波及体积减小，这样的单元即为"优势渗流单元"。这一定义的总体特点是强调空间结构的相对独立性、物性相对较好、易局部发育大孔道，是高—特高含水期油藏治理的主要对象。

2.2 优势渗流单元研究思路

优势渗流单元是在储层地质精细刻画，并结合各类分析化验及地球物理资料、测试数据及生产动态响应等资料综合研究的成果，体现了"多维互动、动静互融"的研究思想。优势渗流单元描述的关键技术主要有三类，即"井震结合、动静互融"的储层结构描述技术、结构约束下的储层分类评价技术、水淹特征描述技术。

3 优势渗流单元描述的主要技术方法

3.1 成因砂体定界（渗流单元界）

储层结构及成因砂体的刻画是从测井资料出发，以结合动态资料，在模式指导下开展储层结构单元的空间特征研究的过程。"井震结合、动静互融"的储层结构描述技术较好地结合了地震资料横向分辨率高的优势及测井资料纵向分辨率高的特点，二者优势互补，同时充分融入生产动态及测试资料信息开展储层结构描述。如南堡陆地柳赞南区 NmIII_{12}^{1} 砂岩厚度和油层厚度均较大且连片分布，是该地区的主力油层之一，其中砂岩厚度为 7.3~19.3m，平均厚度为 13.3m，油层厚度为 3.1~14.9m，平均为 12.2m，属较典型的泛滥平原沉积。在井震结合开展储层结构研究过程中，一方面，在地震属性优选基础上开展储层横向展布预测；另一方面，在不同砂体叠置条件正演研究成果基础上开展储层结构分析。从预测效果来看，地震储层平面预测能较好地描述储层的平面展布范围，并对储层的横向变化也有一定的响应，但不明显；而地震反演剖面及 90°相位转换地震剖面则对储层的横向变化响应清晰，因此，将二者优势结合起来就较好实现了地震储层结构的空间分析。在地震储层研究成果基础上，进一步充分利用动态资料，修正描述成果，实现了储层空间结构描述。

3.2　物性特征定类（优势渗流单元类别）

通常情况下，储层分类评价多以小层为单位来开展，而结构约束下的储层分类评价技术是在储层结构描述基础上，以储层细分的结构单元为研究对象，从储层宏观物性参数（如孔隙度、渗透率等）以及储层微观特征参数（如孔喉直径、孔喉结构等）两个方面对储层进行分类评价的技术。针对南堡凹陷陆地浅层油藏，分别以明化镇组曲流河沉积及馆陶组辫状河沉积为对象，重点在边滩、心滩结构细分基础上建立储层分类评价标准（表 1）。研究结果表明，明化镇组优势渗流单元主要发育于边滩，分布于 I 类和 II 类储层，其中 I 类储层以特大孔中喉为主要特征，渗透率一般大于 1300mD；馆陶组优势渗流单元主要发育于心滩，分布于 I 类和 II 类储层，其中 I 类储层以大孔中喉为主要特征。总的来看，南堡陆地浅层河流相优势渗流单元可以分为 12 种类型（表 2）。

表 1　浅层油藏储层结构约束下的分类评价表

层位	储层类别	孔隙度（%）	渗透率（mD）	中值压力（MPa）	平均孔喉半径（μm）	岩相	相带位置
明化镇组（Nm）	I 类	28.2~38.6	>1300	<0.05	>14	中砂岩、含砾细砂岩、含砾不等粒砂岩	边滩中部、下部
	II 类	27.0~31.8	500~1300	0.05~0.08	10~14	细砂岩、不等粒砂岩	边滩中部
	III 类	22.2~27.1	<500	>0.08	<10	细砂质粉砂岩、粉砂岩、泥质粉砂岩	边滩上部、废弃河道
馆陶组（Ng）	I 类	25.8~30.0	>800	<0.8	>10	中砂岩、含砾粗砂岩、含砾不等粒砂岩	心滩中部和下部
	II 类	25.2~29.0	300~800	0.7~1.0	5~10	细砂岩、中砂岩、不等粒砂岩	心滩中部
	III 类	24.2~29.4	100~300	>1.0	<5	细砂质、粉砂岩、细砂岩、粉砂岩	心滩上部、层内夹层附近

表 2　优势渗流单元主要类型表

成因砂体类型	优势渗流单元边界类型	物性类别	水淹形式	优势渗流单元类型
点坝 (侧积体)	侧积面 (泥质岩类、韵律界面)	I	下部水淹型	点坝 I 类简单下部水淹型
			多层水淹型	点坝 I 类复杂多层水淹型
			整体水淹型	点坝 I 类复杂整体水淹型
		II	下部水淹型	点坝 II 类简单下部水淹型
			多层水淹型	点坝 II 类复杂多层水淹型
			整体水淹型	点坝 II 类复杂整体水淹型
心滩 (加积体)	落淤层 (泥质岩类、韵律界面)	I	下部水淹型	心滩 I 类简单下部水淹型
			多层水淹型	心滩 I 类复杂多层水淹型
			整体水淹型	心滩 I 类复杂整体水淹型
		II	下部水淹型	心滩 II 类简单下部水淹型
			多层水淹型	心滩 II 类复杂多层水淹型
			整体水淹型	心滩 II 类复杂整体水淹型

3.3　水淹特征定型(优势渗流单元类型)

南堡陆地浅层地下流体流动规律符合达西定律。根据分流量方程，地层的产水率可近似表示为

$$F_w = \cfrac{1}{1 + \cfrac{K_{ro}}{K_{rw}} \cdot \cfrac{\mu_w}{\mu_o}} = \cfrac{1}{1 + \cfrac{(1-S_w)^b / (1-S_{wi})^c}{(S_w - S_{wi})^a / (1-S_{wi})^a} \cdot \cfrac{\mu_w}{\mu_o}} \tag{1}$$

式中　F_w——产水率，%；

　　　K_{ro}——油相相对渗透率；

　　　K_{rw}——水相相对渗透率；

　　　μ_w——水黏度，mPa·s；

　　　μ_o——原油黏度，mPa·s；

　　　S_w——含水饱和度，%；

　　　S_{wi}——束缚水饱和度，%；

　　　a，b，c——常数，为拟合所得，无量纲。

而驱油效率(η)是 S_w 和 S_{wi} 的函数，可以表示为

$$\eta = f(S_w, S_{wi}) = \frac{S_w - S_{wi}}{1 - S_{wi}} \tag{2}$$

由式(1)和式(2)综合，可以将 F_w 表示为

$$F_w = \cfrac{1}{1 + \cfrac{K_{ro}}{K_{rw}} \cdot \cfrac{\mu_w}{\mu_o}} = \cfrac{1}{1 + \cfrac{f(\eta)}{\eta^a}} \tag{3}$$

由此可见，储层产水率和驱油效率之间存在隐函数关系，可以通过建立二者之间的函数关系来开展水淹级别划分。从岩心相渗实验分析资料出发，建立了产水率预测模型［式（4）］，并以此来判断水淹级别：

$$F_w = \frac{79.85}{0.734 + 19.194e^{-0.2133\eta}} - 5.1 \tag{4}$$

以产水率40%和80%为界，可以将南堡陆地油层水淹级别划分为三种，从低到高依次为弱—未水淹（$F_w \leq 40\%$）、中水淹（$40\% < F_w \leq 80\%$）和高水淹（$F_w > 80\%$）。从油层层内水淹形式来看，可以将其分为两种主要类型，分别为简单水淹型和复杂水淹型。简单水淹型主要表现为油层中部及下部整体水淹，而油层上部则表现为中低—未水淹，如高29断背斜 G63-20 井的 Nm II 5 和 Nm II 6 小层［图1（a）］；复杂水淹型则主要受油层层内韵律及夹层等非均质因素对水驱开发的影响，油层内部纵向存在多个中低—未水淹段及高—特高水淹段，如高29断背斜 GJ69-29 井的 Nm III 3 小层［图1（b）］。水淹特征分析是检验优势渗流单元描述结果的重要手段。

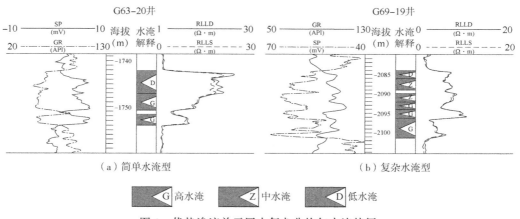

（a）简单水淹型　　　　　　　　　　　　　　（b）复杂水淹型

$\boxed{G}$ 高水淹　$\boxed{Z}$ 中水淹　$\boxed{D}$ 低水淹

图1　优势渗流单元层内复杂非均匀水淹特征

4　南堡陆地浅层河流相优势渗流单元分布特征

对南堡陆地浅层曲流河相、辫状河流相两类主要类型储层优势渗流单元研究结果表明，其空间分布受储层结构的控制作用明显，并且从储层类型来看，主要分布于 I 类储层发育区，少数分布于 II 类储层发育区。

4.1　曲流河相（Nm）储层优势渗流单元分布特征

曲流河储层优势渗流单元的分布首先受控于成因砂体的边界，其次受控于物性展布特征，并且空间展布和渗流方向具有明显的指向性。当层内夹层较发育时，优势渗流单元的边界受控于侧积面和废弃河道；当层内夹层发育程度较弱时，其边界主要受控于废弃河道，呈条带状展布。从优势渗流单元物性特征来看，多数发育于渗透率大于1300mD 的区域，即与 I 类储层发育区相对应，少数发育于 II 类储层发育区。优势渗流单元的优势渗流方向受控于古水流方向，与侧积层的走向一致，这一特征已被示踪剂监测结果所证实（图2）。

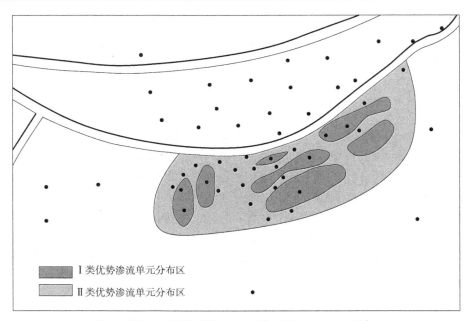

图2　曲流河储层优势渗流单元分布图（L102，NmIII_{12}^{1}）

4.2　辫状河流相（Ng）储层优势渗流单元分布特征

与曲流河类似，辫状河储层优势渗流单元的分布同样受控于成因砂体的边界和物性展布特征。平面上，优势渗流单元的侧向边界受控于薄层细粒河道砂岩展布，呈孤岛状分布。从优势渗流单元物性特征来看，多数发育于渗透率大于800mD的Ⅰ类储层发育区域，少数发育于Ⅱ类储层发育区。优势渗流单元的优势渗流方向同样受控于古水流方向，与心滩的走向一致（图3）。

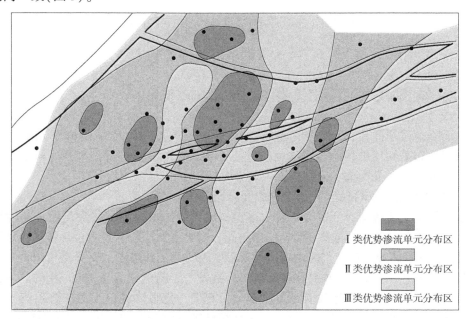

图3　辫状河储层优势渗流单元分布图（G29，Ng Ⅱ 6）

5 优势渗流单元储层流体动力地质特征

南堡陆地浅层油藏在长期天然水驱开发过程中，储层各项微观特征持续发生变化，包括储层的矿物构成、粒度分布、孔喉结构、渗流特征等，其主要原因在于流体对储层的长期浸泡、驱动和改造。孔隙度、渗透率等宏观参数的变化是储层微观内在因素改变的综合反映，随着储层流体动力地质作用的持续而不断变化。

5.1 储层岩矿特征变化

基于黏土矿物 X 射线衍射鉴定结果，从高岭石、绿泥石、伊利石和伊/蒙混层等方面分析了储层黏土矿物组成的变化特征(表3)。

表 3 黏土矿物含量对比表($NmⅢ_{12}^{1}$)

井号	钻井时间	样品数（个）	黏土矿物含量（%）	蒙皂石含量（%）	伊/蒙混层含量（%）	绿泥石含量（%）	高岭石含量（%）	伊利石含量（%）
L103	1992 年	2	10.3~13.7（12.0）	—	7.0~11.0（9.0）	5.1~10.3（7.5）	75.1~83.2（79.0）	4.1~5.0（4.5）
LN2-6	2000 年	19	2.0~8.5（4.5）	2.0~25.0（6.9）	—	3.1~44.2（9.8）	50.2~91.3（71.6）	2.0~8.1（4.6）
LNJ1	2013 年	26	0~7.1（1.5）	—	6.8~64.0（23.6）	4.3~53.5（10.6）	21.4~82.5（62.8）	1.0~6.7（3.1）

注：括号内表示平均值。

分析结果表明，天然水驱开发过程中，黏土矿物总量随着时间的推移发生了较大变化，由开发初期的12%减少到特高含水开发阶段的1.5%，减小幅度高达87.5%。从黏土矿物构成的变化看，主要黏土矿物高岭石的相对含量减少明显，由79%减少到62.8%，降低幅度为21%。高岭石含量降低的主要原因是天然水驱过程中的机械冲刷作用。由于储层物性好、孔喉尺寸较大，因此高岭石颗粒容易被剥离并被搬运，随油、水一并被采出。另外，可以发现绿泥石和伊利石的含量没有发生较大变化，主要原因在油藏在天然水驱条件下，地层水化学性质基本没有变化，所以难以发生敏感性化学反应，此外玫瑰花状绿泥石和丝缕状伊利石颗粒细小、附着能力强，难以被机械剥离搬运。伊/蒙混层是注水开发过程中含量增加幅度较大的黏土矿物，其相对含量平均值由9.0%上升到23.6%，其相对含量增加的原因表现为两个方面：一是其膨胀而可能堵塞于喉道或孔隙中；二是在各种黏土矿物中，伊/蒙混层矿物粒径相对较小，存在于小孔喉的伊/蒙混层矿物难于搬运。

5.2 储层孔喉结构特征变化

开发早期，储层孔喉大小呈双峰状，且孔径分布范围大，主要介于 0.16~16μm，总体表现为孔喉大小分布不集中，呈较强非均质性特征。随着天然水驱的持续，油藏进入高含水开发期后，孔喉大小逐渐呈单峰状分布，孔径主要分布范围进一步缩小，为 1.6~20μm，峰值位于 8μm。在特高含水开发后期，孔喉大小依然呈单峰状分布，但峰宽进一步减小，孔径主要分布范围变为 4~25μm，峰值位于 8μm。

孔喉半径逐步增大，意味着粗孔喉的大量增加，储层排驱压力和退汞效率大大降低，这种效应主要是优势渗流单元的储层变化引起的，所以储层非均质性整体上是加剧的。从高含水开发阶段到特高含水开发后期，储层排驱压力由0.043MPa降低为0.020MPa，退汞效率则由68.9%降低为32.3%。

5.3 储层渗流特征变化

长期地层水浸泡和驱动致使储层颗粒的表面理化性质发生变化，储层等渗点向亲水性逐渐增强的方向移动。对比油藏开发早期LN2-6井以及开发后期LNJ1井NmⅢ$_{12}^{1}$储层渗流特征变化，长期水驱的结果主要表现在四个方面：一是束缚水饱和度无明显变化，由25.5%变化为25.3%；二是残余油饱和度明显降低，由35.1%降低为28%；三是两相共渗区变宽，由39.4%增加为46.6%；四是驱油效率明显增加，由52.8%增加为62.2%（图4）。

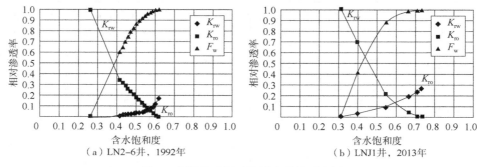

图4 水驱前后相对渗透率曲线对比图

5.4 储层物性时变特征定量评价

南堡陆地浅层油藏基本可以分为四个开发阶段：试采与滚动开发阶段（1982—1989年）、基础井网开发阶段（1989—2003年）、快速上产阶段（2003—2007年）、递减阶段（2007年至今）。以这四个开发阶段为节点，定量评价储层物性的时变特征。

从储层的孔隙度、渗透率分析结果（图5）来看，水驱开发过程中杂基、黏土矿物颗粒的迁出总体改善了储层的物性，但对不同物性储层的改善程度有别，以孔隙度大于25%者改善最为明显。如果将优势渗流单元和非优势渗流单元分别拟合孔—渗关系（图6），则可以发现二者存在明显差别。对于优势渗流单元，通过拟合时间与孔隙度、渗透率的关系，可以发现储层物性的改善主要发生在阶段1和阶段3，进而建立了物性时变模型[图6（a）和图6（b）]；但对于非优势渗流单元，储层物性指标随着时间的推移并没有发生明显变化[图6（c）和图6（d）]。这证明流体流动主要发生在优势渗流单元，而非优势渗流单元并非流体流动的主要场所。

因此，天然水驱开发油藏的储层物性时变特征有两个主要特点：一是原始物性好的储层，即优势渗流单元表现出孔隙度、渗透率明显变大和岩石密度明显变小的特点，这种变化主要是其部分层段大幅度变化而引起的，这部分层段与优势渗流通道相对应；二是原始物性中等—较差的储层，即非优势渗流单元在开发过程中，储层被伤害和被改良的程度基本相近，致使该类储层的主要物性指标没有发生明显变化。

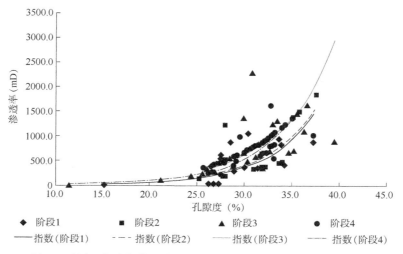

图 5 不同开发阶段储层孔隙度—渗透率关系图（G29，Nm Ⅱ 3）

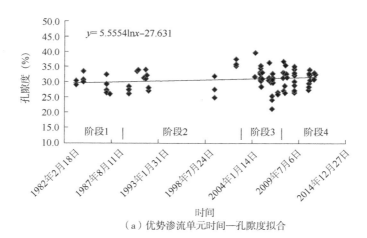

（a）优势渗流单元时间—孔隙度拟合

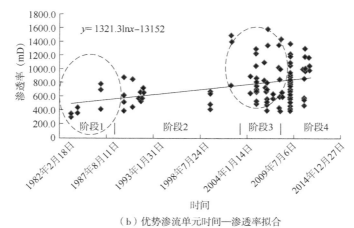

（b）优势渗流单元时间—渗透率拟合

图 6 储层孔隙度、渗透率时变特征（G29，NmⅡ3）

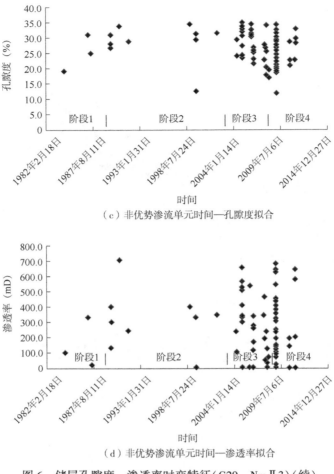

（c）非优势渗流单元时间—孔隙度拟合

（d）非优势渗流单元时间—渗透率拟合

图6　储层孔隙度、渗透率时变特征（G29，NmⅡ3）（续）

6　结论及展望

（1）优势渗流单元指储层具有空间结构相对独立性（分隔性）、总体物性相对较好，但其内部流体流动存在一定差异，易局部发育大孔道的储层单元。

（2）"成因砂体定界、物性特征定类、水淹特征定型"是天然水驱油藏优势渗流单元的有效分析技术，南堡陆地浅层天然水驱油藏的优势渗流单元主要发育于Ⅰ类储层，部分发育于Ⅱ类储层，可以分为简单下部水淹型、复杂多层水淹型、整体水淹型等水淹形式。

（3）天然水驱开发过程中，储层物性的时变特征呈现两个主要特点：一是主要受优势渗流通道的影响，优势渗流单元表现出孔隙度、渗透率的明显变大；二是非优势渗流单元储层的主要物性指标不会发生明显变化。

（4）对优势渗流单元的分布及其物性、渗流特征等研究能为优势渗流单元的流体运动控制提供基础性支撑作用，对剩余油精细研究和提高油藏采收率具有重要的理论及现实意义。

参 考 文 献

［1］Hearn C L, Ebanks Jr W J, Tye R S, et al. Geological factors in fluencing reservoir performance of the Hartzog Draw field, Wyoming[J]. Journal of Petroleum Technology, 1984, 36(9): 1335-1344.

［2］穆龙新, 黄石岩, 贾爱林. 油藏描述新技术[C]//中国石油天然气总公司油气田开发工作会议文集. 北京: 石油工业出版社, 1996.

［3］常学军. 陆相碎屑岩储层流动单元研究——以冀东油田为例[D]. 北京: 中国矿业大学(北京), 2004.

［4］Amabeoku M O, Kersey D G, Bin Nasser R H, et al. Relative permeability coupled saturation-height models based on hydraulic units in a gas field[J]. SPE Reservoir Evalution & Engineering, 2008, 11(6): 1013-1028.

［5］Bhattacharya S, Byrnes A P, Watney W L. Flow unit modeling and fine-scale predicted permeability validation in Atokan sandstones: Norcan East field, Kansas[J]. AAPG Bulletin, 2008, 92(6): 709-732.

［6］王志章, 何刚. 储层流动单元划分方法与应用[J]. 天然气地球科学, 2010, 21(3): 362-366.

［7］吴胜和, 王仲林. 陆相储层流动单元研究的新思路[J]. 沉积学报, 1999, 17(2): 252-257.

［8］李胜利, 于兴河, 姜平, 等. 琼东南盆地崖13-1气田陵三段沉积微相对储层非均质性及流动单元划分的影响[J]. 地学前缘, 2010, 17(4): 160-166.

［9］姜汉桥. 特高含水期油田的优势渗流通道预警及差异化调整策略[J]. 中国石油大学学报: 自然科学版, 2013, 37(5): 114-119.

［10］余成林, 林承焰, 尹艳树. 合注合采油藏窜流通道发育区定量判识方法[J]. 中国石油大学学报: 自然科学版, 2009, 33(2): 23-28.

［11］李中超, 陈洪德, 余成林, 等. 严重非均质油藏注水开发流体动力地质作用[J]. 石油勘探与开发, 2013, 40(2): 209-214.

［12］韩如冰, 田昌炳, 徐怀民, 等. 海相碎屑岩中高含水期储层性质变化及微观机理——以东河1油田东河砂岩为例[J]. 中国矿业大学学报, 2015, 44(4): 679-687.

［13］许强, 陈燕虎, 侯玉培, 等. 特高含水后期油藏时变数值模拟处理方法研究[J]. 钻采工艺, 2015, 38(5): 41-43.

［14］孙焕泉. 油藏动态模型和剩余油分布模式[M]. 北京: 石油工业出版社, 2002.

南堡油田储层构型分级方案建议

徐 波 廖保方 张 帆 曾 诚 李 丹 张旭光 杨建平

（中国石油冀东油田公司）

摘 要： 针对现有储层构型分级方案中命名混乱、级别不对应的现状，充分调研了国内外构型分级方案，分析了各分级方案间的差异及其形成原因，在此基础上，提出了界—系—统—组—段—油层组—砂层组—小层—单砂层—单成因砂体—单一河道砂体—砂体内部大型底形—大型底形内部的增生体—层系组—层系—纹层的南堡油田储层构型分级方案。依据南堡油田目前开发现状，重点阐述了单砂层、单一成因砂体、单一河道砂体的沉积成因及相互关系。据此分级方案，可将以往认为大面积连续发育的河道砂体细分为多个单一河道砂体，为储层精细研究指明了方向。

关键词： 构型；分级方案；单砂层；单成因砂体；单一河道砂体

储层构型（Architecture）是指不同级次构成单元的形态、规模、方向及叠置关系[1]。自储层构型的概念及研究方法提出以来[1]，国内外不同学者运用构型研究的方法对河流—三角洲砂体内部构型开展了大量研究[2-12]。对比各学者提出的分级方案，虽有相同之处，但也存在着很大的差异性，以至于在成果的共享方面有很多的不便。本文在充分调研国内外储层构型分级方案的基础上，分析不同分级方案之间的差异，结合南堡油田储层特征，提出南堡油田储层分级方案建议。

1 国内外储层构型分级方案及其特点

1.1 国内外分级方案现状

Miall 首次提出构型要素分析法时，将河流界面划分为 4 级[1]；1988 年，他又将分级方案补充为 6 级[2]。该分级方案采用倒序排列，各级层次界面定义如下：

6 级界面：一组大型水道（河道）或古河谷群的底面。

5 级界面：河道充填复合体的大型砂体界面。

4 级界面：大型沉积底形的顶底面。对曲流河而言，其是大洪水期形成的明显底部冲刷侵蚀面。

3 级界面：砂体间发育的泥砾小型冲刷面。对于曲流河，是小洪水形成的填充砂体底部小型冲刷面或大洪水事件中的次洪峰沉积或大洪水事件中不同水动力阶段沉积形成的界面。其作用与 4 级界面相似，只是规模较小。

2 级界面：交错层系组界面，表示一期水动力条件下水流条件或水流方向的变化，但无明显的时间间断。

1级界面：交错层系界面。该界面没有遭受明显侵蚀，其代表一系列相同微型底形的连续沉积。

1996年，Maill又进一步在1级界面前增加了一个反映纹层间界面的0级界面，在6级界面之后，增加了两个地层意义的界面(7级和8级界面)，称之为盆地构型界面[3]（表1）。

我国对储层构型的研究对象主要集中在曲流河，现已有的分级方案差别很大（表1）。

1.2　目前分级方案特点

将我国学者的构型分级方案与Miall所提分级方案对比，不难发现以下特点：

（1）我国学者从运用构型分级概念开始就尝试将构型分级与我国传统的油层（地层）对比分级方案或层序地层分级方案进行结合。

Miall所提的储层构型分级方案中虽包含了从盆地叠合砂体至砂体内纹层的所有级别，但在研究过程中强调通过对不同级次砂体间物理界面特征的描述，刻画砂体间的包含关系，其本质为地层层序格架下的砂体对比。而我国广泛采用的"旋回对比、分级控制，不同相带、区别对待"[7]的河流—三角洲体系油层对比方法和层序地层学研究，其本质为地层对比，在研究过程中通过对构造升降、水体能量大小、沉积物供给等沉积环境的研究，通过对砂泥岩组合关系的描述，刻画不同级次地层单元的空间叠置关系，。

Miall提出构型研究方法之初并未对方案中各级构型单元与已有地层单元的关系进行系统的说明。为了将构型研究的方法更好地与我国储层研究相结合，我国学者在构型概念运用之初就尝试将构型分级方案与我国常用的地层分级方案进行有效的衔接[4-16]。在两者的衔接方法上主要是小层（小层序或短期旋回）级别之上采用我国传统地层分级（层序地层学）方案，小层（小层序或短期旋回）级别之下采用Miall所提的构型分级方案。在整个分级体系中大量使用了地层对比（层序地层学）相关术语。此外，还有部分学者[12-14]在分级方案中未使用油层对比（层序地层学）相关术语，而是依据砂体的空间形态组合及相互间的包含关系对储层进行命名分级，但在分级方案提出之时都对方案与层序地层和我国旋回分级的关系进行了详细的论述。

正是因为油层对比、层序地层学和构型研究三种理论的"衔接点"不一致，造成了目前构型分级方案中术语的不统一。

（2）不同分级方案术语不统一，对应关系也存在不同。

目前各种分级方案中存在着"首尾统一，中间混乱"的现象，即分级方案中，大级别（小层、小层序、超短期级别之上）和小级别（纹层组级别之下）术语较为统一，而中间级别术语使用较为混乱，主要表现为在小层、成因单元、单砂层、单砂体、单成因砂体、成因砂体、成因体等术语的使用。

有学者认为，单砂层（单层）是在一个不断演变的沉积环境中，一个特定的沉积周期从开始到终结的全部过程[15]。单层本身在垂向上和平面上都具有连续性，与其他单砂层间有泥岩或泥质粉砂、粉砂质泥岩夹层相隔，其内部所含油气自成一水力学系统，构成独立油藏。也有学者指出在油层对比中，小层级别即为单独的成因单元，代表一次性河流或三角洲从形成到消亡整个过程的沉积物，可在较大范围的开发区内进行追索对比[16]；单砂层是成因单元范围内可以进一步细分的油层最小单元，是河流或三角洲的一次洪水期沉积物，是在一定范围内可以追索对比的沉积层。

表1　不同构型分级方案对比表

方案提出者 方案级次	Miall[1-3]	张昌民等[4-5]	焦养泉等[6]	赵翰卿等[7]	尹太举等[8]	王振奇等[9]	束青林[10]	闫百泉[11]	曾祥平[12]	吴胜和等[13]
	盆地充填复合体		盆地充填序列			盆地基底				叠合盆地充填复合体
						界				盆地充填复合体
	大型沉积体系、砕裙		构造序列	地层段	地层层段	系			地层段	盆地充填体
		砂体顶底面		地层亚段	地层亚段	统	巨旋回级		地层亚段	体系域
	河道带冲积扇	河道沉积亚幕	层序	油层组	砂层组	层序	超长期旋回 长期旋回		油层组	叠置河流沉积体
		河道沉积幕	小层序组	砂层组	小层	中期旋回	中期旋回		砂层组	河流沉积体
	河道、三角洲舌体		小层序	小层	单砂体	短期旋回	短期旋回 超短期旋回	大型复合连通体	小层	
			沉积体系单元	岩相段	成因砂体	单一成因砂体复合体	复合成因砂体	成因单砂体复合体	单砂层	曲流带/辫流带
		砂坝	成因相	单砂层		单一成因砂体		成因单砂体	成因砂体	
	大型底形增生体		成因相内部构筑单元	沉积微相	成因砂体内一个沉积韵律		单一成因砂体	沉积能量单元		点坝/心滩坝
	中型底形内部增生体	加积	河道单元	单砂体				单砂体内结构体	单砂体	增生体
			点坝	建筑结构单元				岩性—物性单元体		
		交错层层系	点坝增生单元	内部非均质性	交错层系组		纹层组级	微观单元	层系组	层系组
		交错层系	交错层系组		交错层系		纹层组		交错层系	层系
	纹层	纹层	交错层系				纹层级			
			纹层、显微纹层						纹层	纹层

有学者将单期河道沉积旋回中不同微相的砂体定义为"成因单砂体"或"成因砂体"[13]，成因砂体中的一个地层增量，如曲流河侧积体和辫状河加积体才是"单砂体"。与上述学者把单砂体理解为一个沉积概念不同，也有学者把单砂体理解为一个对比的概念[8-17]，将单期河道旋回所形成的砂体命名为"单砂体"，并指出单砂体是在纵向上只有一个成因砂体，平面上有若干个成因砂体构成的等时储层单元，单砂体的下一级次为"成因砂体""成因（单）砂体"或"单成因砂体"。

对于砂体内部结构，划分方案则较为统一，大多采用 Miall 构型研究所提的划分方案，分别是层系组—层系—纹层三个级别。

2 南堡油田储层特征及目前分级方案

2.1 南堡油田储层特征

南堡油田主力含油层系自上而下为新近系明化镇组（Nm）和馆陶组（Ng）和古近系东营组（Ed）。

明化镇组地层视厚度为 1450~2230m，为一套湖盆坳陷期发育的低弯度曲流河沉积，主力含油层系为浅灰色细砂岩与灰色、棕红色、灰绿色泥岩不等厚互层；馆陶组地层视厚度一般为 304~797m，为湖盆坳陷期发育的辫状河沉积，以厚层块状含砾不等粒砂岩为最主要储层类型。南堡油田坳陷期河流相砂体储层具有分选差、厚度大、厚度变化大的特征，整个坳陷期河道迁移特征明显，叠合形成广泛发育的"河道发育带"，形成了南堡凹陷馆陶组和明化镇组最主要的储层类型。东营组主要为三角洲前缘沉积，岩性主要为灰色—深灰色泥岩与粉砂岩、细砂岩、砂岩不等厚互层。断陷期三角洲前缘砂岩储层具有沉积厚度小、与泥岩频繁互层的特征，砂岩厚度为 1~4m，部分砂岩厚度不足 0.5m。

2.2 目前分级方案

目前南堡油田普遍采用油层组—砂层组—小层的油层单元分级体系。在建立的地层层序、旋回格架基础上，井震结合，在标志层控制下采用"旋回对比，分级控制"的分层原则，由大到小逐级控制。

南堡油田目前所划分的油层组受控于长期基准面旋回及其湖泛面，油层组内具有一定的储盖组合，油藏具有独立的油水系统；砂层组受控于中间基准面旋回及其湖泛面，砂层组厚度为 20~50m；在砂层组内根据岩电特征、沉积韵律变化，考虑油水关系划分小层，小层基本上受控于短期基准面旋回及其湖泛面，一个小层包括 1~2 个砂体，厚度控制在 10~20m。

南堡油田正式开发始于 2009 年，早期的开发井多位于构造高部位和河道砂体叠合发育区，单井砂体厚度大，小层级别储层研究已能满足井网完善的开发要求。随着开发井数的增多，河道边缘砂体逐渐成为后期开发井的主要钻遇对象，砂体厚度变小，井间砂体连通关系逐渐复杂化。尤其是油田进入注水开发后，开发区层间、层内、平面矛盾逐渐暴露，小层级别的叠合砂体描述已不能有效地指导精细注采调控。为此，本文提出了南堡油田储层构型研究分级方案，以期指导小层级别之下储层的精细刻画研究。

3 分级方案建议

3.1 分级方案原则

参考于目前存在的各种分级方案，笔者认为在进行南堡油田储层构型研究时，构型分级方案制订时应遵循以下原则：

（1）合理性原则：级次划分要有沉积成因意义。

（2）层次性原则：上一级砂体要对下一级砂体要有严格的包含关系。这种包含关系既可以主要体现在剖面上，也可以主要体现在平面上。

（3）可操作性原则：不同级次单元划分方法要具有可操作性。

3.2 分级方案

按照上述分级原则，建议对南堡油田储层构型级次划分如下：界—系—统—组—段—油层组—砂层组—小层—单砂层—单成因砂体—单一河道砂体—砂体内部大型底形—大型底形内部的增生体—层系组—层系—纹层（表2）。

表2　南堡油田储层分级方案简表

分级方案	沉积成因	研究方法	对应勘探开发级别
界		地震资料、测井曲线对比	勘探阶段
系	叠合盆地充填复合体		
统	盆地充填复合体		
组	盆地充填体		
段			
油层组	体系域		开发早期
砂层组			
小层	多期河流在剖面和平面上发育的叠置河流沉积体		
单砂层	同一沉积时间单元内发育的河流沉积体，包括河道和河道间两种成因	测井曲线对比	开发中期
单成因砂体	同一沉积时间单元内河道叠合带	岩心观察、测井曲线	
单一河道砂体	河道叠合带中的单一河道		
砂体内部大型底形	单一河道中不同微地貌沉积单元，如曲流河边滩、辫状河中的心滩	岩心观察、野外露头、测井曲线对比	
大型底形内部的增生体	一次水动力变化所导致的侧积或加积，如曲流河边滩中的侧积体、辫状河心滩中的加积体	岩心观察、野外露头	开发晚期
层系组	增生体中由于流向变化或流动条件变化形成的岩性相似的沉积体	岩心观察	
层系	一段时间内水动力条件相对稳定的水流条件下形成的同类型纹层组合		
纹层	一定条件下相同岩石性质的沉积物同时沉积的产物		

正如前文所述，级次的编号是一个开放的可变系统，本文只对各级次进行排序，不对级次进行编号。

目前南堡油田小层级别储层在沉积成因上多为1~2期河道（东营组为水下分流河道）叠置砂体。为满足精细开发需要，有必要在小层划分的基础上，进行叠置砂体的劈分。至此级别仍是地层对比和油层对比工作的范围，故命名为"单砂层"。

（1）单砂层：小层的次一级单元，与小层的包含关系主要体现在剖面上。本文所指的单砂层仍是一个对比概念。在时间上代表一次完整的河流沉积过程；垂向上为同一时间单元内的河流沉积，包括河道砂体顶部的泥质沉积；侧向上可由该时间单元内不同时间段发育的多个河道及溢岸沉积，包括河道间的泥质沉积。在识别方法上，单砂层识别主要是依据岩心资料，建立岩电关系，并利用测井曲线回返，在区域上识别砂体间隔层展布特征。在南堡油田，明化镇组、馆陶组浅层河流相地层和东营组中深层三角洲前缘环境中的单砂层界面多为有一定展布面积的泛滥平原沉积面、湖泛面或冲刷面。

（2）单成因砂体：单砂层的次一级单元，与上一级砂体的包含关系主要体现在平面上。单成因砂体表示为在河流发育过程中形成于相同成因环境下的砂体。对于成因单元与构型单元间的关系，吴胜和等[13]指出我国传统的相分级中，部分亚相可作为构型单元，微相基本上都可作为构型单元。南堡油田明化镇组、馆陶组浅层砂体均为河流相，单砂层在平面上可进一步划分为河道和溢岸两种成因类型；东营组可分为水下分流河道、河口坝等成因类型。单成因砂体的级次界面为相变界面。在识别方法上，砂体成因类型的识别主要借助测井曲线形态、岩心分析等传统的沉积微（亚）相判别方法。

（3）单一河道砂体：与单成因砂体的包含关系主要表现在平面上。对于河流—三角洲体系，在一期河道发育过程中，由于河道的摆动，河道砂体中也可分为若干个"同期不同时"的河道或水下分流河道砂体。"同期"是指此级别的河道砂体属于同一个单砂层（沉积时间单元）；"不同时"是指这些河道砂体在平面位置上有所不同。南堡凹陷明化镇组为单曲流河道，馆陶组为辫状河河道，东营组为单一水下分流河道形成的朵叶体。不同单一河道砂体间的构型界面为冲刷面或相变界面。在识别方法上，单一河道主要通过测井曲线形态、高程、厚度、相序的差异识别[18-19]。

（4）砂体内部大型底形：大型底形为单一河道砂体中不同的微地貌沉积的成因单元，南堡油田明化镇组储层中，砂体大型底形为单一曲流河中的边滩、天然堤、决口扇；在馆陶组储层中，大型底形为单一辫状河中的心滩、水道；在东营组储层中，砂体大型底形为三角洲前缘中的水下分流河道、河口坝等微相。在识别方法上主要通过岩心识别和测井曲线形态来判断。

（5）大型底形内部的增生体：在曲流河中表现为边滩内部的侧积体，辫状河中表现为心滩内部的加积体、心滩坝顶部的沟道充填体，在三角洲前缘中表现为水下分流河道的加积体、河口坝内部的前积层。在识别方法上主要是依据野外露头所提供的构型模式来判断。

（6）层系组：由两个或两个以上岩性基本一致的相似层系或性质不同但成因上有联系的层系叠置而成，其界面指示了流向变化和流动条件变化，但没有明显的时间间断，界面上下具有不同的岩石相。

（7）层系：由许多在成分、结构、厚度和产状上近似的同类型纹层组成，它们形成于相同的沉积条件，是一段时间内水动力条件相对稳定的水流条件下的产物。

（8）纹层：组成层理的最基本单元，是在一定条件下，具有相同岩石性质的沉积物同时沉积的结果。纹层厚度较小，一般为数毫米级。沉积时间跨度为数秒至数小时。

目前南堡油田处于注水开发的早期—中期，小层级别的储层研究已成熟，现阶段的研究重点应是单砂层的划分、单砂层级别成因砂体和单期河道的识别。

4　分级方案说明

4.1　"层"与"体"的关系

前文已述，对于单期河流旋回级别，出现了"单砂体""单砂层""单成因单元""沉积单元"等多种命名。本级次命名的不统一直接造成了后面诸级次储层命名的混乱。笔者认为地层（油层）对比和层序地层学优势均在于在剖面上（或沉积时间单元上）对储层进行由粗到细的层次划分，用"层"表述较为合适。在研究方法上，单砂层的划分也更多依赖于传统的油层对比方法。在划分结果上，单砂层还包括了各成因类型砂岩顶部或底部的泥岩。"体"是一个空间概念，只有在单砂层界定明晰的前提下，对各种砂岩平面分布规律加以描述，才是对砂岩空间展布特征的描述。故单砂层下一级次的命名用"体"。

4.2　"单成因砂体"与"单河道砂体"的关系

大多数的分级方案中都对砂体的成因类型进行了区分，命名为"成因砂体""成因体"或"成因相""岩相段"，在研究方法上也是借助于沉积微相研究手段，以亚相或微相为成因单元对砂体的展布特征进行刻画。但在此级别之下，往往是"加积体""增生体"等级别，对应于曲流河边滩的侧积体或辫状河心滩的加积体。

笔者认为这种分级方案是基于"单砂层"是一个沉积时间单元的认识，认为一个单砂层中的各类砂体都是一期沉积的产物。笔者也持单砂层代表一个沉积时间单元这种认识，但并不认为一个单砂层中的所有砂体都是严格意义上同一期沉积的产物，而是"同期不同时"砂体的叠加。单砂层代表了河流水体由强到弱的一期区域内可追溯的河流发育全过程，但在这一期河流发育过程中，不同的时间段，河流的位置并不完全相同。砂体"同期不同时"发育的直接表现就是砂体距标志层（等时界面）的高程不同。受水体能量、物源的差异，不同时间段发育的河道除了在距标志层的高程差异外，在砂体厚度、储层质量等方面也表现出一定的差异。这些同期不同时的砂体相互切割在平面上连片，造成了河流—三角洲体系广泛发育的砂体"泛连通体"[20]。

目前现代河流观测资料已证实曲流河河床呈周期性摆动，故在曲流河中划分出单一河道的做法已被广大研究者所接受[12,14,17]。而对于辫状河沉积，一般认为此类河流河床位置不发生迁移，只是河床内心滩和水道的位置频繁改变；三角洲前缘中可区分出主分流河道和次分流河道，而一般不认为分流河道河床的位置是可变的。

与以往构型分级方案不同，本次分级方案中将单一河道作为一个单独的构型级别提出，强调在辫状河、三角洲前缘储层中也应该划分出单一河道砂体，证据如下：

（1）现代河流观测资料证实，黄河下游多次发生自然改道[20]，证实辫状河河床并不是固定的。

（2）水槽模拟实验证实，三角洲水下分流河道随水动力强弱变化频繁改道[21]。

（3）生产资料证实，在一个单砂层，相同成因单元的砂体物性可能存在较大的差异，不应该为相同物源、相同水动力条件下的产物。

在识别方法上，不同的单一河道表现为相同成因的砂体（河道砂体）在井间表现为较明显的高程差异或一定区域范围内的厚—薄—厚的变化规律。以南堡 1-5 区 Ed1 II ②7-2 单砂层为例，该单砂层内砂体在 NP13-X1013 井与 NP13-X1020 井测井曲线形态均表现为典型的正韵律，同为水下分流河道成因砂体，但两口井砂体存在明显的高程差异（图 1），从构型的角度分析应为两个单河道砂体。生产资料也证实，同一注采井组内尽管 NP13-X1020 井砂岩厚度大、物性好，但注水受效情况较 NP13-X1013 井明显变差，砂体空间接触关系影响了注采效果。

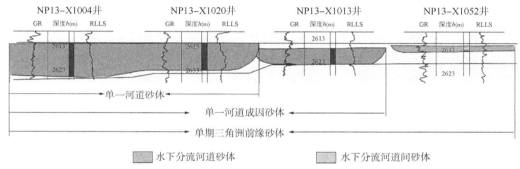

图 1　单砂层、单成因砂体、单一河道砂体关系图（Ed1 II ②7-2 单砂层）

以 NP1-29 断块馆陶组辫状河沉积为例，在完成单砂层划分后，可在馆陶组中识别出心滩成因、河道成因、河道间成因三种砂体成因类型，但馆陶组东侧储层物性明显较西侧好。依据高程、厚度、物性差异，可将馆陶组划分为两条辫状河河道，两条河道储层厚度、物性都存在较大差异，在开发时应予以重视。如果不进行单一河道砂体的识别，则易只考虑心滩与河道等成因砂体间的区别，从而造成开发或措施决策的失误。

5　结论与建议

（1）目前储层层次结构分级存在着命名不统一、级次不对应的现状。

（2）建议按界—系—统—组—段—油层组—砂层组—小层—单砂层—单成因砂体—单一河道砂体—砂体内部大型底形—大型底形内部的增生体—层系组—层系—纹层的分级方案对南堡油田储层进行层次结构划分。界至单砂层范围属地层对比、油层对比范围，单成因砂体至纹理属构型研究范围，不同级次储层在研究方法上有着显著的区别。

（3）南堡油田处于开发早期，现阶段开发任务正由注采井网完善向精细注采调控转变，以往小层级别的储层研究结果显示河道砂体连片发育，在此阶段更应强调单砂层—单成因砂体—单一河道砂体这三个级次的储层研究。在河道成因砂体中区分出影响注采对应关系的单一河道砂体。

<h1 style="text-align:center">参 考 文 献</h1>

[1] Miall A D. Architectural element analysis：A new method of facies analysis applied to fluvial deposits [J]. Earth Science Review, 1985, 22(2)：261-308.

[2] Miall A D. Architectural elements and bounding surfaces in fluvial deposits：Anatomy of the Kayenta Formation(LowerJurassic), Southwest Colorado [J]. Sedimentary Geology, 1988, 55(3-4)：233-262.

[3] Miall A D. The geology of fluvial deposits [M]. Berlin, Heidelberg：Springer Verlag, 1996.

[4] 张昌民. 储层研究中的层次分析法[J]. 石油与天然气地质, 1992, 13(3)：344-350.

[5] 张昌民, 徐龙, 林克湘, 等. 青海油砂山油田第68层分流河道砂体解剖学[J]. 沉积学报, 1996, 14(4)：70-75.

[6] 焦养泉, 李思田. 陆相盆地露头储层地质建模研究与概念体系[J]. 石油实验地质, 1998, 20(4)：346-353.

[7] 赵翰卿, 付志国, 吕晓光, 等. 大型河流—三角洲沉积储层精细描述方法[J]. 石油学报, 2000, 21(4)：109-113.

[8] 尹太举, 张昌民, 汤军, 等. 马厂油田储层层次结构分析[J]. 江汉石油学院学报, 2001, 23(4)：19-21.

[9] 王振奇, 张昌民, 张尚锋, 等. 油气储层的层次划分和对比技术[J]. 石油与天然气地质, 2002, 23(1)：70-75.

[10] 束青林. 对储层单元分级方案的探讨[J]. 油气地质与采收率, 2006, 13(1)：11-13.

[11] 闫百泉. 曲流河点坝建筑结构及驱替实验与剩余油分析[D]. 大庆：大庆石油学院, 2007.

[12] 曾祥平. 储集层构型研究在油田精细开发中的应用[J]. 石油勘探与开发, 2010, 37(4)：483-489.

[13] 吴胜和, 纪友亮, 岳大力, 等. 碎屑沉积地质体构型分级方案探讨[J]. 高校地质学报, 2013, 19(1)：12-22.

[14] 李兴国, 胜坨孤岛油田河流三角洲相储集层单砂层划分对比方法[J]. 石油勘探与开发, 1984, 11(5)：30-38.

[15] 吕晓光, 于洪文, 田东辉, 等. 高含水后期油田细分单砂层的地质研究[J]. 新疆石油地质, 1993, 14(4)：345-349.

[16] 李学慧, 陈清华, 杨超. 储层建筑结构要素分析及在剩余油挖潜中应用[J]. 西南石油大学学报(自然科学版), 2010, 32(6)：16-20.

[17] 焦巧平, 高建, 侯加根, 等. 洪积扇相砂砾岩体储层构型研究方法探讨[J]. 地质科技情报, 2009, 32(6)：57-63.

[18] 蒋平, 丁伟, 吕明胜, 等. 扶余油田东5-9区块扶余扬油田储层构型及剩余油分布模式[J]. 地质科技情报, 2013, 28(6)：103-109.

[19] 廖保方, 张为民, 李列, 等. 辫状河现代沉积研究与相模式：中国永定河剖析[J]. 沉积学报, 1998, 16(1)：34-39.

[20] 王随继. 黄河下游河型的特征及成因探讨[J]. 地球学报, 2003, 24(1)：73-78.

[21] 吴越. 歧口凹陷古近系沙一下沉积水槽实验研究[D]. 荆州：长江大学, 2012.

小湖盆浅水三角洲沉积特征及其
等时格架划分方案
——以南堡 4-3 区东二段为例

李彦泽　王志坤　商　琳　王雨佳

（中国石油冀东油田公司）

摘　要：南堡油田 4-3 区东二段原有开发方案以传统的扇三角洲沉积模式为指导，在层状模型的基础上依"相似性"原则划分地层单元、建立注采关系，但实际开发效果不佳，突出表现为：油水界面难统一，水驱油效率低。通过研究对比现代沉积学，综合岩心和地球物理资料，确定东营组二段为典型的浅水三角洲沉积，研究区为三角洲前缘沉积相，沉积构造背景为断阶带下的浅水小湖盆。与大湖盆缓坡浅水三角洲相比，沉积特征受控于可容空间的变化明显，河道砂由分选差磨圆中等的次成熟中细砂岩组成，搬运距离相对较近，沉积构造以块状、平行、交错层理为主，沉积韵律表现为交互式的正旋回沉积。综合地震沉积学指导下的地震响应特征，证实该区为由多条水动力较强的分流河道频繁横向摆动、改道而形成的三角洲复合朵体，因此难以统一水流线和细分沉积微相。单河道摆动形成具有层状等时特征的单个沉积朵体，构成了三角洲沉积的基本单元。多个单朵体在三维空间叠置、拼接成更高一级的、内部空间复杂的复合朵体，则不具有层状等时特征，且朵体的接触关系及接触界面的渗流能力对注水开发效果影响明显。通过地震识别，受分辨率约束可识别高级次朵体，在其顶底界面约束下进一步利用测井识别，逐级解剖细化至具层状特征的朵体单元。依次识别出相当于砂组级别的 3 个朵体单元，相当于小层级别的 28 个朵体单元。并在朵体单元的基础上，重构注采对应关系，水驱采油效果明显改善。

关键词：小湖盆浅水三角洲；三角洲朵体；沉积相；沉积特征

　　近年，浅水三角洲的研究受到了广泛关注，其中富存的油气资源成为各大油田开发的重点，如何通过研究其形成机理、解剖其沉积特征，以更好地提供优质储量、优化开发部署、提高油气产能，成为油气勘探开发专家研究的重要课题。

　　"浅水三角洲"这一概念，首先由 Fisk 于 1954 年在研究密西西比河时提出，将河控三角洲划分为深水型和浅水型，揭示了注入环境的影响对三角洲沉积特征的形成十分重要。后由 Postma 提出了河控三角洲在低能盆地中受注入环境的影响更为显著，并着重研究了三角洲前缘坡度对其形成产生的明显差异，将这一类浅水三角洲进一步划分为缓坡型浅水三角洲和陡坡吉尔吉伯特型三角洲，阐明了沉积特征受沉积过程与沉积构造背景的共同控制，并揭示了二者在塑造沉积形态时相互发挥的作用。国内相关研究，主要是从鄂尔多斯盆地、松辽盆地、塔里木盆地、渤海湾盆地等凹陷入手，对浅水三角洲的概念、分类、形成地质背景、沉积特征等方面进行研究，具体代表性成果主要包括：楼章华[2]着重从沉积过程受地质运动演化的角度，突出沉积可容空间的变化的幅度和频率不同，导致浅水三角洲沉积展布形态有明显差异。邹才能等通过对大型敞流坳陷湖盆中浅水三角洲对研究，结合前缘斜坡坡度和古水沉，以供源体系为基础，将湖盆三角洲划分为6种浅水三角洲和3种深水三角洲。朱筱敏等以松辽盆地大型中、新生代陆相含油气盆地为研究对象，强调供源系统对三角洲的控制作用，总结出浅水三角洲沉积主要具备以下特点：(1)沉积古地貌坡度较缓，沉积环境较为干旱炎热；(2)三角洲沉积缺乏传统三角洲沉积的三层结构；(3)沉积不发育河口坝砂体，三角洲以河道砂为骨架，能够通过河道砂串联起三角洲不同的沉积相；(4)沉积相仍可划分为平原、内前缘、外前缘、前三角洲等亚相，并进一步细分为分流河道、水下分流河道、水下分流河道间等微相。

同时，尹太举等也通过对洞庭湖和鄱阳湖等现代浅水湖盆三角洲沉积研究及水槽模拟实验研究发现，还存在一种特殊形态的浅水三角洲——叠覆式三角洲。与上面所提的三角洲的主要区别在于：(1)该类三角洲没有相对统一的分流系统，分流河道多不沉积而作为沉积物通道；(2)该类三角洲以单一的沉积朵体为沉积单元，多个同级别朵体叠置构成高级别复合朵体，进而构成三角洲骨架，而不能细分为其他微相。尹太举等以大庆油田的杏树岗地区葡I油组为例研究了该模式在油田开发中的应用。

以上学者的研究，切入点虽各有不同，但有两点认识是较为统一的：(1)从研究对象来看，浅水三角洲注入的海(或河)规模较大，潮汐改造作用明显、地形坡度宽缓，空间上有利于三角洲各沉积构成单元的延展，层次上有利于各沉积单元的依次叠置；(2)从研究结论来看，都强调了沉积过程对沉积单元形态的控制作用，因此在对沉积单元划分时，都质疑了在研究浅水三角洲的沉积等时界面时以传统的层状模型为基础、依据"相似性"进行对比，而提出了应基于沉积过程的对等时单元进行划分，这种对比方式是"异相同时"的。

南堡油田4-3区东营组二段属于浅水三角洲沉积，具典型的水下分流河道发育、几乎不发育河口坝沉积等特征。但前人的研究区块特点均属于大湖盆浅水环境下形成的三角洲，而4-3区属于小湖盆浅水环境下形成的三角洲，具有沉积相变更快、叠置关系更复杂等特点。特别是南堡4-3区发育于断阶带上升盘，搬运距离短、落差大，使得相变的高程差更为明显，并导致注入水流能量更强、限制了水流携砂能力的分散，因此基于前人成果，以南堡4-3区东营组二段为例，开展断阶带下小湖盆浅水三角洲的研究，对认识其沉积过程，明确其沉积单元特征具有重要意义，并针对这类模式下如何划分"异相同时"等时地层界面提出了一些思路方法。

1 地质背景

南堡油田是小型中—新生代形成的陆相含油盆地系统，区域构造隶属渤海湾盆地黄骅坳陷北部的南堡凹陷，面积约1000km²。4号构造位于南堡凹陷南部控凹断层——柏各庄断层的下降盘，是凹中隆的有利位置。该构造区是一个北西走向的潜山批覆背斜构造带，被多条斜列的断层复杂化，平面呈帚状构造。构造主体部位受堡古1大断层切割，分为两个部分，西南侧为主断层下降盘复杂断块区、呈节节南掉的西倾断阶，为南堡4-2区；东北侧为较简单的向东南抬升的鼻状构造，为南堡4-1区；西北部南堡403X1断阶带为南堡4-3区。

南堡盆地演化大致经历了热隆张裂、裂陷、坳陷和萎缩褶皱四个阶段。本次研究的东营组沉积背景为断陷转坳陷时期，该时期为陆相碎屑岩储沉积建造，砂体发育范围广、厚度大，是盆地主要的储油岩系。东营组自下而上可划分为东营组三段、东营组二段、东营组一段。其中东营组二段约400m，以深湖—半深湖下形成的黑色、深灰色泥岩和水下分流河道形成的不等粒砂岩为主，是本次研究的目标层位。

2 沉积特征研究

根据岩心资料、综合地球物理资料分析，研究区物源来自北部，为三角洲前缘沉积，整体为一套水下沉积，上部大套泥岩为深湖—半深湖相沉积，中部砂泥岩间互层为三角洲前缘末端沉积，下部砂岩集中发育段为三角洲前缘水下分流河道沉积、偶见河口坝沉积。通过恢复古地貌可知，南堡4-3区的三角洲河流入湖处，恰恰属于断阶带上升盘，河流快速下降至湖盆中。

从沉积体的岩性特征来看，岩性较细。通过粒度分析资料研究，沉积砂体粒度中值为0.047~0.620mm，为不等粒砂岩，平均粒度中值0.248mm，以中细砂岩为主，粒度分选系数平均为1.89，分选较差。从成分分类看，储层岩石类型以岩屑长石砂岩为主。碎屑成分主要为石英、长石和岩屑，石英平均含量35.6%，长石平均含量34.6%，岩屑平均含量29.8%。碎屑颗粒以次圆状—次棱状为主，分选差、磨圆中等。颗粒间以点—线接触为主，胶结类型多为孔隙式，胶结物以泥质为主，含量1.0%~11.33%，平均6.2%左右。粒度概率曲线主要表现为两段式，反映了本区储层沉积为以牵引流为主，水动力条件较强；粒度C—M图发育递变悬浮段（QR段）和均匀悬浮段（RS段）。递变悬浮搬运段最大粒径800μm，均匀悬浮的最大粒径350μm，反映了沉积时期的水动力条件较强（图1）。

正是基于沉积物由分选差磨圆中等的次成熟中细砂岩组成，表现为以牵引流沉积为主且水动力较强的特点，因此，在前人的研究中认为南堡4-3区水下分流河道沉积具有近源、快速沉积的特点，将其定义为扇三角洲。但该种模式并未考虑到断阶断层造成的强制湖退，导致湖平面下降、沉积速率加速、可容空间减小对沉积砂体的影响。因此，前人所定义的扇三角洲的沉积结论欠妥。

结合东营时期4-3区的演化过程，此时天气处于干旱—半干旱时期，在强制湖退作用过程中，陆源碎屑供给物充足，但平原相不发育，也不发育三角洲典型的"三层结构"，整体表现为向湖盆陡坡坡底快速加积的特点。同时，在小湖盆中沉积受湖水涨落不明显，更多是受水深变化的影响。断阶带正是水深突变的分界线，造成分流河道快速推进与快速后退，小湖盆范围的局限性亦不利于沉积砂体的横向展开，因而河道频繁改道、废弃，沉积地貌起伏不断接替变化，难以找到统一、稳定的水流线，无法进一步区分分流河道、河口坝、席状砂等沉积微相。单河道摆动形成的朵体是最小的沉积单元，单朵体独立发育、依次叠置，逐级拼合为高级次沉积朵体，最终形成叠覆式浅水三角洲。

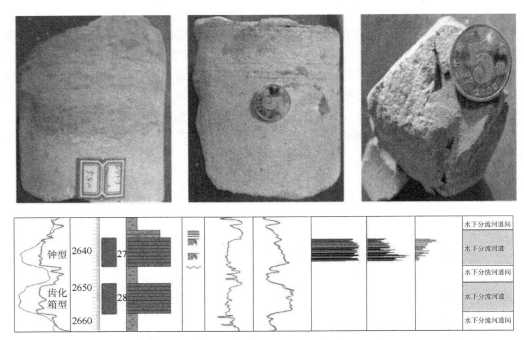

图1 南堡4-3区东营组二段三角洲水下分流河道沉积构造(井深2630~2660m)

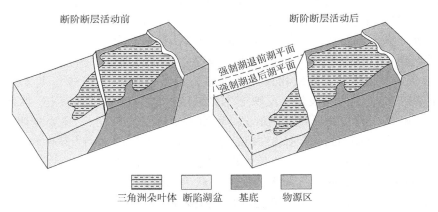

三角洲朵叶体 断陷湖盆 基底 物源区

图2 断层活动对断阶带沉积环境的影响示意图

通过地震相识别,三角洲整体平原相不发育,而常具有斜交前积反射结构,这与朱筱敏对浅水三角洲沉积特征的研究相吻合。利用地震沉积学,可以对叠覆式三角洲的沉积展布特征有更清晰的认识。

地震沉积学是综合了地震岩性学和地震地貌学的综合学科,应用于研究岩性、沉积成因、沉积体系和盆地充填历史。因此在识别地球物理特征时,首先对地震数据体进行90°相位转换,建立地震同相轴与岩性地层的关系。

结合地震属性体研究,利用Petrel 2014地球物理模块,通过提取目标层位的敏感属性(包括RMS、Max amplitude、Mid amplitude等),在自东营组二段Ⅲ小层底面以上,以2ms相对地质时间采样率(相当于2m深度采样率)获得大量地层切片。自下而上的切片展示出地貌和沉积体的演化过程，从中可以清晰地发现，三角洲的分流河道，携带着砂体以朵体的形态沉积，朵体的发育一方面横向摆动、迁移，另一方面纵向上时有类似填洼补齐式的依次叠置的沉积关系，使得三角洲朵体逐级复合，逐渐发育成更复杂的复合朵体（图3）。这与朱筱敏研究的浅水三角洲沉积特征有很大不同，即无法进一步细分水下河道、席状砂等沉积微相。

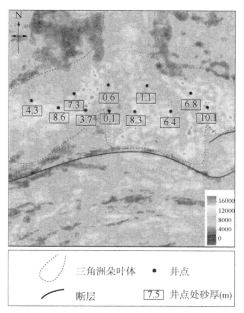

图3 南堡4-3区东营组二段Ⅲ小层上部的一张RMS属性体地层切片，
显示了叠覆式浅水三角洲地貌模式
波峰指示高速偏砂相，波谷代表低速偏泥相，井旁数字指示钻遇的朵体砂岩厚度（单位：m）

3 建立等时的地层格架

通过以上研究，确定研究区沉积模式为叠覆式浅水三角洲，因此以单河道摆动形成的朵体为最小研究单元。在一个长期基准面旋回过程中，多个朵体叠置成复合朵体。因此单朵体相当于砂组级别，复合朵体相当于油组级别。在单朵体内细分的等时单元，界面与顶底界面近似平行；在复合朵体内部，各单朵体自成单元，朵体间的接触关系及接触界面的渗流能力，决定了朵体间能否建立流动能力。

在这一模式的指导下，依靠井—震结合识别等时界面。但研究区地震资料分辨率较差，频宽0~70Hz，主频15Hz，分辨率55m，只能分出砂组级别（准层序组）的地层单元。因此，充分利用地震资料横向展布分辨率高的特点，通过90°相位数据体中进行砂组级别的朵体界面的识别，并将地震解释层位标定于测井资料上，井—震结合搭建砂组级别的地层格架后，再利用测井信息细分朵体单元直至小层级别，建立砂组—朵体—小层的划分体系（图4）。

利用地震解释识别出工28个砂组级别的朵体单元，并自下而上、自西向东，依次命

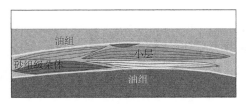

图 4　4-3 区浅水三角洲沉积结构
组合示意图

名为 1 号朵体、2 号朵体……28 号朵体。需要特别说明的是,这样的命名,本意是希望能够通过编号顺序说明朵体沉积先后关系,但实际研究中则难以执行。对于侧上方形成的朵体晚于其下方的朵体,并无争议;而一个朵体左右两侧的朵体单元孰先孰后,则难以判断。因此,这样的命名最终只能表示朵体单元的不同,而无法提供严格的时间先后关系。

在砂组级别的朵体间,普遍发育在河流萎缩期短暂沉积的湖湘泥岩,成为朵体间发育的稳定隔层,是分隔各个朵体有效的标志。在此基础上,利用测井信息,进一步针对各个朵体划分小层单元。

前人研究表明,在低级别朵体内部非均质性较弱,沉积砂体按朵体沉积轮廓样式层状细分。因此,在每个砂组级朵体内,按测井曲线旋回特征细分,并自下而上命名某朵体某小层,如 1 号朵体,则小层单元自下而上命名为 1-1 小层、1-2 小层……,如图 5 所示,不同朵体单元的小层数量并不统一。最终构建了以单朵体为单元的、细分至小层的等时地层单元格架。

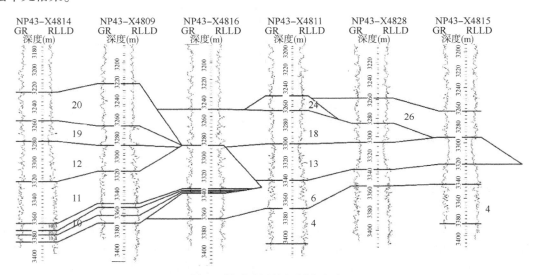

图 5　等时地层格架划分方案

4　结论

(1) 南堡 4-3 区东营组二段发育小湖盆浅水三角洲沉积体系,处断陷转坳时期,沉积体发育在断阶带上升盘,造成了强制湖退现象,因而表现出近源沉积的特点。

(2) 东营组二段浅水三角洲为叠覆式浅水三角洲,其以单河道横向摆动形成的朵体为基本单元,多河道形成的朵体三维空间相互叠置,形成更高一级立体的复合朵体。朵体内具有统一渗流特征,朵体间的渗流特征则由其相互间的接触关系及接触界面渗流差异决定，表现出"体外独立，体内统一"的特点。

（3）通过井—震结合搭建等时地层格架：在地震分辨率可靠的尺度下识别单朵体等时界面并标定测井信息，利用测井信息进一步识别刻画朵体间的沉积界面、细分朵体内的等时界面。

参 考 文 献

[1] Postma G. An analysis of the variation in delta architecture[J]. Terra Nova, 1990, 2(2): 124-130.

[2] 楼章华, 兰翔, 卢庆梅, 等. 地形、气候与湖面波动对浅水三角洲沉积环境的控制作用: 以松辽盆地北部东区葡萄花油层为例[J]. 地质学报, 1999, 73(1): 83-92.

[3] 邹才能, 赵文智, 张兴阳, 等. 大型敞流坳陷湖盆浅水三角洲与湖盆中心砂体的形成与分布[J]. 地质学报, 2008, 82(6): 813-825.

[4] 朱筱敏, 赵东娜, 曾洪流, 等. 松辽盆地齐家地区青山口组浅水三角洲沉积特征及其地震沉积学响应[J]. 沉积学报, 2013, 31(5): 889-897.

[5] 尹太举, 李宣玥, 张昌民, 等. 现代浅水湖盆三角洲沉积砂体形态特征: 以洞庭湖和鄱阳湖为例[J]. 石油天然气学报, 2012, 34(10): 1-7.

[6] 尹太举, 张昌民, 朱永进, 等. 叠覆式三角洲: 一种特殊的浅水三角洲[J]. 地质学报, 2014, 88(2): 263-272.

[7] 操应长. 断陷湖盆中强制湖退沉积作用及其成因机制[J]. 沉积学报, 2005, 23(1): 84-90.

[8] 曾洪流. 地震沉积学在中国: 回顾和展望[J]. 沉积学报, 2011, 29(3): 417-426.

[9] 于兴河, 王德发, 孙志华, 等. 湖泊辫状河三角洲岩相、层序特征及储层地质模型: 内蒙古贷岱海湖现代三角洲沉积考察[J]. 沉积学报, 1995, 13(1): 48-58.

[10] Coleman J M, Gagliano S M. Cyclic sedimentation in the Mississippi River deltaic plain[J]. Gulf Coast Association of Geological Societies Transactions, 1964, 14: 67-80.

[11] Tye R S. Geomorphology: An approach to determining subsurface reservoir dimensions[J]. AAPG Bulletin, 2004, 88(8): 1123-1147.

[12] 蔡文. 叠覆式浅水三角洲砂体内部结构及其对开发的影响[D]. 荆州: 长江大学, 2012.

[13] 王立武. 坳陷湖盆浅水三角洲的沉积特征: 以松辽盆地南部姚一段为例[J]. 沉积学报, 2012, 30(6): 1053-1060.

[14] Lemons D R, Chan M A. Facies architecture and sequence stratigraphy of fine-grained lacustrine deltas along the eastern margin of Late Pleistocene Lake Bonneville, northern Utah and southern Idaho[J]. AAPG Bulletin, 1999, 83(4): 635-665.

[15] Gani M R, Bhattacharya J P. Basic building blocks and process variability of a Cretaceous delta: Internal facies architecture reveals a more dynamic interaction of river, wave, and tidal processes than is indicated by external shape[J]. Journal of Sedimentary Research, 2007, 77(4): 284-302.

[16] 朱筱敏, 刘媛, 方庆, 等. 大型坳陷湖盆浅水三角洲形成条件和沉积模式: 以松辽盆地三肇凹陷扶余油层为例[J]. 地学前缘, 2012, 19(1): 89-99.

[17] 刘自亮, 沈芳, 朱筱敏, 等. 浅水三角洲研究进展与陆相湖盆实例分析[J]. 石油与天然气地质, 2015, 36(4): 596-604.

[18] 刘君龙, 纪友亮, 杨克明, 等. 浅水湖盆三角洲岸线控砂机理与油气勘探意义: 以川西坳陷中段蓬莱镇组为例[J]. 石油学报, 2015, 36(9): 1060-1073, 1155.

[19] 朱伟林, 李建平, 周心怀, 等. 渤海新近系浅水三角洲沉积体系与大型油气田勘探[J]. 沉积学报,

2008, 26(4): 575-582.

[20] 韩永林, 王成玉, 王海红, 等. 姬塬地区长 8 油层组浅水三角洲沉积特征[J]. 沉积学报, 2009, 27 (6): 1057-1064.

[21] 李文厚, 周立发, 赵文智, 等. 西北地区侏罗系的三角洲沉积[J]. 地质论评, 1998, 44(1): 63-70.

[22] 胡忠贵, 胡明毅, 胡九珍, 等. 潜江凹陷东部地区新沟咀组下段浅水三角洲沉积模式[J]. 中国地质, 2011, 38(5): 1263-1273.

[23] 朱筱敏, 潘荣, 赵东娜, 等. 湖盆浅水三角洲形成发育与实例分析[J]. 中国石油大学学报(自然科学版), 2013, 37(5): 7-14.

[24] Horne J C, Ferm J C, Caruccio F T, et al. Depositional models in coal exploration and mine planning in Appalachian region[J]. AAPG Bulletin, 1978, 62(12): 2379-2411.

[25] García-García F, Corbí H, Soria J M, et al. Architecture analysis of a river flood-dominated delta during an overall sea-level rise (early Pliocene, SE Spain)[J]. Sedimentary Geology, 2011, 237(1/2): 102-113.

南堡 1-1 区东一段浅水三角洲水下分流河道单砂体叠置关系研究

徐　波　廖保方　冯　晗　王英彪　贾胜利　邱宇威

（中国石油冀东油田公司）

摘　要：综合应用岩心、测井、生产动态等资料，完成南堡 1-1 区东一段储层水下分流河道单砂体的划分；统计单一水下分流河道砂体间的接触关系，总结了研究区水下分流河道叠置特征，并分析其形成原因。研究结果表明：南堡 1-1 区水下分流河道单砂体厚度 5.2~11.5m，宽度最大可达 400m；单一水下分流河道砂体在剖面上存在分离式、叠加式、切叠式 3 种接触关系，以分离式为最主要接触类型；平面上存在分离式、相变式、对接式、切割式 4 种接触关系，以切割式为最主要接触类型；在空间上可组合成 12 种基本接触类型，占比由大到小依次为分离式+切割、叠加+切割、叠加+对接、切叠+切割；湖泊水体周期性变化、可容纳空间与沉积物供给通量比值（A/S）、动态地貌形态变化等因素共同形成了研究区浅水三角洲前缘水下分流河道砂体剖面下切能力有限而平面频繁改道交切的特征。

关键词：水下分流河道；浅水三角洲前缘；单砂体；叠置特征；东一段；南堡 1-1 区

自 Miall[1] 于 1985 年提出构型要素分析方法以来，储层构型要素分析已成为各类型砂体精细解析的重要手段。国内学者应用构型研究的方法在河流相（尤其是曲流河）储层研究中已取得丰硕的成果[2-6]。相对而言，对三角洲前缘储层构型研究成果[7-8]较少。作为三角洲的一种重要类型，浅水三角洲的概念自 20 世纪 90 年代引入我国以来，国内学者在我国松辽盆地[9-12]、鄂尔多斯盆地[13-14]、渤海湾盆地[15]、四川盆地[16-17]和现代鄱阳湖、洞庭湖[18]沉积中发现大量浅水三角洲沉积。研究者们对浅水三角洲形成动力、微相特征、内部结构开展研究，基本形成如下共识：浅水三角洲沉积基底平缓、水体较浅；主要发育于整体缓慢沉降的坳陷期或断坳转换期；水动力以河流控制作用为主，兼受波浪或潮汐改造；砂体成因类型以水下分流河道为主，河口坝、远沙坝及前三角洲不发育。总体上国内浅水三角洲研究在盆地类型上集中于松辽、鄂尔多斯等大型坳陷湖盆，对我国广泛发育的陆相断陷盆地研究相对不足；在研究内容上集中于浅水三角洲湖盆地沉积特征和沉积模式，对砂体叠置特征研究相对不足。

以南堡油田 1-1 区块为研究对象，应于构型要素分析的思路和方法，综合应用测井、岩心、生产测试等资料，完成浅水三角洲前缘主要成因砂体—水下分流河道砂体的划分。

在此基础上,统计单一水下分流河道砂体在空间上的相互接触关系并分析其形成原因,为指导浅水三角洲油藏的高效开发奠定基础。

1 概况

南堡1–1区位于南堡1号构造上升盘,面积约12km²(图1),整体构造特征为潜山背

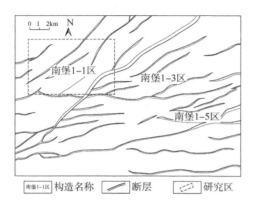

图 1 南堡 1–1 区构造位置示意图

景控制下的披覆背斜构造,背斜的长轴方向为北西向,具顶薄翼厚的特征。自下而上发育有第四系平原组、新近系明化镇组、馆陶组和古近系东营组、沙河街组,以古近系东一段为最主要的含油层系。研究区东一段处于断坳转换期,构造活动逐步减弱,具备形成浅水三角洲前缘沉积的构造条件。研究区储层岩性主要为灰色、灰白色粉砂岩,浅灰色细砂岩、砂砾岩和灰绿色、灰色及褐色泥岩。依据岩性及旋回特征可将东一段地层分为东一段Ⅰ油组、东一段Ⅱ油组和东一段Ⅲ油组。各油组内不同厚度的砂泥岩频繁互层,可进一步细分为 44 个小层。

研究区主要发育有水下分流河道、水下分流河道侧缘和分流河道间湾三种成因的砂体(表1)。

表 1 南堡 1–1 区砂体成因类型与特征

亚相	微相	岩石类型	粒度	颜色	层理	韵律	电性特征
辫状河三角洲前缘	水下分流河道	细砂岩、粉砂岩、泥质粉砂岩、含砾不等粒砂岩、砂砾岩	细砂为主	浅灰色、灰褐色、褐灰色	爬升层理、槽状交错层理、板状交错层理、平行层理、块状层理	正韵律为主	钟形、箱形、齿化箱形
	河道侧缘	粉砂岩、泥质粉砂岩	粉砂为主	灰白色、浅灰色	水平层理、波状层理、波状交错层理	正反韵律均可见	指状、舌状
	支流间湾	泥质为主,含少量粉砂岩、粉砂质泥岩、泥岩	泥质为主	灰色、灰绿色	水平层理、波状层理	韵律特征不明显	齿状

(1)水下分流河道砂体:为研究区各小层最主要的砂体成因类型。平均钻遇井数占比超过总井数的 70%。岩性为细砂岩、粉砂岩、泥质粉砂岩,砂岩厚度较大,主体介于3.6~12.2m,平均为 7.8m。砂体底部常发育大型板状交错层理、块状层理等,中上部发育浪成沙纹层理、脉状层理。垂向上常表现为多个向上变细的正韵律砂体叠加,各韵律层底部常见冲刷面,含泥砾;平面上水下分流河道砂体频繁相互切割,连片发育。测井曲线

形态上以复合正韵律、箱形、钟形为主，揭示研究区东一段储层在浅水三角洲前缘环境下以河流的建设作用远大于湖泊的改造作用。

（2）水下分流河道侧缘砂体：由水下分流河道边部或早期分流砂坝经湖浪改造形成，岩性较细，以粉砂岩、细砂岩及含细砾砂岩为主，砂体厚1~3m。受湖浪、沿岸回流的改造作用，砂体常发生一定程度的席状化，呈毯状展布于水下分流河道间，部分砂体又被后一期水下分流河道切割，呈坨状零星分布于水下分流河道砂体间。该类型砂体层理类型多，除发育平行层理、块状层理外，小型交错层理、浪层波纹层理等普遍发育。测井曲线形态中正韵律与反韵律均有发现，以齿化钟形、指形为主，少部分为齿化漏斗形。

（3）分流河道间湾砂体：岩性相对较细，以泥质粉砂岩为主，厚度0.5~1m。岩心观察发现大量植物炭屑，主要发育水平层理、小型波状层理、变形层理。自然电位曲线常呈低幅突起的指形和微齿化的平直形态。

2　划分方法

2.1　剖面划分

与河流相储层构造研究类似，剖面上水下分流河道单砂体划分的关键是对隔夹层的识别与组合。根据岩心特征和测井解释结果，研究区主要有泥质层、含砾砂岩层、钙质层三种隔夹层类型。

泥质层：一期河道的沉积晚期，随着水动力作用的减弱而在下部砂质沉积物之上形成的一套泥质沉积。泥质隔层微电极测井曲线回返明显，在岩心和测井上均容易识别。

含砾砂岩层：由于冲刷—充填作用，在水下分流河道底部易形成一套滞留沉积—含砾砂岩。物性差的含砾砂岩层在岩心上容易识别，但因其依然含油，电阻率回返程度较低，在测井曲线上识别难度较大，故在进行单期水下分流河道砂体划分依据时需要参考连井剖面上各砂体的空间位置及接触关系来综合判断。

钙质层：正韵律水下分流河道储层的下部物性一般较好，是孔隙水的优势渗流部位，也是钙质优先沉积场所，易形成钙质砂岩。在测井曲线上表现为自然电位幅度差明显增大，可作为多期单砂层叠加的佐证。

2.2　平面划分

对于平面上水下分流河道单砂体边界的划分，首先利用测井、取心等资料开展沉积微相研究，确定叠合水下分流河道砂体范围；再利用高程差异、河道砂体厚度差异进行单期水下分流河道砂体边界识别。

砂体顶面高程差异：受沉积古地形、沉积能量或发育时间的差异等因素影响，同一地质时期不同的水下分流河道，在砂体顶面距标准层的相对高程上会有一定程度的差异，若等高程差异在一定范围内存在，可划分出若干条"同期不同时"的水下分流河道砂体。

砂体厚度差异：单一水下分流河道砂体形态具有"顶平底凸"的特征。如果两个河道砂体存在较大范围内可追踪的"厚—薄—厚"的厚度差异特征，则可作为单一水下分流河道砂体的划分依据。

3 划分结果

依据上述划分方法，完成研究区水下分流河道单砂体划分，将研究区共划分为 256 个水下分流河道单砂体。在平面上，各时期水下分流河道砂体整体呈近北东向或南北向条带状展布，单砂体厚度 5.2~11.5m，宽度最大可达 400m，砂体宽厚比平均为 62.3。

在砂体形态上，顺河道和垂直河道方向，大部分单一水下分流河道砂体间均频繁发生交切，呈被破坏的条状展布，众多不完整的水下分流河道砂体平面上形成连片状分布的水下分流砂体复合带(图 2)。部分小层水下分流河道砂体厚度较薄，河道宽度较窄，交切不严重，在顺物源方向延伸距离远，砂体呈现出较完整的河道形态。

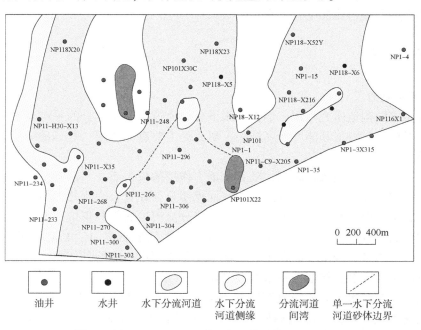

图 2 南堡 1-1 区 Ed1Ⅱ①2 小层单砂体平面展布图

4 水下分流河道单砂体接触关系

每个水下分流河道单砂体与其相邻的砂体在平面和剖面不同的位置表现为不同的接触关系，造成了单砂体接触关系认识的困难。前人对单砂体叠置特征的研究也均为垂向和侧向接触关系的模式总结[19-22]。为量化研究水下分流河道单砂体空间接触关系，对研究区每条单一水下分流河道砂体与其相邻的砂体空间接触关系开展统计，以占比最大的优势接触关系作为两条单一水下分流河道砂体的接触关系类型。研究过程如下：

（1）选取全区分布的过井骨干剖面。要求骨干剖面上的井点在全区均匀分布，井数占全区总井数 80% 以上。

（2）依据前文所述的水下分流河道单砂体剖面、平面划分方法，完成水下分流河道单砂体识别。

（3）分别统计每条骨干剖面上各单一水下分流河道砂体在剖面和平面上与其相邻的水下分流河道单砂体的井间接触关系。

（4）以优势接触关系为原则，选取出现次数最多的接触关系作为某一水下分流河道单砂体与其相邻水下分流河道单砂体间的接触关系，即当一条水下分流河道在不同的位置与相邻的水下分流河道砂体存在多种类型的接触关系时，以占比最大的接触关系类型作为两条水下分流河道砂体的接触关系类型。

4.1　剖面接触关系

剖面上，可将水下分流河道砂体接触关系分为以下 3 种类型（图 3）。

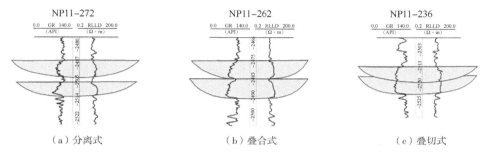

图 3　南堡 1-1 区东一段水下分流河道砂体剖面接触关系

（1）分离式：两期水下分流河道单砂体间被稳定的细粒沉积所分隔，水下分流河道砂体不发生接触。细粒沉积物以水下分流河道砂体顶部泥岩为最主要类型，部分井为泥砾岩，泥岩或泥砾岩厚度一般大于 5m，与下部水下分流河道砂体共同表现出完整的河流相二元结构。砂岩厚度相对较小，砂地比一般小于 0.5。该类型接触关系的测井识别标志为 2.5m 电阻率曲线上呈明显的分离箱形或分离钟形特征[图 3(a)]。统计显示分离式接触是研究区水下分流河道最主要的剖面接触类型，占比为 44.2%（表 2）。

（2）叠合式：后期水下分流河道一定程度冲刷接触前期水下分流河道沉积，两期水下分流河道砂体之间普遍存在厚度较薄的泥岩或含砾砂岩。泥岩隔层厚度 0.5~3m，砂岩厚度变化较大，砂地比 0.32~0.56。在测井识别标志上表现为 2.5m 电阻率曲线较显著的阶梯状箱（钟）形砂体或明显的测井曲线回返[图 3(b)]。该类型叠加方式在研究区剖面接触方式中占比 34.3%（表 2），以 $Ed_1 I ②6$ 小层和 $Ed_1 I ②7$ 小层为例，所有钻遇井中 42.3% 的井呈现出明显的测井曲线回返，隔层平均厚度 0.6m，以泥质隔层为主，间有物性隔层。虽钻遇井中表现为分离式和叠切式接触关系的井占比分别为 14.8% 和 32.9%，但总体界定为叠加式接触。

（3）叠切式：后期水下分流河道对早期形成的水下分流河道有明显的侵蚀、冲刷作用，形成切割型叠置砂体。该类接触关系在单井测井曲线上表现为厚度较大的箱状砂体，单井上较难以区分出不同期次的河道，一般通过连井剖面和动态响应特征加以区分。该类型叠加方式占比 21.5%（图 3）。以 $Ed_1 II ①7$ 小层和 $Ed_1 II ①8$ 小层为例，上部 7 小层水下分流河道砂体平均厚度 6.4m，对下部砂体切割严重，钻遇井中 45.5% 的井测井曲线呈巨厚箱形特征，叠合砂体平均厚度 9.3m，综合判定为叠切式接触。

表2 南堡1-1区浅水三角洲水下分流河道砂体空间接触关系统计表

剖面组合样式	平面组合样式			
	A（分离式） 占比5.9%	B（相变式） 占比1.5%	C（对接式） 占比33.6%	D（切割式） 占比59%
1（分离式） 占比44.2%	1A 占比3.2%	1B 占比1.5%	1C 占比10.2%	1D 占比29.3%
2（叠合式） 占比34.3%	2A 占比2.7%	2B 占比0%	2C 占比14.2%	2D 占比17.4%
3（叠切式） 占比21.5%	3A 占比0%	3B 占比0%	3C 占比9.2%	3D 占比12.3%

研究目标水下　　　　其他水下　　　　水下分流河道间
分流河道砂体　　分流河道砂体　　砂质沉积

4.2 平面接触关系

平面上，可将水下分流河道砂体间接触关系分为以下几种类型：

（1）分离式：两条水下分流河道砂体平面上不接触，砂体间为水下分流间湾泥质沉积，沉积微相边界即为单一水下分流河道砂体构型界面。该类型接触关系在连井剖面上容易识别，水下分流河道砂体处2.5m电阻率曲线为一个单独的箱形或钟形特征，而在水下分流间湾电阻率曲线为平直的曲线形态。该类型接触关系占比较小，仅5.9%（表2）。

（2）相变式：两个水下分流河道单砂体彼此不接触，但分流河道砂体之间存在河道侧缘或分流河道间等成因的粉砂岩或泥质粉砂岩沉积。两个水下分流道单砂体之间生产表现为弱连通或不连通。研究区该种类型的接触关系在连井剖面上较易识别，水下分流河道砂体处2.5m电阻率曲线显示为一个单独的箱形特征，而河道侧缘砂体电阻率曲线为锯齿状的曲线形态。研究区内该类型接触关系占比最小，仅1.5%（表2）。

（3）对接式：两条水下分流河道单砂体彼此对接，但单砂体之间的切叠关系不明显，表现为弱连通或不连通。水下分流河道砂体2.5m电阻率曲线呈现单独的箱形特征，但是不同的分流河道砂体在厚度、物性等方面呈现出较明显差异。该类砂体在连井剖面上难以通过曲线形态判断，但可通过一定范围内存在的"厚—薄—厚"的砂体厚度变化规律、物性变化、生产动态响应等加以识别。研究区内该类型接触关系较为普遍，占比33.6%（表2）。

（4）切割式：后期发育的水下分流河道砂体在平面上对早期发育的水下分流河道强

烈改造，两条河道在平面上完全拼接。在河道交切的主体部位，电阻率曲线上显示为单独的箱形特征。但在不同的水下分流河道，砂体在厚度、物性等方面还是表现出一定程度的差异性。这种差异性可通过不同井的砂体顶面高程差异、测井曲线幅度、生产动态响应等特征体现。切割式为研究区水下分流河道砂体最主要的接触方式，占比为59%（表2）。

5　空间接触样式

5.1　空间接触样式特征

水下分流河道单砂体在剖面上与其他河道砂体有3种接触关系、在平面上有4种接触关系，理论上每个单一水下分流河道与其他砂体的接触关系可组合出12种基本类型（表2）。需要特别指出的是，本次研究以优势接触关系来综合判断并统计水下分流河道砂体的空间接触关系。较之以往不同单砂体井间接触关系定性研究，优势接触关系的统计以占比最大的接触关系类型为砂体平剖面的接触关系，突出了不同水下分流河道砂体间最主要的接触关系，更有利于认识砂体接触的总体特征。如表2中统计显示2B、3A、3B等接触关系类型占比为0，并不代表研究区井间不存在这三种类型的接触关系，而是代表这些类型不是研究区水下分流河道砂体接触关系的主要类型。

表2中，平面组合样式从A到D，剖面组合样式从1到3，表示砂体接触关系渐次变复杂。

类型特征：研究区水下分流河道砂体以剖面分离+平面切割（1D）类型占比最大，为29.3%；分离式+对接式（1C）、叠合式+对接式（2C）、叠合式+切割式（2D）、叠切式+切割式（3D）4种类型占比均超过10%；对接式+切割式（3C）类型占比为9.2%；其他各种类型接触关系零星出现，总占比约为7%。

剖面特征：水下分流河道砂体接触关系由简单到复杂占比依次减小，分离式、叠合式、叠切式接触关系总占比量分别为44.2%、34.3%和21.5%。

平面特征：呈现出平面上接触关系越复杂占比越大的总体规律。分离式、相变式、对接式和切割式4种接触关系总占比数分别为5.9%、1.5%、33.6%和59%，切割式接触是研究区砂体平面上最主要的接触类型。

5.2　空间接触样式成因分析

一般认为，浅水三角洲前缘砂体平面、剖面的接触关系都是受可容纳空间与沉积物补给通量之间变化的控制[20-22]。即当可容纳空间远大于沉积物补给（A/S>1）时，水下分流河道砂体厚度小，分布范围有限，砂体接触关系应以分离式+分离式（1A）和分离式+相变式（1B）为主；当A/S≈1时，水下分流河道向下虽有一定冲刷侵蚀能力，但能量较弱，平面和剖面切叠其他水下分流河道砂体能力有限，整体应以叠合式+相变式（2B）和叠合式+对接式（2C）为砂体主要接触类型；当A/S<1时，水下分流河道能量强，河道不稳定，剖面上深度下切冲刷的同时在平面上也频繁地迁移改道，砂体应以叠切式+对接式（3C）和叠切式+切割式（3D）为主要接触类型。

统计结果显示，研究区水下分流河道单砂体无论在剖面上呈哪种接触关系，在平面上均以切割式为主,反映研究区水下分流河道下切作用不强而侧向迁移频繁的特征。

分析造成统计结果与传统认识不一致的原因。首先在研究方法上,在剖面上划分单砂体时,以稳定分布的隔夹层作为单砂体的划分依据(泥岩钻遇井数超过总井数的70%),目前研究区井距150~250m,由于井网密度、开发阶段等原因,未对部分隔夹层分布面积较小的垂向叠置砂体进行细分,导致剖面上叠加式、切叠式接触关系占比偏低。但这种单砂层剖面划分标准的选取不会对研究区砂体接触关系类型统计结果造成颠覆性的影响。

分析认为,研究区水下分流河道砂体剖面上以分离式、平面上以切割式为主,是浅水三角洲前缘特殊的地质条件造成的。

(1)湖泊水体的存在决定了浅水三角洲前缘水下分流河道砂体较之三角洲平原分流河道剖面上的下切能力更弱而平面上的分叉、改道更为频繁。浅水三角洲常形成于基底稳定沉降、盆广坡缓、水体较浅的沉积环境。总体上仍以河流营力为主,水下分流河道成因砂体是研究区最主要的砂体成因类型。但浅水湖盆的一个重要特征就是湖平面小幅度的升降会造成水体面积的巨大变化,可容纳空间的增大主要表现为平面上沉积范围的扩大。加之由于受到湖泊的顶托作用,三角洲前缘水下分流河道与三角洲平原分流河道相比河道带范围更大,而下切作用相对较弱。此外,浅水三角洲前缘水体较浅,水下分流河道极易因湖水季节性波动而长时间地季节性或周期性出露水面,分流河道更容易发生平面上的分叉、改道。

(2)动态地貌形态是浅水三角洲前缘水下分流河道砂体接触关系的重要控制因素[23]。A/S的大小决定了三角洲朵体整体前移或后退,当$A/S<1$和$A/S>1$时,三角洲朵体呈向湖或向岸方向的整体迁移,而当湖平面没有明显升降,可容纳空间整体变化不大时,沉积物优先在斜坡部位的低洼区堆积,当填充完可容纳空间后,水下分流河道改道寻找新的局部洼地(高可容纳空间)堆积。正是由于动态地貌形态的影响,后期水下分流河道砂体发育部位正是前期河道间的洼地,故研究区砂体接触类型在平面上以交切关系占主要类型不仅反映了同期河流的改道,也在一定程度上反映了不同时期河道的叠置关系。

6 结论

(1)应用构型分析,在浅水三角洲模式指导下,完成研究区东一段单一水下分流河道砂体划分,共划分出256个单一水下分流河道砂体。统计结果表明:浅水三角洲前缘单一水下分流河道砂体厚度5.2~11.5m,宽度最大可达400m,砂体宽厚比平均为62.3。

(2)剖面上,单一水下分流河道砂体间存在分离式、叠合式、叠切式3种接触关系;平面上存在分离式、相变式、对接式、切割式4种接触关系。据此,可将单一水下分流河道的空间组合关系组合成12种基本类型。研究区单一水下分流河道砂体在剖面上以分离式为主,在平面上以切割式为主,在空间组合上(剖面+平面)占比由大到小依次以分离+切割、叠合+切割、叠合+对接、叠切+切割、分离+对接。

（3）湖泊水体周期性变化、可容纳空间与沉积物供给通量比值、动态地貌形态变化等因素共同形成了研究区浅水三角洲前缘水下分流河道砂体剖面下切能力有限而平面频繁改道交切的特征。

参 考 文 献

[1] Miall A D. Architec tural–element analysis：a new method of facies analysis appied to fluvial deposits [J]. Earth Science Review，1985，22(4)：261-308.

[2] 蒋平，赵应成，李顺明，等．不同沉积体系储集层构型研究与展望[J]．新疆石油地质，2013，34(1)：111-115.

[3] 岳大力，吴胜和，刘建民．曲流河点坝地下储层构型精细解剖方法[J]．石油学报，2007，28(4)：99-103.

[4] 马世忠，孙雨，范广娟．地下曲流河道单砂体内部薄夹层建筑结构研究方法[J]．沉积学报，2008，26(4)：632-639.

[5] 廖保方，张为民，李列，等．辫状河现代沉积研究与相模式——中国永定河剖析[J]．沉积学报，1998，16(1)：34-39.

[6] 张昌民，尹太举，赵磊，等．辫状河储层内部建筑结构分析[J]．地质科技情报，2013，32(4)：7-13.

[7] 赵小庆，鲍志东，刘宗飞，等．河控三角洲水下分流河道砂体储集层构型精细分析——以扶余油田探51区块为例[J]．石油勘探与开发．2013，40(2)：181-188.

[8] 李志鹏，林承焰，董波，等．河控三角洲水下分流河道砂体内部建筑结构模式[J]．石油学报，2012，33(1)：101-105.

[9] 赵翰卿．松辽盆地大型叶状三角洲沉积模式[J]．大庆石油地质与开发，1987，6(4)：1-9.

[10] 楼章华，兰翔，卢庆梅，等．地形、气候与湖面波动对浅水三角洲沉积环境的控制作用——以松辽盆地北部东区葡萄花油层为例[J]．地质学报，1999，73(1)：83-91.

[11] 吕晓光，李长山，蔡希源，等．松辽大型浅水湖盆三角洲沉积特征及前缘相储层结构模型[J]．沉积学报，1999，17(4)：572-576.

[12] 张庆国，鲍志东，郭雅君，等．扶余油田扶余油层的浅水三角洲沉积特征及模式[J]．大庆石油学院学报，2007，31(3)：4-10.

[13] 韩永林，王成玉，王海红，等．姬塬地区长8油层组浅水三角洲沉积特征[J]．沉积学报，2009，27(6)：1057-1065.

[14] 付晶，吴胜和，王哲，等．湖盆浅水三角洲分流河道储层构型模式：以鄂尔多斯盆地东缘延长组野外露头为例[J]．中南大学学报(自然科学版)，2015，46(11)：4174-4182.

[15] 朱伟林，李建平，周心怀，等．渤海新近系浅水三角洲沉积体系与大型油气田勘探[J]．沉积学报，2008，26(4)：575-582.

[16] 陈昭国．四川盆地洛带气田蓬莱镇组储层沉积特征研究[J]．成都理工大学学报：自然科学版，2007，34(4)：407-413.

[17] 刘柳红，朱如凯，罗平，等．川中地区须五段—须六段浅水三角洲沉积特征与模式[J]．现代地质，2009，23(4)：667-676.

[18] 张昌民，尹太举，朱永进，等．浅水三角洲沉积模式[J]．沉积学报，2010，28(5)：933-944.

[19] 李一赫，尚尧，张顺，等．多源复合式浅水三角洲沉积特征与沉积模式[J]．大庆石油地质与开发，2016，35(3)，1-9.

[20] 任双坡，姚光庆，毛文静．三角洲前缘水下分流河道薄层单砂体成因类型及其叠置模式——以古城油田泌浅 10 区核三段Ⅳ-Ⅵ油组为例[J]．沉积学报，2016，34(3)：582-593.

[21] 封从军，鲍志东，代春明，等．三角洲前缘水下分流河道单砂体叠置机理及对剩余油的控制——以扶余油田 J19 区块泉头组四段为例[J]．石油与天然气地质，2015，36(1)：128-135.

[22] 杨少春，王燕，钟思瑛，等．海安南地区泰一段储层构型对剩余油分布的影响[J]．中南大学学报（自然科学版），2013，44(10)：4161-4166.

[23] 朱永进，张昌民，尹太举．叠覆式浅水三角洲沉积特征与沉积模拟[J]．地质科技情报，2013，31(3)：59-65.

复杂断块油藏精细构造解释与储层
精细预测一体化技术研究
——以南堡油田 A 构造为例

黄　鹏　廖保方　徐　波　张　杰　李晓革

（中国石油冀东油田公司）

摘　要： 由于复杂断块油藏断层多、断块小，低级序断层地震反射特征不明显，地震剖面难以有效识别，储层相变快，砂体成因、展布、连通性不明确，严重制约了开发方案制订和措施实施有效性。针对上述问题，在沉积模式指导下，运用应力场分析技术和精细构造解释技术，结合邻井对比和生产资料识别断层，提高断层的识别精度。引入"地震宏观趋势引导、井点微相精确控制、不同类型砂体区别对待、重点砂体精细刻画"的储层精细预测技术刻画研究区砂体展布、预测砂体的接触关系，并辅以动态资料综合判定砂体的连通性，逐步深入、逐级控制，逐步降低多解性，从而达到精细构造解释与储层预测的目的。指导开发方案的制订，提高储层动用程度和最终的采收率。

关键词： 应力场分析技术；断层精确识别技术；砂体精细刻画技术

南堡油田 A 构造位于南堡凹陷南部，发育于沙垒田凸起北部斜坡带上，是一个被断层复杂化的潜山披覆背斜构造。研究区以浅层（馆陶组）辫状河、中深（东一段）河流—三角洲储层为主力含油层系。其中东一段辫状河三角洲前缘沉积为主要开发层系。作为典型的复杂断块油藏，研究区具有构造破碎、岩性相变快的地质特点，加之大斜度井海油陆采的开发方式，导致该区精细构造解释与储层预测一直存在多解性强的问题。地质认识精度的不足导致了研究区递减大、含水上升快等诸多开发问题。为了有效解决上述问题，本次研究在已有地震研究成果的基础上，充分应用测井资料、生产动态资料，开展了复杂断块油藏精细构造解释与储层预测一体化研究，有效指导开发效果的改善。研究成果对其他区块的复杂断块油藏高效开发提供技术支持。

1　精细断层刻画

开发初期由于钻井资料和测试资料不足，不能有效地指导精细构造研究。主要存在以下问题：（1）由于地震资料品质限制，小断层的地震反射特征不明显，地震剖面难以准确识别；（2）井震解释断点数据不统一、不一致、存在误差；（3）低级序断层和储层相变地震反射特征相似，没有一个标准的界限区分。

针对上述问题开展以下研究：在沉积模式指导下，通过应力场分析确定断层发育区域，建立断层成像处理—属性与剖面识别—动态验证的解释流程，多手段并举，提升识别精度，准确落实断点位置，实现井断点和地震剖面断棱解释统一，同时小断层识别兼顾储层相变特征分析，精细刻画断层，可识别8~15m小断层。

1.1 断层成因分析

根据层序地层学确定研究区各沉积时期特点，奠定断层成因分析的基础，在应力场研究的基础上确定低级序断层发育优势区范围和断层展布方向。

基于上述研究，得出以下认识：(1)研究区储层自下向上水体是由浅到深再至浅的过程，砂泥比自下而上形成增大—变小—增大的趋势，沉积成因造成地震资料同相轴错断、扭曲的可能性增大，增加了区分相变和小层的难度；(2)研究区断层以伸展—走滑为主，最小主应力以张应力为主，应力集中发育区易发育低级序断层，主要断层展布方向以北东向和近东西向为主(图1)。

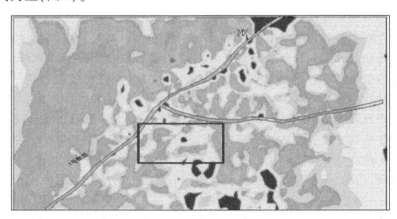

图1 应力场分析断层集中发育区域

1.2 分频构造导向滤波

地震数据包含大量干扰信息，从而使地震剖面识别断层能力降低，通过滤波去除噪声，提高信噪比和断层的识别能力，为了最大限度保护构造信息和小断层成像能力，本次研究优选在分频基础上的构造导向滤波来处理地震数据体(图2)。

通过滤波前后地震剖面对比可以看出：构造滤波后目的层段地震资料相位连续，干扰噪声降低，断点更清晰，断层识别能力显著提高。滤波后地震剖面识别断层能力显著增强。

1.3 多手段综合识别断层

运用三维地震剖面、相干体、倾角、方差体、曲率、蚂蚁体追踪等关键技术，提高断层识别精度，利用精细地层对比确定断点，调整断层展布，利用生产资料和动态监测手段并举辅助地震剖面区分储层相变和小断层差异，精确刻画断层。

同时对研究区属性预测小断层同相轴纵向分布范围进行统计(表1)。发现小断层同相轴具有断层展布特征，纵向延展范围大于50ms，而小于50ms断裂现象有生产动态资料、测试资料证实不是断层造成的，而是由储层相变产生。在精细标定基础上开展地震剖面断

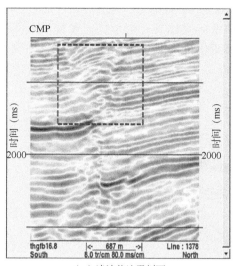 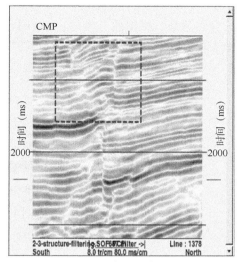

（a）滤波前地震剖面　　　　　　　　　（b）滤波后地震剖面

图2　在分频基础上滤波前后对比图

棱和井断点一致性分析，依靠精细地层对比，精确落实测井断点位置，然后根据标定结果调整剖面断层，实现井震断棱、断点统一。

表1　断裂特征同相轴变化特征

同相轴纵向延伸时间（ms）	同相轴反射特征	动态验证是否为断层
<15	微扭曲	否
15~<30	合并、微扭曲	否
30~<50	微错断、扭曲	否
50~<70	错断、能量突变、扭曲	是
≥70	错断、合并、弯曲	是

能够有效识别8~15m的小断层。新解释断层11条，调整断层6条，调整井断点20口。断层在地震剖面上表现为负花状构造，平面上小断裂和主断裂相交，是在拉张剪切局部应力作用下，形成的拉张—走滑断层，该结论和应力场分析一致(图3)。

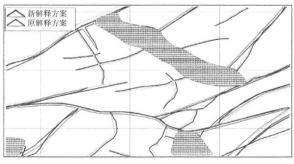

图3　新老断层叠合图

基于上述研究方法，归纳总结三种低级序断层在地震剖面上响应特征：（1）同相轴能量突变、合并分叉、微扭曲、错位；（2）同相轴纵向变化具有继承性、平面展布具有一致性，而储层相变不具有此特点；（3）同相轴纵向变化范围至少大于一个砂组，时窗至少大于50ms，小于该范围则是由储层相变引起(图4)。

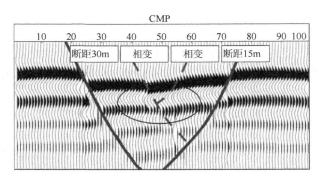

图4 断层在地震剖面响应特征

2 储层的精细刻画

针对研究区油藏是辫状河三角洲相储层特点，砂体层数多、成因类型丰富、接触关系复杂，低级序断层广泛发育，井间砂体连通认识不清等问题，通过以下手段对储层进行精细刻画。

2.1 地震数据体处理

现阶段的成果数据体对于储层研究存在以下问题：（1）成果数据体仅仅是阻抗体，不能直接反映岩性信息；（2）受地震分辨率限制，单一地质体不能有效在地震剖面上分辨。

因此通过相位转换对地震剖面进行岩性标定，通过分频处理来提高地震剖面识别单一地质体的能力。具体做法如下：（1）通过希尔伯特变换计算研究区地震相位为6.5°，因此对地震体进行83.5°转换，使地震数据体转到90°；（2）依据时间调谐厚度计算公式推导出调谐频率计算公式，通过调谐频率计算公式，得出目标层砂体的调谐频率f_1为39.2Hz，f_2为42.3Hz；计算目标层调谐频率平均值，得出最优调谐频率是40Hz。在此数据体基础上精细刻画储层砂体展布。

2.2 储层的综合预测

在地震数据体处理的基础上，按"地震宏观趋势引导、井点微相控制、不同砂体区别对待、重点砂体精细刻画"的原则，运用以下预测方法：

（1）平面上以波形聚类+多属性神经网络定量属性分析方法，针对沉积特征不同，运用波形聚类方法对研究区沉积砂体进行分类，分区精细刻画，预测河道砂体的展布特征；综合分析得出研究区水下分流河道砂体宽度为200~350m，延伸长度为465~3000m。

（2）纵向上以稀疏脉冲反演为基础，优选自然伽马、电阻、声波、密度曲线进行标准化处理和曲线重构，与波阻抗匹配，进行地质统计学反演，提高纵向分辨率。拟声波地质统计学反演结果和盲井储层完全吻合，预测砂体丢失率低，能够精细刻画砂体展布，纵向可识别 6m 以上砂体，大大提高纵向识别砂体的能力(图5)。

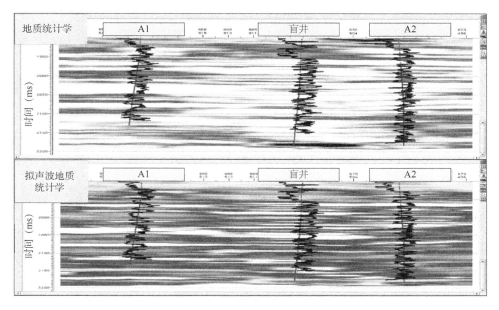

图5 不同方法反演剖面图

（3）平面砂体预测和纵向砂体预测相结合，运用动态资料、示踪剂资料、压力资料和精细断层识别资料，综合判断砂体的连通性，进一步提高研究区储层识别的准确性。该方法系列预测 6m 以上砂体符合率达 93.5%。

3 结论

通过上述构造解释和储层预测一体化方法系列的研究，得出以下结论：

（1）在沉积模式指导下，通过应力场分析、确定低级序断层发育范围和展布方向，通过"井震结合""动静结合"多手段并举的识别方法，精确识别低级序断层。基于储层相变和断层成因不同，得出地震同相轴变化是否具有继承性、延展范围是否大于 50ms 作为判断低级序断层和储层相变的依据。

（2）开发地震技术为主体，根据"地震宏观趋势引导、井点微相控制、不同砂体区别对待、重点砂体精细刻画"的原则，运用波形聚类精确识别不同沉积类型，对不同的沉积类型运行神经网络定量分析属性，结合井点微相、拟声波统计学反演、动态资料综合分析，精准刻画河道砂体展布特征和井间砂体连通。对研究区 6m 以上砂体识别，预测符合率达 93.5%，对其他同类型储层预测有借鉴意义。

通过井震结合构造解释储层预测一体化研究方法和动态资料的相互结合、相互验证，才能减少地震资料预测结果的多解性，得到更接近真实的解。

参 考 文 献

[1] 吕小惠. 三维地震资料中断层识别方法研究[D]. 南京：南京理工大学，2004.

[2] 赵伟. 基于蚁群算法的三维地震断层识别方法研究[D]. 南京：南京理工大学，2009.

[3] 姜秀清，江洁，高平，等. 地震属性分析技术在不同油气藏中的应用[J]. 石油物探，2004，43（S1）：70-72.

[4] 李方明，计智锋，赵国良，等. 地质统计反演之随机地震反演方法——以苏丹 M 盆地 P 油田为例[J]. 石油勘探与开发，2007，34(4)：451-455.

低对比度油气层测井识别方法
——以渤海湾盆地冀东油田南堡2-1区东营组为例

张 莹 徐 波 张 杰 曲丽丽

(中国石油冀东油田公司)

摘 要：南堡2-1区存在大量低对比度油气层，常规测井方法不能准确评价其含油性。针对此类问题，本文引入自然伽马相对值、视地层水电阻率作为有效参数，运用测井图版法，剔除岩性、水性对电性的干扰，同时探索多信息融合技术，采用概率神经网络方法，增强测井识别能力，达到了解决电性与含油性矛盾的目的，形成以放大电性特征为核心的评价技术。研究成果对低对比度油气层测井识别具有较强指导意义。

关键词：低对比度油气层；视地层水电阻率；概率神经网络；测井识别

低对比度油气层是指同一油气水系统内电阻增大率小于2的油气层[1]，此类油气层成因复杂，具有测井识别难度大、储层含油性评价准确性低的特点[2]。南堡2-1区油藏是被断层复杂化的背斜构造，储层岩性粒度较细，泥质含量高，孔隙结构复杂，地层水矿化度低且分布规律性差[3]。复杂的岩性、水性导致低阻油气层和高阻水层同时发育[4]，测井表征极为相似，具有复杂性和隐蔽性[5]。基于研究区现阶段低对比度油气层研究现状，测井识别方法远不能满足生产开发需求，本文以岩性分析为切入点，结合测井响应特征，对低对比度成因进行分析，针对不同影响因素，提取相应敏感参数，建立有效的油气层测井识别方法，取得了较好效果，为建产开发提供新技术。

低对比度油气层成因呈现多样化特征，本文通过储层内部特征和外部环境两个方面展开研究，分析研究区低对比度油气层成因。

1 概述

1.1 储层内部特征

电阻率响应反映的是油气层总的含水量，研究表明，当束缚水饱和度大于65%时，电阻增大率小于2(图1)，束缚水饱和度越高，油气层电阻增大率越低。研究区储层以低能沉积环境下细砂岩(74%)和粉砂岩(18%)为主(图2)，当岩石颗粒较细时，比表面积增大，表面吸附大量的束缚水，形成低对比度油气层，故岩性细是低对比度油气层内部成因之一。研究区黏土矿物以蒙脱石(45%)和伊/蒙混层(41%)为主，亲水性较强，在电场的作用下，其表面吸附的阳离子与地层溶液离子发生位置交换，产生附加导电性，使电阻率降低[6]，黏土矿物附加导电性是另一个重要成因。

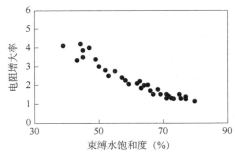

图 1 电阻增大率与束缚水饱和度关系图

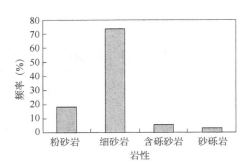

图 2 岩石类型分布直方图

1.2 储层外部环境

外部环境主要受三个方面影响：盐水泥浆侵入影响，研究区储层在开发早期，多使用高盐度的钻井液，侵入作用会使油气层电阻率降低；地层水矿化度分布规律性差，造成了高阻水层和低阻油层同时存在，形成低对比度油气层；薄互层也增加了低对比度油气层的存在，研究区储层中存在大量厚度不到 1.5m 的油气层，低电阻率围岩抑制了砂岩层感应测井响应，使油气层电阻率偏低。

2 测井图版识别法

低对比度油气层成因可归纳于两个方面：岩性因素和水性因素。本文引入自然伽马相对值和视地层水电阻率来消除岩性因素影响。由阿尔奇公式可知：

$$R_{\mathrm{w}} = \frac{R_{\mathrm{o}}\phi^m}{a} \tag{1}$$

当储层中流体为油气水的混合物时，得

$$R_{\mathrm{wa}(R_{\mathrm{t}})} = \frac{R_{\mathrm{t}}\phi^m}{a} \tag{2}$$

式中 R_{w}——地层水电阻率，$\Omega \cdot \mathrm{m}$；

$\quad\quad R_{\mathrm{o}}$——100% 含水地层电阻率，$\Omega \cdot \mathrm{m}$；

$\quad\quad R_{\mathrm{wa}(R_{\mathrm{t}})}$——视地层水电阻率，$\Omega \cdot \mathrm{m}$；

$\quad\quad R_{\mathrm{t}}$——目的层电阻率，$\Omega \cdot \mathrm{m}$；

$\quad\quad \phi$——孔隙度，无量纲；

$\quad\quad a$——岩性系数，无量纲；

$\quad\quad m$——孔隙指数，无量纲。

因自然伽马相对值可反映岩性变化，表示为

$$\Delta \mathrm{GR} = \frac{\mathrm{GR} - \mathrm{GR}_{\min}}{\mathrm{GR}_{\max} - \mathrm{GR}_{\min}} \tag{3}$$

式中 $\Delta \mathrm{GR}$——自然伽马相对值，无量纲；

GR——目的层自然伽马值，API；

GR$_{max}$——泥岩段自然伽马值，API；

GR$_{min}$——砂岩段自然伽马值，API。

用 ΔGR 与 $R_{wa(R_t)}$ 做交会图版，可识别流体性质，适用于岩性变化大而水性相对稳定的测井环境[图3（a）]。为消除水性影响，本文引入由自然电位确定的视地层水电阻率 $R_{wa(SP)}$：

$$R_{wa(SP)} = R_{mf} \times 10^{SSP/K} \qquad (4)$$

式中 SSP——静自然电位，mV；

R_{mf}——钻井液滤液电阻率，$\Omega \cdot m$；

K——自然电位系数，mV。

$R_{wa(R_t)}$ 是岩性、水性与含油性的综合体现，$R_{wa(SP)}$ 反映岩性和水性，故来自电阻率和自然电位测井方法求取的视地层水电阻率比值 $R_{wa(R_t)}/R_{wa(SP)}$ 可近似得到反映含油性的电阻率参数，用 ΔGR 与 $R_{wa(R_t)}/R_{wa(SP)}$ 做交会图版，适用于岩性和水性均变化较大的测井环境 [图3（b）]。

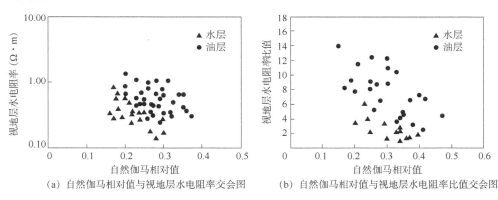

（a）自然伽马相对值与视地层水电阻率交会图　　（b）自然伽马相对值与视地层水电阻率比值交会图

图3　南堡2-1区测井识别图版

3　概率神经网络法

由于低对比度油气层测井识别受多种因素影响，图版法提取储层参数具有局限性，故本文利用概率神经网络（PNN）方法预测流体性质[7]，它的优势是用线性学习算法来完成非线性学习算法所做的工作[8]，同时保证非线性算法的高精度。

3.1　PNN方法原理

PNN 是基于 Parzen 窗函数的 Bayes 判别方法而设计的一种最小误差分类神经网络，常用来解决分类问题[9]。工作原理分为输入层、样本层、求和层和输出层[10]（图4）。

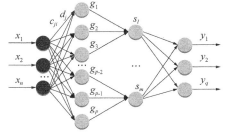

图4　概率神经网络结构图

对于给定输入向量 x，指定它属于 N 个类别中的一个，基于贝叶斯决策规则：

$$P(x \mid \omega_j) P(\omega_j) = \max_{j=1,\cdots,c} \left[P(x \mid \omega_j) P(\omega_j) \right], \ x \in \omega_i \tag{5}$$

式中　x——输入向量；

　　　ω_i——样本所属类别；

　　　$p(x)$——x 的概率密度函数；

　　　$P(x \mid \omega_i)$——条件概率密度函数；

　　　$P(\omega_i)$——类别的先验概率。

高斯核函数的线性加权和可逼近真实的概率密度，用式(6)表示：

$$\hat{p}(x \mid \omega_i) = \frac{1}{N} \cdot \frac{1}{(2\pi)^{\frac{L}{2}} d^L} \sum_{j=1}^{N_i} \left(R \frac{\| x - c_{ij} \|}{d} \right) \tag{6}$$

式中　c_{ij}——第 i 类模式核函数的中心，即 ω_i 类的训练样本；

　　　N_i——ω_i 类样本集合中 c_{ij} 的个数；

　　　$R(\cdot)$——高斯形式的核函数；

　　　L——尺度因子；

　　　d——窗函数的宽度。

将式(6)代入式(5)，得：

如果

$$\sum_{j=1}^{N_i} \left(R \frac{\| x - c_{ij} \|}{d} \right) = \max_{k=1,\cdots,c} \sum_{j=1}^{N_k} \left(R \frac{\| x - c_{kj} \|}{d} \right) \tag{7}$$

则 $x \in \omega_i$。

式(7)为基于 Parzen 窗法估计概率密度函数的贝叶斯决策规则。

3.2　PNN 方法应用

利用相关系数法，对射孔层段初期日产油与各参数进行分析(表1)，提取对含油性贡献比较大的 6 种参数作为输入层神经元[11]。

表 1　输入神经元

输入神经元	全烃比值	ΔGR	$R_{wa(R_t)}(\Omega \cdot m)$	$R_{wa(R_t)}/R_{wa(SP)}$	$AC(\mu s/ft)$	$DEN(g/cm^3)$
相关系数	0.72	0.56	0.72	0.75	0.64	0.58

利用试油及投产结论训练可靠的样本库，经反复训练，找出具有典型代表意义的 10 层数据为学习样本(表2)，其中 6 个层为油气层样本，4 个层为水层样本。

表 2　流体识别样本库

井号	层号	全烃比值	ΔGR	$R_{wa(R_t)}$ ($\Omega \cdot m$)	$R_{wa(R_t)}/R_{wa(SP)}$	AC ($\mu s/ft$)	DEN (g/cm^3)	类别
NP23-2308	18	3.67	0.26	1.00	10.77	112	2.25	油气层
NP23-X2404	48	37.32	0.46	0.76	3.95	89	2.30	油气层

井号	层号	全烃比值	ΔGR	$R_{wa(R_t)}$ ($\Omega \cdot m$)	$R_{wa(R_t)}/R_{wa(SP)}$	AC (μs/ft)	DEN (g/cm³)	类别
NP23-X2408	26	8.78	0.30	1.08	5.65	100	2.24	油气层
NP23-X2304	37	5.98	0.4	1.36	18.87	107	2.16	油气层
NP23-X2402	30	3.44	0.25	0.70	6.75	110	2.18	油气层
NP23-X2420	21	6.7	0.42	0.55	5.82	98	2.12	油气层
NP23-X2402	27	3.8	0.15	0.36	1.87	82	2.45	水层
NP23-X2411	13	1.45	0.37	0.48	1.00	105	2.25	水层
NP23-X2415	28	1.61	0.24	0.41	2.52	106	2.17	水层
NP23-X2422	20	2.35	0.34	0.31	1.21	108	2.2	水层

4　应用效果分析

分别利用自然伽马相对值与视地层水电阻率交会图[图3(a)]、自然伽马相对值与视地层水电阻率比值交会图[图3(b)]及概率神经网络法(PNN)对研究区其他15组组成的预测数据进行流体识别(表3),15组待预测数据中,图版A误判3组,12组预测准确,正判率80%;图版B误判2组,13组预测准确,正判率87%;PNN法误判1组,14组预测准确,正判率93%(表3)。

表3　流体识别效果表(测井图版法、概率神经网络法)

井号	层号	全烃比值	$R_{wa(R_t)}$ ($\Omega \cdot m$)	$R_{wa(R_t)}/R_{wa(SP)}$	ΔGR	实际结论	图版A	图版B	PNN
NP23-2307	26	67.79	1.09	11.82	0.28	油气层	油气层	油气层	油气层
NP23-X2409	8	106.6	0.41	1.13	0.32	油气层	油气层	油气层	油气层
NP23-X2401	21	15.33	0.22	0.93	0.31	油气层	油气层	油气层	油气层
NP23-X2402	29	12.48	0.82	7.53	0.25	油气层	油气层	油气层	油气层
NP23-2452	53	26.9	0.45	3.21	0.25	油气层	水层	水层	油气层
NP23-X2408	18	4.2	0.56	5.23	0.26	油气层	油气层	油气层	油气层
NP23-X2404	51	4.79	0.61	4.28	0.14	水层	水层	水层	水层
NP23-X2411	10	1.03	0.42	1.62	0.34	水层	水层	水层	水层
NP23-X2415	24	1.06	0.39	2.64	0.14	水层	水层	水层	水层
NP23-2307	20	57.50	0.18	1.88	0.24	油气层	水层	水层	水层
NP23-2308	19	2.06	0.57	5.99	0.28	油气层	油气层	油气层	油气层
NP23-X2302	40	63.55	0.80	6.50	0.30	油气层	油气层	油气层	油气层
NP23-X2404	56	17.29	0.30	1.85	0.33	水层	水层	水层	水层
NP23-X2408	30	3.54	0.62	3.26	0.35	水层	水层	水层	水层
NP23-X2424	30	2.85	0.41	1.45	0.34	水层	油气层	水层	水层

概率神经网络在研究区流体预测上具有很好的适用性，高预测准确率离不开输入神经元的正确提取，只有输入神经元与流体性质有足够好的相关性，才能保证组建的样本库是可靠的。预测结果表明本文选取的6个输入神经元参数十分可靠，为低对比度油气层测井评价提供了一种新思路。

5 结论

（1）研究区存在大量低对比度油气层，高阻水层与低阻油层同时发育，存在电性与含油性矛盾现象，油气层具有隐蔽性。

（2）研究区低对比度油气层成因是：岩性细、黏土矿物附加导电、薄互层发育、地层水矿化度分布不均及盐水泥浆侵入。

（3）针对岩性、水性影响，创建不同流体性质敏感参数，放大油气层与水层之间微弱的差别，利用测井图版法和概率神经网络法识别低对比度油气层，识别正确率均大于80%，概率神经网络法识别精度可达到更高，具有好的推广价值。

参 考 文 献

[1] 王友净，宋新民，何鲁平，等. 高尚堡深层低阻油层的地质成因[J]. 石油学报，2010，31(3)：426-428.
[2] 李奎周. 南堡凹陷复杂砂岩储层测井评价方法研究[D]. 青岛：中国石油大学(华东)，2009.
[3] 张春，蒋裕强，郭红光. 有效储层基质物性下限值确定方法[J]. 油气地球物理，2010，26(4)：22-26.
[4] 许方伟，陆次平，荷萍. 用测井信息综合评价钻遇地层[J]. 上海地质，2004，90(2)：48-52.
[5] 郭诚. 广安须家河气藏识别与气水分布规律研究[D]. 北京：中国地质大学(北京)，2008.
[6] 张厚和，刘树武，邓启才. 莺歌海地区低电阻率气层测井响应特征与判别方法[J]. 中国海上油气地质，1998，12(15)：32-36.
[7] 申辉林，方鹏，刘美杰. 用测井资料自动识别低孔低渗储集层岩性[J]. 新疆石油地质，2010，31(6)：644-646.
[8] 彭刘亚，崔若飞，张亚兵. 概率神经网络在地震岩性反演中的应用[J]. 煤田地质与勘探，2012，40(4)：63-65.
[9] 张绍红. 概率神经网络技术在非均质地层岩性反演中的应用[J]. 石油学报，2008，29(4)：549-552.
[10] 肖韬，袁兴中，唐清华，等. 基于概率神经网络的城市湖泊生态系统健康评价研究[J]. 环境科学学报，2013，33(11)：3167-3169.
[11] 苑仁国，秦磊，刘晓亮. 基于BP神经网络的录井油气水层解释模型研究与实践[J]. 勘探开发，2015，3：167.

复杂断块油藏中高含水期水驱规律研究

鲁娟党

（中国石油冀东油田公司）

摘　要：南堡油田 1-29 区浅层油藏大多为复杂断块、断块小、断层多、储层非均质性较强，且经过多年的注水开发已经进入中高含水采油期，综合含水高达 79.4%，采出程度低，仅 15.2%。目前油藏"三大矛盾"的问题日益突出，水驱效果变差。为进一步改善水驱效果、控制含水上升速度、提高采收率，本文通过对 1-29 区浅层油藏动态和静态资料的系统整理分析，利用数值模拟解剖油藏纵向和平面水淹状况，明晰了"平面、层间、层内"三大矛盾的水驱规律，识别了大孔道及优势渗流通道并确定了油藏剩余油分布规律，针对油藏平面矛盾采取"调、均、改"的分类治理对策，针对层内和层间矛盾采取调剖调驱、层段重组、细分注水等治理对策，取得了较好的效果，采出程度提高了 3.5%，含水上升率控制在 2.0% 以下，同时对有效指导同类型油藏的高效开发具有一定的借鉴作用。

关键词：南堡油田；水驱规律；剩余油；高含水；复杂断块

南堡 1-29 区浅层油藏在注水开发过程中，由于前期采油速度快，注水滞后，造成地层能量下降较快，油井递减大，自然递减最高达 27.7%。历年示踪剂结果表明，水驱速度逐年加快，平面水驱速度呈不均匀分布，平面矛盾加剧；历年吸水剖面统计结果显示，储层层内、层间矛盾逐渐加剧。后期虽然采取调剖封堵优势渗流通道，但因油藏层间压力及渗透率差异较大，水驱规律不清楚，平面矛盾逐渐转变为层间矛盾，油藏综合含水持续上升，综合含水 79.4%，含水上升率高达 7.5%，控水稳油难度较大，采取单一的治理措施已不能适应油藏开发的需求，需寻求改善水驱效果的新途径。为此进行南堡 1-29 区浅层油藏水驱开发规律研究，动静结合并借助软件进行油藏数值模拟，摸清油藏来水方向，总结油藏的水驱规律，确定油藏剩余油分布，为该油藏水驱开发调整思路的制定提供一定的指导和借鉴作用。

1　油藏地质概况

南堡 1-29 区浅层油藏位于南堡 1 号构造，整体发育于一号断层上升盘的断鼻构造，倾向北西，局部受火成岩侧向遮挡，形成构造岩性圈闭，被北东向和近东西向断层复杂化；区内共发育 16 条断层，将浅层油藏分为 6 个断块，圈闭面积 0.5 ~ 1.5km²，平均 0.75km²。主要含油层位为馆陶系，储集岩性以细砂、粉砂岩为主，胶结类型多为孔隙式胶结，填充物以高岭石为主，孔隙类型主要为粒间孔隙，孔隙度 18.7% ~ 25.0%，平均为

22.7%，渗透率73.5~340.6mD，平均为183.1mD，为高孔隙度中高渗透砂岩储层，沉积韵律以复合韵律为主(75%)，储层层内与平面非均质性严重，变异系数为1.06~1.6，地下原油密度为0.7g/cm³，黏度为1.8mPa·s，属于常规稀油油藏。

2 水驱规律研究方法

2.1 应用孔隙度渗透率劈分法结合产吸剖面分析各小层注采状况

南堡1-29区浅层油藏NgⅣ$_2^3$与NgⅣ$_2^5$、NgⅣ$_2^6$中间发育一套稳定的隔夹层，属于不同的压力系统。NgⅣ$_2^3$与NgⅣ$_2^5$、NgⅣ$_2^6$储层差异较大，开发初期NgⅣ$_2^3$与NgⅣ$_2^5$、NgⅣ$_2^6$小层采用一套开发层系笼统生产，存在各小层地层压力不均匀、产量递减大、油藏综合含水高等问题。为了解各小层注采状况，应用KH值劈分法，综合考虑KH值、产吸剖面、分注分采情况和权重系数多因素影响[1,2]，对油水井各小层动态产注量进行劈分分析。分析结果：NgⅣ$_2^3$小层注采井网不完善，含水低，主要为气藏；NgⅣ$_2^5$和NgⅣ$_2^6$小层注采井网较完善，是主力开发小层，采出程度分别为15.2%、15.6%，剩余油富集是下一步挖潜的主力区。

2.2 应用井间示踪剂监测资料对水驱速度进行判别

受储层非均质性的影响，平面上水驱速度不均匀，示踪剂监测资料能够直观反映注水井与周围生产井间的动态连通状况以及注入水的推进方向和推进速度，反映油藏平面水驱的差异性，同井组不同时期的示踪剂资料能反映不同注水阶段水驱速度的变化状况[3]，为下一步对策的制定提供依据。

从南堡1-29区浅层油藏历年水驱速度可知(表1)，随着注入开发，水驱速度呈逐年上升趋势，目前水驱速度已达到2.1m/d。

表1 南堡1-29区浅层历年水驱速度统计表

年份	第1年	第2年	第3年	第4年	第5年	第6年
水驱速度(m/d)	1.76	1.91	1.93	1.95	2.01	2.1

从示踪剂监测的渗透率变化结果可知，NgⅣ$_2^5$小层和NgⅣ$_2^6$小层渗透率突进系数分别达到3.1和3.5，已形成优势渗流通道，各小层平面矛盾主要由优势渗流通道控制。

2.3 生产动态特征参数分析法

随着水井的不断注入，渗透率以及压力差异造成优势渗流通道的形成和发育，油井含水不断上升，一般高产能区优势渗流通道发育严重，通过对南堡1-29区浅层各断块单井生产动态数据分析，总结以下特征。

(1)平面上油水井生产特征不一致。

平面上油井含水分布不均匀且含水大于60%的油井比例逐年提高，为保持产油量稳定，油井产液量随着含水的上升而不断提高，进一步导致平面矛盾加剧，经统计油井含水大于40%时易发育优势渗流通道。油藏开发进入中高含水期后，为了保持地层压力的平衡，注入量随着油井液量的增加而不断增加，统计注水量超过区块平均注水量30%的水井数逐年增加。由于优势渗流通道的形成和发育，层内层间矛盾加剧。

（2）层内油井水淹主要受韵律影响，复合韵律底部和中部指状突进严重。

南堡1-29区浅层油藏受沉积韵律的影响，层内非均质性较强，在长期注水开发过程中，层内非均质性进一步加强，注水井层内吸水厚度比例逐年降低，由于储层复合韵律的影响，层底部和中部指状突进严重。以109断块为例，随着注水开发，层内强吸水层吸水厚度的占比大幅降低，从早期的47.5%下降到目前的13.9%，单层突进严重（表2）。

表2 南堡109断块层内吸水厚度变化分析

小层	早期吸水厚度占比(%)		强吸水厚度占比(%)	
	早期	目前	早期	目前
$NgⅣ_2^3$	99.9	36.9	44.0	12.7
$NgⅣ_2^5$	86.2	46.2	56.6	10.8
$NgⅣ_2^6$	74.9	53.5	41.9	18.2
平均	87.0	46.6	47.5	13.9

（3）层间水驱变化主要受压力及渗透率变化影响。

随着油藏不断开采，水驱矛盾也在逐渐加大。统计历年来笼统注水井吸水剖面，吸水层数逐年减少，单层主吸水的现象越来越严重，注水井的层间矛盾呈现逐年加剧的趋势。层间矛盾的产生与多种因素有关，其中南堡1-29区浅层主要受压力及渗透率变化影响。

通过分析可知：当层间压差大于5MPa时，多层合采油井的层间矛盾受储层压力差异影响较大，高压层会抑制低压层的"出力"，这也是开发初期便存在层间矛盾的主要原因。南堡1-29区浅层天然能量不足，$NgⅣ_2^3$小层为气顶能量区，随着不断开采，地层压力快速下降，后期$NgⅣ_2^5$和$NgⅣ_2^6$小层变速注水补充地层能量，$NgⅣ_2^3$小层与$NgⅣ_2^5$和$NgⅣ_2^6$小层之间的压力差越来越大，导致多层合采油井的层间矛盾也逐渐加剧。根据南堡1-29区浅层压力系数极差与低压层相对吸水量关系（图1）可以看出：随着层间压力差加大，压力系数极差的增加，低压层相对吸水量增加，当层间压差大于5MPa时，低压层强吸水。

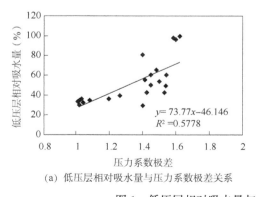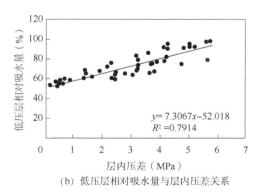

（a）低压层相对吸水量与压力系数极差关系 （b）低压层相对吸水量与层内压差关系

图1 低压层相对吸水量与压力系数及压差的关系曲线

注水井多层合注时，各层吸水情况受储层渗透率和各层在纵向上的相对位置影响。渗透率高的储层吸水较多[4-5]；当各层渗透率程度相近时，储层底部更容易吸水。分析南堡

1-29区浅层注水井吸水剖面情况发现：在渗透率级差一定的条件下，随着高渗透层吸收厚度比例增大，低渗透层相对吸水量减少；有效厚度差异大的低渗透层几乎不吸水，高渗透层吸收厚度持续加大，直至水淹。以X84井为例，调剖前后，高渗透层有效吸水厚度比例加大，从调剖前的70.6%提高到调剖后的96.3%，然而9#低渗透储层吸水厚度比例由原来的19.7%下降为不吸水。

2.4 油藏数值模拟研究法

油藏数值模拟方法是以油藏工程理论为基础，以计算机技术为手段的油藏数值模拟技术，能解决油田开发中一系列复杂问题。通过分析模拟1-29区浅层油藏各小层含油饱和度变化，得出以下水驱规律。

（1）平面上 $NgIV_2^6$ 小层水驱波及系数最大。

数值模拟定义含水在0~20%为低水淹区，20%~60%为中水淹区，60%~100%为强水淹区，根据含油饱和度数值模拟结果，南堡1-29区浅层3个主力小层均呈现不同程度强水淹，其中 $NgIV_2^6$ 小层水驱波及较高，达到78.8%，$NgIV_2^3$ 和 $NgIV_2^5$ 仍有部分中低水淹区域，水驱波及系数分别为48.1%和46.9%。

（2）剖面上 $NgIV_2^6$ 小层层内矛盾最严重。

由于南堡1-29区浅层油藏储层以复合韵律储层为主，层内物性差异大，非均质性强，受长期注水冲刷作用影响，储层中下部易形成高渗透通道，部分储层层内指进严重，层内动用效果变差，剩余油集中在韵律层顶部和中部，数值模拟显示 $NgIV_2^6$ 小层水淹最严重，剩余油集中分布在层顶。

（3）优势渗流通道的存在导致注入水在注水井和采油井之间无效循环加剧，降低了水驱波及效率，造成水驱油藏平面矛盾和层内矛盾向层间矛盾的转化。

南堡1-29区浅层初期主要以平面和层内矛盾为主，随着油藏的不断开发，各小层之间的压力、渗透率差异逐渐加大，吸水层数开始发生了明显变化，统计南堡1-29区浅层历年吸水层数占总吸水层的比例，发现吸水层比例逐年减少，由最开始的100%下降到目前的75%，层间矛盾逐年加剧，水淹最严重的南堡109断块吸水层比例由100%下降到58.8%，层间矛盾更加严重。

3 水驱规律认识

3.1 平面水驱规律

南堡1-29区浅层油藏平面矛盾主要受优势渗流通道控制，受注入水突进影响，油藏渗透率逐年加大，水驱速度呈逐年上升趋势，平均水驱速度已达到2.1m/d。平面上井网不完善的区域，水驱相对较弱。井网完善区域，水驱相对较强，$NgIV_2^6$ 小层注采井网完善，水驱波及系数最大，达到78.8%。

3.2 层间水驱规律

南堡1-29区浅层油藏各小层之间渗透率变化差异大，造成各小层水驱程度具有一定的差异性。水驱油藏内水流往往绕过低渗透带而取道阻力较小的高渗透通道或者大孔道[6-9]。因此渗透率高的水驱速度快，渗透率低的水驱速度慢，水驱程度最高的是 $NgIV_2^6$

小层、最低的是 $NgIV_2^3$ 小层。由于 $NgIV_2^3$ 小层与 $NgIV_2^5$、$NgIV_2^6$ 小层为不同的压力系统，各小层不同的压力差异，导致不同的注水方式对调剖效果影响较大，3 个小层笼统调剖加剧层间矛盾。

3.3　层内水驱规律

南堡 1-29 区浅层油藏储层以复合韵律为主，测井曲线呈箱形或钟形，受储层物性影响，层段内物性差异大，砂体底部渗透率高，非均质性强，水驱不均匀。受长期注水冲刷作用，储层中下部易形成高渗透通道，注入水主要沿下部高渗透段波及，从而造成底部中强水淹，而上部多为弱水淹或者未水淹，剩余油顶部富集[10]。

4　应对措施及效果

南堡 1-29 区浅层油藏为了控水稳油，提高开发效果，在平时的生产中，根据平面上水驱的分布状况，对采油井与注水井之间开展流场的重新调整实现平面均衡驱替，在小层流场判别分类基础上，实施"调、均、改"的分类治理对策；针对层内优势渗流通道发育后滞留的剩余油，分类采取挖潜措施；依据层间各小层压力差异以及剖面的差异，进行层段重组细分注水实现纵向均衡驱替。针对南堡 1-29 区浅层油藏"三大矛盾"实施综合治理措施 21 井次，年增油 0.65×10^4t，增加水驱动用储量 17.4×10^4t，水驱动用程度提高 2.4 个百分点，自然递减同比下降 5.6 个百分点，采出程度提高了 3.5%，含水上升率控制在 2.0% 以下，取得了较好的效果。

4.1　平面矛盾加剧区进行流场调整

（1）精细配水调流场。

针对流线差异较小、采出程度低、含水低、注采敏感性较弱的区块，采取精细调配的方式改变流场，根据油水井产吸剖面的对比变化、油井的动态变化，周围水井及时采取上调或下调配注量，改变油水井压力场。X63 断块的重点井 44 井由于供液不足，液油均呈下降趋势，而相邻高含水井 43 井无效水循环严重，通过关停 43 井，改变液流流向，促使流线绕过 43 井给 44 井补充地层能量，44 井受效较好，液、油和液面都呈上升趋势，含水保持稳定。

（2）油水联动均流场。

针对流线主次分明，油藏见效差异大，产能不均衡，主流线耗水明显，波及面积小，次流线能量差，注采敏感性较强的区块，在油藏中低含水期采取注采调控、调剖，在高含水期采取调提结合，调堵结合的措施平衡油藏的流场。109 断块从数值模拟结果看：77 水井注水突进导致 86 井方向富含剩余油，通过对 86 井换大泵提液，同时水井 77 井进行调剖堵水，改变周围的流场。调提结合措施有效改变了主流场方向，提高了扫油面积，该井日增油 4.2t，累计增油 468t。

（3）抑强扶弱改流场。

针对流线固定难调，油藏高含水高采出，优势渗流通道发育，水淹严重，剩余油饱和度低，单一水驱挖潜难度大，注采敏感性极强的区块，采取注采耦合、堵提结合、立体调整的方法改善油藏流场。该油藏 X63 断块单方向注水突进严重，而垂直优势渗流通道方向的 X61 水井由于物性差，注水不进，平面上的差异导致该断块注水受效极不均匀。为改善油藏矛盾针对 X61 井进行压裂引效，南部 X59 井转注，增加注水受效方向，同时对南北向水井开展对应深部调剖封堵优势通道，挖潜井间剩余油。流程调整后形成 3 注 5 采注采井网，纵向上增加 3 口油井 5 个小层受控方向，增加水驱动用储量 2.2×10⁴t。

4.2 层内优势渗流通道发育区进行深度调剖

根据优势渗流通道对剩余油分布的控制作用，将 1-29 区浅层剩余油分布分为 3 类，提出了有针对性的治理措施：

一类区：优势渗流通道不发育，含水较低，剩余储量较高的潜力区，主要加强水井注采的调控。

二类区：优势渗流通道一般发育区，剩余油纵向上分布在中上部，平面带富集于主力优势渗流通道两侧，以调剖为主、堵水为辅进行剩余油挖潜。

三类区：优势渗流通道成片发育，剩余油富集在油层上部，平面分布零散，通过调堵结合挖掘剩余油。

4.3 层间矛盾加剧区进行水井细分注水和深度调剖

各小层的渗透率不同，相对吸水厚度比例不同，在同一渗透率级差条件下，依据吸水剖面及各小层压力差异，进行层段重组细分注水实现纵向均衡驱替。经过长期的水驱开发，储层相对渗透率都发生较大变化[11]，渗透率的变化导致高渗透层吸水厚度比例加大，低渗透层吸水厚度及吸水量会持续降低，不应将高低渗透层组合一起进行调剖。以 X85 井为例，随着调剖的深入，低渗透层吸水比例持续降低，低渗透层吸水比例从开始的 33.5% 下降到 18.9%，不利于水驱动用程度的提高。南堡 1-29 区浅层油藏实施细分注水 12 井次，平均段内级差下降 2.9，吸水层数比例增加了 14.2 个百分点，吸水厚度比增加了 9.5 个百分点。

5 结论

（1）南堡 1-29 区浅层平面矛盾主要受平面优势渗流通道影响，NgⅣ$_2$^{6} 水驱波及面积最大；层内矛盾主要受均匀吸水向指进转变及重力作用控制，目前 NgⅣ$_2$^{6} 层内水淹最严重；层间矛盾主要由于受注入水冲刷改变了储层渗透率，增大了层间渗透率变异系数。

（2）储层的渗透率级差及压力级差是决定调剖是否有效的决定性因素，在实行调剖时，对渗透率级差过大的水井应先细分注水实现均衡驱替后再考虑深部调剖。

（3）依据吸水剖面状况，实施层段重组，若吸水剖面显示某段吸水层面调剖后高渗透层吸水越来越多，低渗透层吸水越来越少甚至不吸水，应及时层段重组。

参 考 文 献

[1] 杨兆平，岳世俊，郑长龙，等 . 薄互层砂岩油藏多因素综合约束的产量劈分方法[J]. 岩性油气藏，2018，30(6)：117-124.
[2] 史涛，王超，周飞，等 . M 油田 CⅢ油藏产量劈分新方法[J]. 新疆石油天然气，2015，11(4)：36-40.

［3］戚保良．示踪剂技术在河南油田区块调剖中的应用[J]．长江大学学报(自然科学版)，2007，4(2)：205-206.

［4］陶永峰．聚合物驱油层吸水剖面变化影响因素[J]．油气田地面工程，2013，32(8)：112.

［5］耿娜，杨东东，刘小鸿，等．渤海油田聚合物驱储层吸水剖面变化特征及影响因素研究[J]．石油天然气学报，2013，35(7)：127-130.

［6］刘月田，孙保利，于永生．大孔道模糊识别与定量计算方法[J]．石油钻采工艺，2003，25(5)：54-59.

［7］曾流芳，赵国景，张子海，等．疏松砂岩油藏大孔道形成机理及判别方法[J]．应用基础与工程科学学报，2002，10(3)：268-276.

［8］王祥，夏竹君，张宏伟，等．利用注水剖面测井资料识别大孔道的方法研究[J]．测井技术，2002，26(2)：162-164.

［9］乔春国．五参数注水剖面组合测井资料的应用[J]．断块油气田，2003，10(3)：52-54.

［10］赵伦，王进财，陈礼，等．砂体叠置结构及构型特征对水驱规律的影响——以哈萨克斯坦南图尔盖盆地 Kumkol 油田为例[J]．石油勘探与开发，2014，2(1)：86-94.

［11］孟立新，任宝生，鞠斌山．断块油藏高含水期水驱规律研究[J]．西南石油大学学报(自然科学版)，2010，12(6)：139-142.

基于集合优化的非均质水驱油藏连通性评价

王代刚[1]　李国永[2]　徐　波[2]　王英彪[2]

[1. 中国石油大学(北京)；2. 中国石油冀东油田公司]

摘　要：井间连通性评价是水驱油藏开发后期优化注采结构关系、制定剩余油挖潜策略的基础，而传统的基于有限差分的数值模拟方法需要大量的岩石及流体物性参数，计算耗时、评价结果不确定性大。基于信号处理理论的电容模型已成为一种评价井间连通关系、指导闭环油藏管理的有效途径。本文研究中，分别考虑以生产井为泄油控制体积的 CRMP 电容模型和以注—采井组为泄油控制体积的 CRMIP 电容模型表征井点处的产液数据，结合 Koval 分流量方程追踪计算含水率动态，以此为基础应用随机近似梯度(StoSAG)优化算法进行生产动态数据的自动拟合计算，提出了一种考虑混合非线性约束影响的水驱油藏井间连通性集合优化求解方法，并以五注四采非均质油藏模型为例，验证本文方法的准确性。实例研究表明，相比于梯度优化算法，以 StoSAG 算法为例的集合优化技术对处理混合非线性约束优化问题的鲁棒性更强；CRMIP 电容模型能更好地表征非均质油藏的动力学特性，井间地质参数评价结果与地层性质吻合度更高；Koval 分流量表征模型仅能有效描述低含水阶段—高含水阶段的产水动态特征，但对特高含水阶段(含水大于90%)，该模型适用性较差。

关键词：电容模型；Koval 分流量表征方程；连通性评价；集合优化算法；非线性约束

井间连通性评价是油气田开发方案编制的基础，对于优化注采结构、分析剩余油分布规律和指导剩余潜力挖潜具有重要意义。常规分析手段是基于有限差分的油藏数值模拟，其结果可靠度很大程度上依赖于网格处孔隙度、渗透率、相对渗透率及饱和度等物性参数，事实上所有这些数据均是由井点测试结果推断得到的，误差较大；另外，现有监测技术的固有局限性，也进一步加剧了历史拟合过程中油藏参数的不确定性，难以达到快速认识油藏的需要[1-3]。据此，通过拟合生产动态数据(液量、井底流压等)研究井间连通性已成为另一类非常重要的方法，现有模型包括多元回归模型[4]、电容模型[5-11]、多井生产指数[12]、流动网络模型[13]和井间数值模拟模型[14-15]等。电容模型是将注水井、生产井及井间介质作为一个完整的动力学系统，水井注入量为系统输入信号，油井产液量为系统输出信号，基于水电相似和物质平衡原理得出的注入速度时滞模型，它通过连通系数、时间常数、产液指数等表征井点处的产液动态数据，理论基础坚实、易于编程且表征参数物理意义明确，能够较好地适用于油藏管理和实时优化调整，目前已广泛应用于弹性驱[16]、水驱[17-18]、气驱[16-19]及 CO_2 地质埋存[20]等技术领域。

　　但所有上述连通性评价模型仅对产液数据进行拟合，无法准确反映整个含水率变化周期内的油水产出动态特征，这为油藏工程师的决策制定带来了困难。Gentil[4]最早引入了一种表征瞬时水油比与累计注水量幂律函数关系的经验模型，模型对高含水阶段产油数据拟合效果较好，但低含水阶段由于水、油流度随饱和度变化显著，适用性比较差。Zhao等[3,14-15]将连通单元中的饱和度追踪计算等效为一维渗流问题，应用 Buckley-Leverett 前缘推进方程实时估算不同时刻井点处的饱和度值，进而获取含水产出动态，易于实现且计算速度较快。但假设条件过于简化，譬如适用于均质储层，一维不可压缩流动，忽略重力及毛细管力作用等，其实际应用受到影响。Cao 等[21-22]基于 Koval 理论，推导建立了一种Koval 分流量表征模型，通过对历史含水数据的自动拟合计算，可获取非均质系数、泄油孔隙体积这两个井间地质参数。研究表明，相比于单一的 Gentil 模型和 Buckley-Leverett 前缘推进方程，Koval 分流量表征模型适用性更好，它能够有效地表征整个混相、非混相驱替过程的分流量曲线变化规律。然而，随着开采对象的复杂化及实时优化调整的需要，连通性评价过程中普遍应用的梯度类优化算法（如牛顿算法、最速下降法、Levenberg-Marquardt 算法、投影梯度算法等）在很多情况下适用性较差，尤其是对混合非线性约束影响下的复杂非均质水驱油藏。基于无梯度或近似梯度优化求解过程的非均质油藏连通性评价方法逐渐赢得了国内外学者的青睐。其中，集合优化算法由于其普适性和易操作性得到了广泛应用，涉及了闭环油藏管理[23-26]、井网层系调整[27-29]、提高采收率技术筛选[30-32]等多个方面，但基于集合优化理论的非均质油藏连通性评价方法还较少。

　　针对目前研究存在问题，本文在考虑混合非线性约束的基础上，提出一种基于集合优化技术的水驱油藏连通性评价新方法。

1　连通性评价模型

　　在该部分中，考虑注采井间连通性、时滞性以及岩石、流体压缩性等的影响，分别基于以生产井为控制单元的 CRMP 电容模型和以注—采井组为控制单元的 CRMIP 电容模型进行井点液量计算（图 1 与图 2），并结合 Koval 表征模型描述整个含水率变化周期内的油水产出动态，快速反演连通系数、时间常数、泄油孔隙体积等井间地质参数。

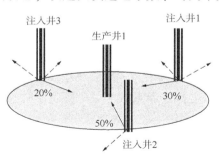

图 1　CRMP 电容模型泄油控制体积效果图

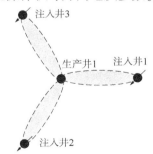

图 2　CRMIP 电容模型泄油控制体积效果图

1.1　容阻模型
1.1.1　生产分析——CRMP
将油藏离散为一系列以生产井为中心的控制单元（CRMP），其泄油控制体积如图 1 所

示，建立油藏条件下以 CRMP 控制单元为模拟对象的质量守恒方程，其表达式为

$$\frac{\mathrm{d}q_j(t)}{\mathrm{d}t} + \frac{1}{\tau_j}q_j(t) = \frac{1}{\tau_j}\sum_{i=1}^{N_{inj}}f_{ij}I_i(t) - J_j\frac{\mathrm{d}p_{\mathrm{wf},j}}{\mathrm{d}t} \tag{1}$$

$$\tau_j = C_t V_p / J \tag{2}$$

式中　$q_j(t)$——t 时刻生产井 j 的产液速度，m^3/d，$j = 1, 2, \cdots, N_{pro}$；

　　　$I_i(t)$——t 时刻注水井 i 的注入速度，m^3/d，$i = 1, 2, \cdots, N_{inj}$；

　　　N_{pro}，N_{inj}——生产井数和注水井数，口；

　　　$p_{\mathrm{wf},j}$——t 时刻生产井 j 的井底流压，MPa；

　　　J_j——生产井 j 的产液指数，$\mathrm{m}^3/(\mathrm{MPa}\cdot\mathrm{d})$；

　　　τ_j——生产井 j 的时滞常数，无量纲，它反映了地层压力波传播速度的大小，取值
　　　　　受综合压缩系数 C_t、泄油孔隙体积 V_p 和产液指数 J 的协同影响，C_t 越大、
　　　　　V_p 越大、油藏渗透率越小，τ 越大；反之，τ 越小；

　　　f_{ij}——注水井 i 和生产井 j 的井间连通系数，无量纲，$f_{ij}\in[0,1]$，f_{ij} 越趋向于 0，
　　　　　连通性越差；f_{ij} 越趋向于 1，连通性越好。

对任意时间间隔 Δt_k，考虑井底压力随时间而变化，基于空间叠加原理推导方程（1）的半解析解，其表达式为

$$q_j(t_k) = q_j(t_{k-1})\mathrm{e}^{-\left(\frac{\Delta t_k}{\tau_j}\right)} + (1 - \mathrm{e}^{-\frac{\Delta t_k}{\tau_j}})\left\{\sum_{i=1}^{N_{inj}}\left[f_{ij}\cdot I_i^{(k)}\right] - J_j\tau_j\frac{\Delta p_{\mathrm{wf},j}^{(k)}}{\Delta t_k}\right\} \tag{3}$$

根据时间叠加原理，式（3）整理可得

$$q_j(t_k) = q_j(t_0)\mathrm{e}^{-\left(\frac{t_k-t_0}{\tau_j}\right)} + \sum_{s=1}^{k}\left\{\mathrm{e}^{-\left(\frac{t_k-t_s}{\tau_j}\right)}(1 - \mathrm{e}^{-\frac{\Delta t_s}{\tau_j}})\left[\sum_{i=1}^{N_{inj}}\left[f_{ij}\cdot I_i^{(s)}\right] - J_j\cdot\tau_j\frac{\Delta p_{\mathrm{wf},j}^{(s)}}{\Delta t_s}\right]\right\}$$

$$\tag{4}$$

由式（1）至式（4）分析可知，每个 CRMP 控制单元有（$N_{inj}+3$）个表征参数，主要包括 f_{ij}、$q_j(t_0)$、τ_j 和 J_j，整个油藏的表征参数总计为 $N_{pro}\times(N_{inj}+3)$ 个。实际应用中，受关停井、措施等影响，井底压力数据往往难以实时监测，在油藏平均压力变化幅度不大情况下，井底压力的变化可忽略不计，此时整个油藏的表征参数简化为 $N_{pro}\times(N_{inj}+2)$ 个。

如图 3 所示，反映了一注一采的情况下，连通系数 f、时间常数 τ 分别取不同值，CRMP 控制单元井点液量数据的变化规律。可以看出，连通系数 f 主要反映了井点处的液量数据大小，而时间常数 τ 则表征了液量数据的波动幅度。

另外，为了保证油藏整体上的注采平衡，连通系数 f_{ij} 满足下述不等式约束条件：

$$\sum_{i}^{N_{inj}}f_{ij}\leqslant 1, \quad j = 1, 2, \cdots, N_{pro} \tag{5}$$

1.1.2　注采分析——CRMIP

将油藏离散为一系列以生产井为中心的控制单元（CRMP），其泄油控制体积如图 2 所

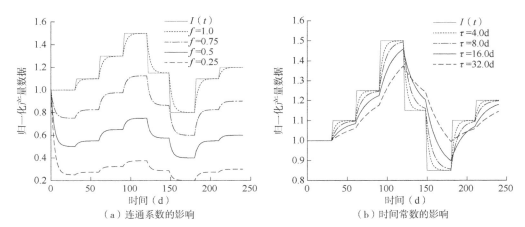

（a）连通系数的影响　　　　　　　　（b）时间常数的影响

图3　一注一采条件下、连通系数 f 和时间常数 τ 取不同值对井点液量数据变化的影响

示，建立油藏条件下以 CRMP 控制单元为模拟对象的质量守恒方程，其表达式为

$$\frac{\mathrm{d}q_{ij}(t)}{\mathrm{d}t}+\frac{1}{\tau_{ij}}q_{ij}(t)=\frac{1}{\tau_{ij}}f_{ij}I_i(t)-J_{ij}\frac{\mathrm{d}p_{\mathrm{wf},j}}{\mathrm{d}t} \tag{6}$$

式中　$q_{ij}(t)$——t 时刻 i-j 注采井组的产液速度，m³/d；

　　　τ_{ij}——t 时刻 i-j 注采井组的时滞常数，无量纲；

　　　$I_i(t)$——t 时刻注水井 i 的注入速度，m³/d；

　　　J_{ij}——i-j 注采井组的产液指数，m³/（MPa·d）；

　　　$p_{\mathrm{wf},j}$——t 时刻生产井 j 的井底流压，MPa；

　　　f_{ij}——i-j 注采井组的连通系数，$\in[0,1]$。

根据时间叠加原理和空间叠加原理，推导式（6）的半解析解，其表达式为

$$q_{ij}(t_k)=q_{ij}(t_0)\mathrm{e}^{-\left(\frac{t_k-t_0}{\tau_{ij}}\right)}+\sum_{s=1}^{k}\left\{\left(1-\mathrm{e}^{-\frac{\Delta t_s}{\tau_{ij}}}\right)\left[\mathrm{e}_{wij}+f_{ij}\cdot I_i^{(s)}-J_{ij}\cdot\tau_{ij}\frac{\Delta p_{\mathrm{wf},j}^{(s)}}{\Delta t_s}\right]\mathrm{e}^{-\left(\frac{t_k-t_s}{\tau_{ij}}\right)}\right\}$$

$$\tag{7}$$

式中　e_{wij}——i-j 注采井组的水侵系数，m³/d。

t_k 时刻生产井 j 的产液量 $q_j(t_k)$ 可描述为

$$q_j(t_k)=\sum_{i=1}^{N_{\mathrm{inj}}}q_{ij}(t_k) \tag{8}$$

当油藏不受边底水侵入影响，且生产井的井底流压随时间变化可忽略不计时，每个 CRMIP 控制单元有 3 个未知表征参数，主要包括 f_{ij}、$q_{ij}(t_0)$ 和 τ_{ij}，油藏的表征参数总计为 $3\times N_{\mathrm{pro}}\times N_{\mathrm{inj}}$。除式（5）所述的不等式约束之外，$t_0$ 时刻的产液量 $q_{ij}(t_0)$ 还满足下述等式约束条件：

$$\sum_i^{N_{\mathrm{inj}}}q_{ij}(t_0)=q_j(t_0) \tag{9}$$

1.2 分流量表征方程

将每个时间步控制单元内部的流动近似看成稳定渗流，采用由非均质系数、泄油孔隙体积作为表征参数的 Koval 分流量表征模型，追踪计算每个连通单元的含水率 f_w 动态数据，其表达式为

$$f_w = \begin{cases} 0 & t_D < \dfrac{1}{K_{val}} \\[3mm] \dfrac{K_{val} - \sqrt{\dfrac{K_{val}}{t_D}}}{K_{val} - 1} & \dfrac{1}{K_{val}} < t_D < K_{val} \\[3mm] 1 & t_D \geqslant K_{val} \end{cases} \tag{10}$$

K_{val} 和 t_D 为 Koval 分流量表征模型的表征参数，其中，K_{val} 系数表示储层的非均质程度，非均质性越强，K_{val} 系数越大，对于均质油藏，$K_{val} = 1.0$；t_D 为无量纲数，表示孔隙体积中的累计注水量，其表达式为

$$t_D = \frac{\sum\limits_{k} \sum\limits_{i} f_{ij} I_i}{V_{pj}} \tag{11}$$

式中　f_{ij}——连通系数，可基于前述的 CRM 电容模型对生产动态数据进行自动拟合反演确定；

　　　V_{pj}——控制单元的孔隙体积，m^3；

　　　I_i——相邻水井 i 在 t_k 时刻的注水量，m^3/d。

2 集合优化过程

通过所建立的连通性评价模型拟合水驱油藏的注采动态数据，如产液量、产油量、含水率等，其结果取决于各连通单元的表征参数。为了使模型计算值与动态观测值相吻合，定义反映二者之间误差平方和大小的最小二乘目标函数，其表达式为

$$\underset{u \in R^{N_u}}{minimize} J(\boldsymbol{u}) = \sum_{k=1}^{N_t} \sum_{j=1}^{N_{pro}} [q_j^{cal}(t_k) - q_j^{obs}(t_k)]^2 \tag{12a}$$

满足以下广义的约束条件：

控制参数向量满足的边界约束：

$$u_i^{low} \leqslant u_i \leqslant u_i^{up}, \quad i = 1, 2, \cdots, N_u \tag{12b}$$

不等式约束条件：

$$c_i(\boldsymbol{u}) \leqslant 0, \quad i = 1, 2, \cdots, n_i \tag{12c}$$

等式约束条件：

$$e_i(\boldsymbol{u}) = 0, \quad i = 1, \ 2, \ \cdots, \ n_e \tag{12d}$$

式中 $J(\boldsymbol{u})$——最小二乘目标函数；

$\boldsymbol{u}$——$1 \times N_u$ 维的控制参数向量；

u_i^{low}，u_i^{up}——第 i 个控制参数 u_i 的下限值和上限值；

n_i，n_e——不等式、等式约束的条件个数。

引入对数变换，消除控制参数向量的边界约束，将实空间上的控制参数向量 $\boldsymbol{u}$ 变换为对数空间上的控制参数向量 $\boldsymbol{v}$，具体可描述为

$$v_i = \ln\left(\frac{u_i - u_i^{\text{low}}}{u_i^{\text{up}} - u_i}\right) \tag{13}$$

式中 u_i——实空间上向量 $\boldsymbol{u}$ 的第 i 个元素；

v_i——对数空间上向量 $\boldsymbol{v}$ 的第 i 个元素。

对控制参数向量 $\boldsymbol{v}$ 进行优化后，通过对数反变换，可求取控制参数向量 $\boldsymbol{u}$，其表达式为

$$u_i = \frac{\exp(v_i) u_i^{\text{up}} + u_i^{\text{low}}}{1 + \exp(v_i)} = \frac{u_i^{\text{up}} + \exp(-v_i) u_i^{\text{low}}}{1 + \exp(-v_i)} \tag{14}$$

基于增广拉格朗日方法，处理式（12c）与式（12d）所述的广义不等式约束和等式约束条件：

$$\boldsymbol{A}_{\text{T}} \boldsymbol{u} - \boldsymbol{C} \leqslant 0 \tag{15a}$$

$$\boldsymbol{A}_\xi \boldsymbol{u} - \boldsymbol{E} = 0 \tag{15b}$$

式中 $\boldsymbol{A}_{\text{T}}$——不等式约束函数的 $n_i \times N_u$ 维 Jacobian 矩阵；

$\boldsymbol{A}_\xi$——等式约束函数的 $n_e \times N_u$ 维 Jacobian 矩阵；

$\boldsymbol{C}$——包含不等式约束值的 n_i 维列向量，$\boldsymbol{C} = (C_1, \ C_2, \ \cdots C_{n_i})^T$；

$\boldsymbol{E}$——包含等式约束值的 n_e 维列向量，$\boldsymbol{E} = (E_1, \ E_2, \ \cdots E_{n_e})^T$。

采用对数变换处理边界约束之后，定义增广拉格朗日目标函数[28]：

$$\begin{aligned} L_a(\boldsymbol{u}, \ \lambda, \ \mu) = {} & J(\boldsymbol{u}) - \sum_{j=1}^{n_e} \lambda_{e, j} [s_{e, j} \cdot e_j(\boldsymbol{u})] + \frac{1}{2\mu} \sum_{j=1}^{n_e} [s_{e, j} \cdot e_j(\boldsymbol{u})]^2 - \\ & \sum_{i=1}^{n_i} \lambda_{c, i} \max[s_{c, i} \cdot c_i(\boldsymbol{u}), \ -\mu \cdot \lambda_{c, i}] + \\ & \frac{1}{2\mu} \sum_{i=1}^{n_i} \{\max[s_{c, i} \cdot c_i(\boldsymbol{u}), \ -\mu \cdot \lambda_{c, i}]\}^2 \end{aligned} \tag{16}$$

式中 $\lambda_{e,j}$，$\lambda_{c,i}$——等式、不等式约束的拉格朗日乘子；

μ——惩罚因子；

$s_{e,j}$，$s_{c,i}$——等式、不等式约束的换算系数。

当式(15)中的列向量元素 C_i 和 E_j 非零时，定义：

$$s_{e,j} = 1/E_j, \quad j=1, 2, \cdots, n_e$$

$$s_{c,i} = 1/C_i, \quad i=1, 2, \cdots, n_i$$

可以看出，消除边界约束之后，并假定等式或不等式约束不存在时，增广拉格朗日目标函数可化简为传统的无约束优化问题。

通过外层循环，自适应调整拉格朗日乘子 λ 和惩罚因子 μ。当拉格朗日乘子 λ 和惩罚因子 μ 确定以后，将通过内层循环迭代求解下述子问题：

$$\begin{array}{c} \text{minimize} L_a(\boldsymbol{u}) \\ \boldsymbol{u} \in R^{N_u} \end{array} \tag{17}$$

内层循环收敛时，更新拉格朗日乘子 λ 和惩罚因子 μ，其调整策略取决于约束偏差。当约束偏差大于设定阈值时，保持 λ 不变，减小 μ；当约束偏差小于设定阈值时，更新 λ，保持 μ 不变。

约束优化问题求解中，定义约束违反因子 σ_{c_v} 表征约束偏差大小，其表达式为

$$\sigma_{c_v} = \begin{cases} \sqrt{\dfrac{1}{n_v}\left\{ \displaystyle\sum_{j=1}^{n_e} [s_{e,j} \cdot e_j(\boldsymbol{u})]^2 + \sum_{i=1}^{n_i} \{\max[s_{c,i} \cdot c_i(\boldsymbol{u}), 0]\}^2 \right\}}, & n_v > 0 \\ 0, & n_v = 0 \end{cases} \tag{18}$$

式中 n_v——总的约束条件个数；

   η^l——第 l 次外层循环迭代的约束偏差阈值。

当 $\sigma_{c_v} < \eta^l$ 时，拉格朗日乘子 λ 的调整策略为

$$\lambda_{e,j}^{l+1} = \lambda_{e,j}^l + \frac{s_{e,j} \cdot e_j(\boldsymbol{u}^l)}{\mu^l}, \quad j=1, 2, \cdots, n_e \tag{19a}$$

$$\lambda_{c,i}^{l+1} = \max\left[0, \ \lambda_{c,i}^l + \frac{s_{c,i} \cdot c_i(\boldsymbol{u}^l)}{\mu^l}\right], \quad i=1, 2, \cdots, n_i \tag{19b}$$

当 $\sigma_{c_v} > \eta^l$ 时，惩罚因子 μ 的调整策略为

$$\mu^{l+1} = \tau \cdot \mu^l \tag{20}$$

实际应用中，τ 取值为 0.25，η^l 取值为 0.01。

式(16)的所有平方约束项约等于 0.1 时，计算惩罚因子的初始估计值 μ^0，即：

$$\mu^0 = \frac{0.1 \times (n_e + n_i)}{2J(\boldsymbol{u}^0)} \tag{21}$$

根据 Chen 等的相关研究[24]，拉格朗日乘子 λ 的初始估计值为

$$\lambda_{e,j}^0 = \frac{s_{e,j} \cdot e_j(\boldsymbol{u}^0)}{\mu^0}, \quad j=1, 2, \cdots, n_e \tag{22a}$$

$$\lambda_{c,i}^{0}=\max\left[0,\ \frac{s_{c,i}\cdot c_i(\boldsymbol{u}^0)}{\mu^0}\right],\ i=1,\ 2,\ \cdots,\ n_i \qquad (22b)$$

内层循环迭代时，采用随机近似梯度 StoSAG 算法[32]求解上述的约束优化问题：

$$\boldsymbol{u}^{k+1}=\boldsymbol{u}^k-a_k\left[\frac{\boldsymbol{d}_k}{\parallel \boldsymbol{d}_k \parallel_\infty}\right] \qquad (23)$$

式中　$\boldsymbol{u}^k$——最优控制向量的先验估计；

　　　a_k——线性搜索步长，初值 $a_k^0=0.1\times\min\limits_i(u_i^{up}-u_i^{low})$；

　　　$\boldsymbol{d}_k$——控制参数向量 $\boldsymbol{u}^k$ 与目标函数 $\boldsymbol{L}_a(\boldsymbol{u}^k)$ 的互协方差向量，用于逼近目标函数 $\boldsymbol{L}_a(\boldsymbol{u}^k)$ 的梯度值；

　　　$\parallel\cdot\parallel_\infty$——向量的无穷范数。

为计算互协方差 $\boldsymbol{d}_k$，需随机生成一个包含 N_e 个扰动控制向量的集合，其表达式为

$$\widetilde{\boldsymbol{u}_j^k}=\boldsymbol{u}^k+\boldsymbol{L}\cdot\boldsymbol{Z}_j,\ j=1,\ 2,\ \cdots,\ N_e \qquad (24)$$

式中　k——内层循环的迭代次数；

　　　$\boldsymbol{u}^k$——第 k 次迭代的最优控制向量；

　　　$\boldsymbol{L}$——协方差矩阵 C_U Cholesky 分解得到的下三角形矩阵；

　　　$\boldsymbol{Z}_j$——向量，服从高斯分布 $N(0,\ \boldsymbol{I})$，$\boldsymbol{I}$ 为 $N_u\times N_u$ 的单位矩阵；

　　　$\boldsymbol{L}\cdot\boldsymbol{Z}_j$——均值为 N_u 维零向量、协方差为 $\boldsymbol{C}_U$ 的 N_u 维高斯随机向量，即 $\boldsymbol{L}\cdot\boldsymbol{Z}_j\sim N(0,\ \boldsymbol{C}_U)$。

另外，协方差矩阵 $\boldsymbol{C}_U$ 的元素 $C_{i,j}$ 计算方法为

$$C_{i,j}=\begin{cases}\sigma^2\left[1-\dfrac{3}{2}\left(\dfrac{|i-j|}{N_s}\right)+\dfrac{1}{2}\left(\dfrac{|i-j|}{N_s}\right)^3\right] & |i-j|<N_s \\ 0 & |i-j|\geq N_s\end{cases} \qquad (25)$$

式中　σ——标准差，取值为 1.0；

　　　N_s——控制步数。

据此，令 $\delta\widetilde{\boldsymbol{U}_j^k}=\widetilde{\boldsymbol{u}_j^k}-\boldsymbol{u}^k$，$\delta\boldsymbol{L}_a|_j^k=\boldsymbol{L}_a(\widetilde{\boldsymbol{u}_j^k})-\boldsymbol{L}_a(\boldsymbol{u}^k)$，StoSAG 互协方差 $\boldsymbol{d}_{k,sto}$ 的计算表达式为

$$\begin{aligned}\boldsymbol{d}_{k,sto}&=\frac{1}{N_e}\sum_{j=1}^{N_e}(\delta\widetilde{\boldsymbol{U}_j^k}(\delta\widetilde{\boldsymbol{U}_j^k})^T)^+\delta\widetilde{\boldsymbol{U}_j^k}\cdot\delta\boldsymbol{L}_a|_j^k\\&=\frac{1}{N_e}\sum_{j=1}^{N_e}\frac{\delta\widetilde{\boldsymbol{U}_j^k}}{\parallel\delta\widetilde{\boldsymbol{U}_j^k}\parallel_2^2}\cdot\delta\boldsymbol{L}_a|_j^k\end{aligned} \qquad (26)$$

判断 $L_a(\boldsymbol{u}^{k+1})<L_a(\boldsymbol{u}^k)$ 是否成立：若是，将 $\boldsymbol{u}^{k+1}$ 作为最优控制向量用于下次内层循环迭代；否则，调整线性搜索步长，$a_k=0.5a_k$，通过式(23)重新计算第 $k+1$ 次迭代的搜索

方向，直至找到合适的 u^{k+1}，使 $L_a(u^{k+1})<L_a(u^k)$ 或达到最大容许步数，设置为 10。如果达到最大容许步数，还找不到合适的控制向量 u^{k+1}，使之满足 $L_a(u^{k+1})<L_a(u^k)$，则调用式(24)与式(25)重新生成随机扰动向量集合，并计算互协方差 d_k 寻找最速下降方向；若连续 5 次生成随机扰动向量集合，都找不到下降搜索方向，则终止内层循环迭代。在第 l 次外层循环时，设定的内层循环迭代收敛条件为

$$\frac{|L_a(u^{k+1})-L_a(u^k)|}{\max[|L_a(u^k)|,\ 1.0]}\leq\xi_f^l \qquad (27)$$

$$\frac{\|u^{k+1}-u^k\|_2}{\max(\|u^k\|_2,\ 1.0)}\leq\xi_u^l \qquad (28)$$

需要说明：ξ_f^l 和 ξ_u^l 的大小随外层循环而变化，初始估计值 $\xi_f^0=0.1$ 和 $\xi_u^0=0.1$。外层循环过程中，ξ_f^l 和 ξ_u^l 的更新策略为

$$\xi_f^l=\max(0.5\xi_f^{l-1},\ \xi_f^h)$$

$$\xi_u^l=\max(0.5\xi_u^{l-1},\ \xi_u^h)$$

对于梯度最速下降方向，如果在第 l 次外层迭代，内层循环收敛于 u^*，则 $u_{opt}^{l+1}=u^*$ 整个增广拉格朗日方法的迭代收敛条件为

$$\frac{|L_a(u_{opt}^{l+1})-L_a(u_{opt}^l)|}{\max[|L_a(u_{opt}^l)|,\ 1.0]}\leq\xi_f^h \qquad (29)$$

$$\frac{\|u_{opt}^{l+1}-u_{opt}^l\|_2}{\max(\|u_{opt}^l\|_2,\ 1.0)}\leq\xi_u^h \qquad (30)$$

式中　ξ_f^h，ξ_u^h——预设的迭代收敛阈值，$\xi_f^h=10^{-4}$，$\xi_u^h=10^{-3}$。

3　计算实例

为了验证本文提出方法的准确性，建立一三维非均质油藏数值模拟模型，如图 4 所示。所建油藏模型采用角点网格系统，共划分为 $31\times31\times6=5766$ 个网格，其网格步长 DX、DY、DZ 分别为 29m、30m 和 1.2m，岩石及流体物性参数见表 1。油藏采用五点法面积井网注水开发，包括 5 口水井和 4 口油井，其生产模式为定液注入、定压产出，无边底水侵入作用且忽略重力和毛管压力的影响。通过商业的 Eclipse 数值模拟软件对该油藏进行生产动态的模拟运算，模拟生产时间为 240 个月，最终含水率达到 98.1%。如图 5 所示为模型输入的日均注水数据，总体上符合均值为 $60m^3/d$，方差为 5 的正态分布。如图 6 所示为模拟计算的单井含水率数据。如图 7 所示为模拟计算的全油藏产液量及产油量数据。

表1　非均质油藏模型所采用的岩石及流体物性参数

参数	取值	参数	取值
初始油藏压力（MPa）	5.5	水相黏度（mPa·s）	0.5
油藏温度（℃）	36	油相黏度（mPa·s）	5.0
平均孔隙度	0.28	水相密度（kg/m³）	1000
平均渗透率（mD）	676	油相密度（kg/m³）	850
束缚水饱和度	0.265	岩石压缩系数（MPa⁻¹）	6.0×10^{-6}
束缚水饱和度下的油相相对渗透率	1.0	油相压缩系数（MPa⁻¹）	5.0×10^{-5}
残余油饱和度	0.32	水相压缩系数（MPa⁻¹）	4.5×10^{-6}
残余油饱和度下的水相相对渗透率	0.4	井底流压（MPa）	3.0

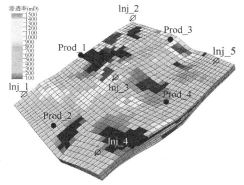

图4　非均质油藏渗透率分布

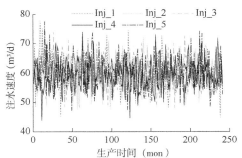

图5　模型输入的月均日注水数据

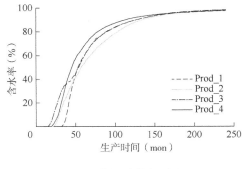

图6　模拟计算得到的
各单井含水率数据

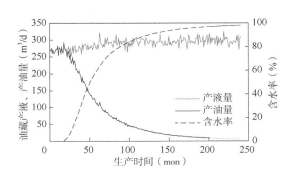

图7　非均质油藏全区的产液及
产油量动态数据

应用本文提出方法对生产动态数据进行自动拟合，反演连通系数、时间常数、泄油孔隙体积等井间特征参数，并通过 R^2 描述生产动态的模型计算值和实际观测值之间的拟合程度，R^2 越接近于1，拟合效果越好，其计算表达式为

$$R^2 = 1 - \frac{\sum\limits_i (y_i - f_i)^2}{\sum\limits_i (y_i - \bar{y})^2} \tag{31}$$

式中　y_i——动态观测数据；

　　　f_i——模型预测数据；

　　　$\bar{y}$——观测数据平均值。

3.1　鲁棒约束优化求解

为了验证集合优化技术对处理混合非线性约束优化问题的鲁棒性，选取 CRMP 电容模型计算非均质油藏井点处的液量产出特征，分别利用随机近似梯度优化算法（StoSAG）、传统的投影梯度算法拟合预测实测产液动态数据，并进行目标函数迭代收敛过程及产液动态数据拟合效果的对比分析，计算结果如图 8 和图 9 所示。

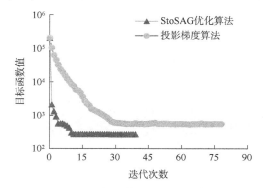

图 8　不同优化算法下目标函数的
迭代收敛结果

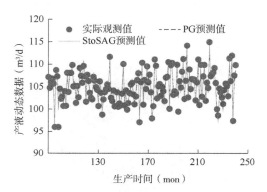

图 9　不同优化算法下典型井 Prod_ 4
产液动态拟合效果

可以看出，采用 StoSAG 优化算法和投影梯度算法均能获得较好的产液动态拟合效果，StoSAG 收敛速度快、耗时更少，这说明了集合优化技术求解混合非线性约束优化问题的鲁棒性，为开展大规模复杂非均质油藏井间连通性评价研究提供了方法依据。

3.2　比较不同 CRM 表现

水驱开发过程中，随着储层及流体非均质矛盾的日益突出，不同注—采井组的水线推进速度也存在显著差异。而 CRMP 电容模型是以生产井为中心的控制单元作为研究对象，对每口生产井仅考虑一个时滞常数，这与实际情况是不相符的，将为连通性评价结果引入系统误差。据此，分别采用 CRMP、CRMIP 电容模型追踪计算井点处的产液数据，通过 StoSAG 优化算法进行生产动态观测数据的自动历史拟合，分析不同电容模型在评价油藏井间连通性方面的效果好坏。如图 10 所示给出了基于 CRMP 电容模型的产液动态数据拟合效果，CRMIP 电容模型的产液动态数据拟合效果如图 11 所示，不同电容模型下的井间连通性评价结果如图 12 所示。

可以看出，相比于 CRMP 电容模型，CRMIP 电容模型假设每个注采井组均存在一个时滞常数，更切合油藏实际情况；另一方面，由于复杂度高，CRMIP 电容模型对产液动态数据的拟合效果不如 CRMP 电容模型，但它更有效地反映了非均质油藏的动力学特性，井间特征参数与实际地层性质吻合度高，连通性评价结果更为可靠。

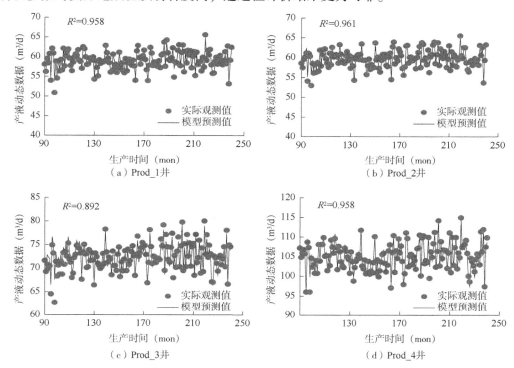

图 10　基于 CRMP 电容模型的产液动态数据拟合效果

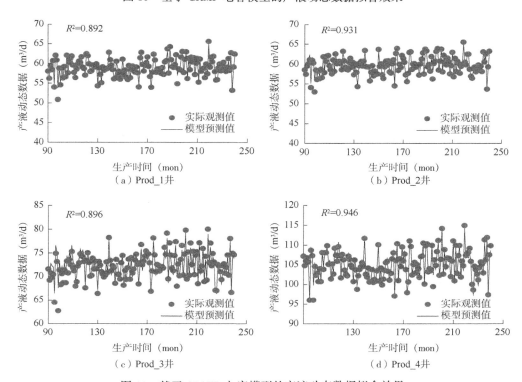

图 11　基于 CRMIP 电容模型的产液动态数据拟合效果

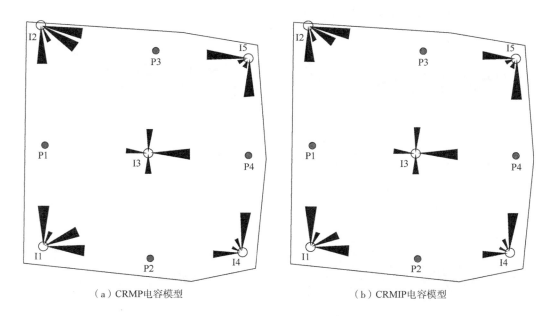

（a）CRMP电容模型　　　　　　　　　　　（b）CRMIP电容模型

图12　基于不同电容模型的非均质油藏井间连通性评价结果

3.3　分流量表征的适应性

为了评价 Koval 分流量表征模型的适应性，分别采用 CRMIP 电容模型和 Koval 模型对井点处的产液量和含水率数据进行追踪计算，以此为基础结合随机近似梯度 StoSAG 优化算法进行生产动态数据的自动拟合预测，评价连通系数、时间常数、泄油孔隙体积等井间地质参数。不同注采井组的地质参数估算结果见表2，所有生产井的含水率拟合效果如图13所示。

表 2　非均质油藏的注采井组地质参数估算结果

项目	时滞常数（d）				泄油孔隙体积（m³）			
	Prod_ 1	Prod_ 2	Prod_ 3	Prod_ 4	Prod_ 1	Prod_ 2	Prod_ 3	Prod_ 4
Inj_ 1	19.2	14.9	8.5	7.0	599.0	1448.7	381.9	1270.5
Inj_ 2	19.1	13.3	7.9	7.1	1000.5	558.2	1052.0	1350.7
Inj_ 3	18.7	11.8	7.5	7.2	927.9	691.6	868.4	1457.2
Inj_ 4	17.8	10.4	7.2	7.6	574.6	910.0	674.3	1082.1
Inj_ 5	16.4	9.3	7.1	8.0	606.6	320.2	2139.1	651.9

分析看出，Koval 分流量表征模型能够较好地反映低含水阶段—高含水阶段的产水动态特征，对水驱突破时刻的估算也具有良好适应性，但当水驱开发达到特高含水阶段（$f_w >$ 90%）时，基于该模型描述含水变化规律时误差较大，这不利于油田开发后期优化注采结构关系、揭示剩余油分布规律和制订加密调剖等措施方案。

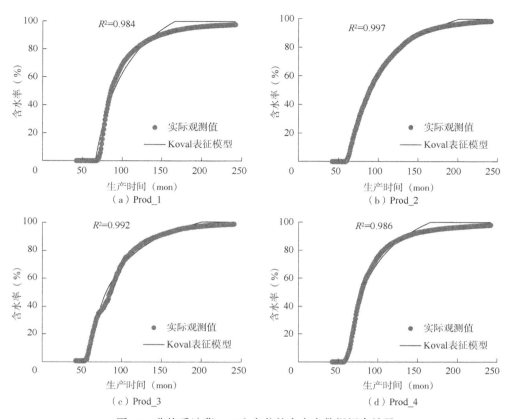

图 13　非均质油藏 4 口生产井的含水率数据拟合效果

4　结论

（1）分别考虑以生产井为泄油控制体积的 CRMP 电容模型和以注—采井组为泄油控制体积的 CRMIP 电容模型表征井点处的产液量数据，并采用 Koval 分流量方程追踪计算含水率，以此为基础结合 StoSAG 优化算法进行生产动态的自动拟合，建立了一种考虑混合非线性约束影响的水驱油藏井间连通性集合优化求解方法。

（2）实例表明，相比于梯度优化算法，以 StoSAG 为代表的集合优化技术对处理混合非线性约束优化问题鲁棒性更强，生产动态数据拟合效果好；相比于 CRMP 电容模型，采用 CRMIP 电容模型能够更有效地表征非均质油藏的动力学特性，井间地质参数评价结果与实际地层性质吻合度更高；Koval 分流量表征模型仅能较好地描述低含水阶段—高含水阶段的产水动态特征，但对特高含水阶段($f_w > 90\%$)，该模型适用性较差。

（3）相比于常规数值模拟方法，本文模型作为一种有效的生产动态指标拟合预测手段，可进一步用于复杂非均质油藏生产优化研究，也为注采参数的优化调整提供了技术参考。另外，考虑纵向动用程度不均的多层连通性评价理论及求解方法是下一步研究的侧重点。

参 考 文 献

[1] Jin Y X, Lin C Y, He X Y, et al. Uncertainty analysis of remaining oil predicted with reservoir numerical simulation[J]. Journal of the University of Petroleum, China, 2004, 28(3): 22-29.

[2] Kang Z H, Chen L, Lu X B, et al. Fluid dynamic connectivity of karst carbonate reservoir with fracture & cave system in Tahe Oilfield[J]. Earth Science Frontiers, 2012, 19(2): 110-120.

[3] Zhao H, Kang Z J, Sun H T, et al. An interwell connectivity inversion model for oil-water dynamic simulation of multilayer reservoirs[J]. Petroleum Exploration and Development, 2015, 42(6): 1-8.

[4] Gentil P H. The use of multi-linear regression models in patterned waterfloods: physical meaning of the regression coefficients[D]. Austin: The University of Texas, 2005.

[5] Yousef A A, Gentil P H, Jensen J L, et al. A capacitance model to infer interwell connectivity from production-and injection-rate fluctuations[J]. SPE Reservoir Evaluation & Engineering, 2006, 9(5), 630-646.

[6] Yousef A A, Lake L W, Jensen J L. Analysis and interpretation of interwell connectivity from production and injection rate fluctuations using a capacitance model[C]//SPE/DOE Symposium on Improved Oil Recovery, OnePetro, 2006.

[7] Sayarpour M, Zuluaga E, Kabir C S, et al. The use of capacitance-resistance models for rapid estimation of waterflood performance and optimization[J]. Journal of Petroleum Science and Engineering, 2009, 69(3-4): 227-238.

[8] Moreno G A. Multilayer capacitance-resistance model with dynamic connectivities[J]. Journal of Petroleum Science and Engineering, 2013, 109: 298-307.

[9] Mamghaderi A, Pourafshary P. Waterflooding performance prediction in layered reservoirs using improved capacitance-resistive model[J]. Journal of Petroleum Science and Engineering, 2013, 108: 107-117.

[10] Zhang Z Q, Li H, Zhang D X. Water flooding performance prediction by multi-layer capacitance-resistive models combined with the ensemble Kalman filter[J]. Journal of Petroleum Science and Engineering, 2015, 127: 1-19.

[11] Holanda R W, Gildin E, Jensen J L. Improved waterflood analysis using the capacitance-resistance model within a control systems framework[C]//SPE Latin American and Caribbean Petroleum Engineering Conference, OnePetro, 2015.

[12] Kaviani D, Valko P P, Jensen J L. Application of the multiwall productivity index-based method to evaluate interwell connectivity[C]//SPE Improved Oil Recovery Symposium, OnePetro, 2010.

[13] Lerlertpakdee P, Jafarpour B, Gildin E. Efficient production optimization with flow-network models [J]. SPE Journal, 2014, 19(6): 1083-1095.

[14] Zhao H, Kang Z J, Zhang X S, et al. INSIM: a data-driven model for history matching and prediction for waterflooding monitoring and management with a field application [C]//SPE Reservoir Simulation Symposium, OnePetro, 2015.

[15] Zhao H, Li Y, Cui S Y, et al. History matching and production optimization of water flooding based on a data-driven interwell numerical simulation model[J]. Journal of Natural Gas Science and Engineering, 2016, 31: 48-66.

[16] Nguyen A P. Capacitance resistance modeling for primary recovery, waterflood and water-CO_2 flood [D]. Austin, Texas: University of Texas at Austin, 2012.

[17] Lee K H, Ortega A, Gharehloo A, et al. An active method for characterization of flow units between injection/production wells by injection-rate design[J]. SPE Reservoir Evaluation & Engineering, 2011, 14(4):

433-445.

[18] Tafti A, Ershaghi T, Rezapour I, et al. Injection scheduling design for reduced order waterflood modeling [C]//SPE Western Regional & AAPG Pacific Section Meeting, 2013 Joint Technical Conference, OnePetro, 2013.

[19] Sakazar-Bustamante M, Gonzalez-Gomez H, Matringe S, et al. Combining decline-curve analysis and capacitance/resistance models to understand and predict the behavior of a mature naturally fractured carbonate reservoir under gas injection[C]//SPE Latin America and Caribbean Petroleum Engineering Conference, OnePetro, 2012.

[20] Tao Q, Bryant S L. Optimizing carbon sequestration with the capacitance/resistance model[J]. SPE Journal, 2015, 20(5): 1094-1102.

[21] Cao F, Luo H S, Lake L W. Development of a fully coupled two-phase flow based capacitance resistance model(CRM)[C]//SPE Improved Oil Recovery Symposium, OnePetro, 2014.

[22] Cao F, Luo H S, Lake L W. Oil-rate forecast by inferring fractional-flow models from field data with Koval method combined with the capacitance-resistance model[J]. SPE Reservoir Evaluation & Engineering, 2015, 18(4): 534-553.

[23] Chen Y, Oliver D S, Zhang D. Efficient ensemble-based closed-loop production optimization[J]. SPE Journal, 2009, 14(4): 634-645.

[24] Chen C, Li G, Reynolds A C. Robust constrained optimization of short-and long-term net present value for closed-loop reservoir management[J]. SPE Journal, 2012, 17(3): 849-864.

[25] Do S T, Reynolds A C. Theoretical connections between optimization algorithms based on an approximate gradient[J]. Computational Geosciences, 2013, 17(6): 959-973.

[26] Zhao H, Chen C, Do S, et al. Maximization of a dynamic quadratic interpolation model for production optimization[J]. SPE Journal, 2013, 18(6): 1012-1025.

[27] Su H J, Oliver D S. Smart well production optimization using an ensemble-based method[J]. SPE Reservoir Evaluation & Engineering, 2010, 13(6): 1-9.

[28] Oliveira D F, Reynolds A C. An adaptive hierarchical multiscale algorithm for estimation of optimal well controls[J]. SPE Journal, 2014, 19(5): 909-930.

[29] Fonseca R M, Leeuwenburgh O, Van den Hof P M J. Ensemble-based hierarchical multi-objective production optimization of smart wells[J]. Computational Geosciences, 2014, 18(3-4): 449-461.

[30] Odi U, Lane R H, Barrufet M A. Ensemble based optimization of EOR processes[C]//SPE Western Regional Meeting, OnePetro, 2010.

[31] Katterbauer K. History matching for steam drive heavy oil reservoirs using ensemble-based techniques-A synthetic Wafra oilfield case study[C]//Europec OnePetro, 2015.

[32] Chen B L, Reynolds A C. Ensemble-based optimization of the water-alternating-gas injection process [J]. SPE Journal, 2016, 21(3): 786-797.

基于 B 样条模型计算非混相 WAG 烃气驱三相相对渗透率曲线

王代刚[1]   李国永[2]

[1. 中国石油大学(北京);2. 中国石油冀东油田公司]

摘　要:基于流体 PVT 相态特征分析、最小混相压力测试和非混相 WAG 岩心驱替实验,采用三次 B 样条模型表征油—气—水三相相对渗透率曲线,通过 Levenberg-Marquardt 算法实现驱替压差、含水率及气油比数据的自动历史拟合,从而提出一种适用于非混相 WAG 烃气驱三相相对渗透率计算的数值反演方法。在分析及表征其提高采收率机理基础上,运用本文方法解释非混相 WAG 岩心驱替实验数据,证明了方法的可靠性。研究表明,注入烃气通过对原油的萃取作用,降低了气液相间流体性质的差异性;采用气—水交替注入方式,可大幅度提高驱油效率。本文提出的三相相对渗透率数值反演方法可靠性强,满足工程实际的需要,能够为准确获取非混相 WAG 烃气驱三相相对渗透率曲线提供理论基础。

关键词:B 样条模型;非混相;WAG 烃气驱;相对渗透率;数值反演

相对渗透率曲线是油藏开发中的一项重要资料[1]。目前,油—水或气—液两相相对渗透率曲线主要通过单向流岩心驱替实验获取,计算方法以 JBN 等解析方法为主,而解析方法由于假设条件较为理想,往往导致相渗曲线的计算精度较低。为了提高相对渗透率的辨识精度,Sigmund 和 McCaffer[2]首先将非线性回归方法应用于室内岩心驱替实验数据的历史拟合问题,提出了一种油—水两相相对渗透率曲线的数值反演方法。相比于解析方法,数值反演方法应用于室内时,能够综合利用见水前、后的动态观测数据,计算得到的相对渗透率曲线完整且精度较高[3]。Chen、Li 以及 Eydinov 等学者也从不同角度考虑,提出了多种两相相对渗透率曲线的数值反演方法[4-10]。

随着油藏纵向及平面非均质矛盾的加剧,中国注水开发油田主体已进入高含水、高采出程度的"双高"开发阶段,剩余油呈现"整体高度分散、局部相对富集"的分布格局[11-12]。三次采油提高采收率技术研究[13-16]表明,水—气交替注入(WAG)烃气驱是水驱油藏进一步提高原油采收率的有效技术。但由于对复杂的 PVT 相态行为变化规律和多相流体渗流特征认识不清,矿场实践易发生气体超覆、黏性指进及窜流,导致生产井中气体过早突破,影响应用效果。目前,关于油—气—水三相相对渗透率曲线数值反演的研究较少。Li 等[17]学者以二维油藏概念模型为对象,首次建立了一种基于集合卡尔曼滤波算法的溶解气驱三相相对渗透率曲线数值反演方法,由于动态观测数据和相对渗透率表征模型选取方面的不足，并未得到显著性认识。笔者在文献[18]和[19]中，选取 Levenberg-Marquardt 算法(简称 L-M 算法)作为自动历史拟合方法，通过对动态观测数据及相对渗透率表征模型进行优选，提出了一种基于三次 B 样条模型的径向流油—水两相相对渗透率曲线数值反演方法，在分析毛细管压力、驱替条件等对相对渗透率反演效果影响规律基础上，得到了径向驱替的合理实验条件，具有较好的指导意义。本次研究中，采用三次 B 样条模型表征油—气—水三相相对渗透率曲线，通过 L-M 算法实现驱替压差、含水率及气油比数据的自动历史拟合，建立一种适用于非混相 WAG 烃气驱三相相对渗透率计算的数值反演方法，并以某油田中低渗透油藏砂岩岩样为例，开展 PVT 相态特征分析、最小混相压力测试和非混相 WAG 长岩心驱替实验，在分析并表征提高采收率机理的基础上，通过解释长岩心注气驱替实验数据证明方法的可靠性。

1　相对渗透率表征模型

根据是否预先假定相对渗透率曲线的形状，相对渗透率表征模型分为参量模型和非参量模型[20]。参量模型假设相对渗透率曲线符合特定的函数形式，适用于光顺滑性好的情况，但模型灵活性较弱。其中，幂律模型由于结构简单，得到广泛应用[21-22]。非参量模型忽略了对相对渗透率曲线形状的假设，具有普遍意义，灵活性强，能够准确表征矿场实际中的各种曲线形式。其中，三次 B 样条模型最为常用[6,23]。研究中，采用三次 B 样条模型表征相对渗透率曲线。

首先定义无因次饱和度：

$$S_{wD} = \frac{S_w - S_{iw}}{1 - S_{iw} - S_{orw}} \tag{1}$$

$$S_{owD} = 1 - S_{wD} \tag{2}$$

$$S_{gD} = \frac{S_g - S_{gc}}{1 - S_{iw} - S_{gc} - S_{org}} \tag{3}$$

$$S_{ogD} = 1 - S_{gD} \tag{4}$$

式中　S_{wD}——无因次含水饱和度；

S_w——含水饱和度；

S_{iw}——束缚水饱和度；

S_{orw}——油—水两相系统的残余油饱和度；

S_{owD}——油—水两相系统的无因次含油饱和度；

S_{gD}——无因次含气饱和度；

S_g——含气饱和度；

S_{gc}——临界气饱和度；

S_{org}——油—气两相系统的残余油饱和度;

S_{ogD}——油—气两相系统的无因次含油饱和度。

将区间[0,1]均匀划分为 n 段,每段间隔 $\Delta u = 1/n$,$S_{pD,j} = j\Delta u = j/n$,相应的三次 B 样条模型一般形式为

$$k_{rp}(S_{pD}) = \sum_{j=-3}^{n-1} C_{j+2}^p B_{j,3}(S_{pD}), \quad p = w, \ ow, \ g, \ og \tag{5}$$

式中 k_{rp}——p 相流体的相对渗透率;

n——控制节点个数;

C_{j+2}^p——p 相相对渗透率曲线的控制节点;

$B_{j,3}(S_{pD})$——四阶(3 次)的 B 样条基函数,具体请查阅文献[24]。

传统 B 样条曲线仅能无限逼近于控制节点,而不能通过控制节点。因此,为保证 p 相($p=o$,w)流体相对渗透率曲线通过端点 C_0^p 和 C_n^p,引入映射点 C_{-1}^p 和 C_{n+1}^p,并建立以下关系:

$$C_{-1}^p = 2C_0^p - C_1^p \tag{6}$$

且

$$C_{n+1}^p = 2C_n^p - C_{n-1}^p \tag{7}$$

室内处理相对渗透率实验数据时,通常采用油相渗透率 $K_o(S_{iw})$ 和 $K_o(S_{gc})$ 分别对油—水、油—气两相相对渗透率曲线进行归一化处理,并假定饱和度端点值 S_{iw}、S_{orw}、S_{gc}、S_{org} 是已知的,故有 $C_0^{ow} = C_0^{og} = 1$ 及 $C_n^{ow} = C_n^{og} = C_0^w = C_0^g = 0$ 成立。因此,油—水和油—气两相系统中,油相相对渗透率的未知控制参数分别为 C_j^{ow}、$C_j^{og}(j=1, 2, \cdots, n-1)$,水相和气相相对渗透率的未知控制参数分别为 C_j^w、$C_j^g(j=1, 2, \cdots, n)$,模型控制参数总计 $4n-2$。

研究过程中,对控制节点向量进行对数变换,以保证各相相对渗透率曲线的单调上凸性,对于水相和气相相对渗透率:

$$\begin{cases} x_1^u = \ln\left[\dfrac{C_1^u}{\frac{1}{2}(C_2^u+0)-C_1^u}\right] \\ x_i^u = \ln\left[\dfrac{C_i^u-(2C_{i-1}^u-C_{i-2}^u)}{\frac{1}{2}(C_{i+1}^u+C_{i-1}^u)-C_i^u}\right], \ 2\leq i \leq n-1; \ u=w, \ g \\ x_n^u = \ln\left[\dfrac{C_n^u-(2C_{n-1}^u-C_{n-2}^u)}{1-C_n^u}\right] \end{cases} \tag{8}$$

对于油—水或油—气两相系统中的油相相对渗透率:

$$\begin{cases} y_1^v = \ln\left[\dfrac{C_1^v - (2C_2^v - C_3^v)}{\dfrac{1}{2}(C_2^v + 1) - C_1^v}\right] \\[3ex] y_i^v = \ln\left[\dfrac{C_i^v - (2C_{i+1}^v - C_{i+2}^v)}{\dfrac{1}{2}(C_{i+1}^v + C_{i-1}^v) - C_i^v}\right], \quad 2 \leqslant i \leqslant n-2; \quad v = \mathrm{ow}, \ \mathrm{og} \\[3ex] y_{n-1}^v = \ln\left(\dfrac{C_{n-1}^v - 0}{\dfrac{1}{2}C_{n-2}^v - C_{n-1}^v}\right) \end{cases} \tag{9}$$

因此，三次 B 样条表征模型的控制参数向量 $\boldsymbol{m}$ 可表述为

$$\boldsymbol{m} = [\, x_1^{\mathrm{w}}, \ x_2^{\mathrm{w}}, \ \cdots, \ x_n^{\mathrm{w}}, \ y_1^{\mathrm{ow}}, \ y_2^{\mathrm{ow}}, \ \cdots, \ y_{n-1}^{\mathrm{ow}}, \ x_1^{\mathrm{g}}, \ x_2^{\mathrm{g}}, \ \cdots, \ x_n^{\mathrm{g}}, \ y_1^{\mathrm{og}}, \ y_2^{\mathrm{og}}, \ \cdots, \ y_{n-1}^{\mathrm{og}} \,] \tag{10}$$

迭代过程中，通过优化算法不断调整相对渗透率表征模型的控制参数向量 $\boldsymbol{m}$，每一次迭代结束后，反求式(7)和式(8)组成的线性方程组获取控制节点向量 $\boldsymbol{C}^{\mathrm{u}}$、$\boldsymbol{C}^v$，从而得到符合单调上凸性要求的油—水和油—气两相相对渗透率先验曲线。本次研究中，控制节点个数 $n=7$。

在反演得到油—水和油—气两相相对渗透率曲线的基础上，采用修正的 Stone 模型 II[25] 计算三相渗流条件下的油相渗透率，该模型将 K_{ro} 定义为 S_{w} 和 S_{g} 的函数，其具体表征形式为

$$K_{\mathrm{ro}} = (K_{\mathrm{row}} + K_{\mathrm{rw}})(K_{\mathrm{rog}} + K_{\mathrm{rg}}) - (K_{\mathrm{rw}} + K_{\mathrm{rg}}) \tag{11}$$

2　基本原理

2.1　最小二乘目标函数

根据动态数据预测值应与实际观测值相吻合的最小二乘理论，相对渗透率的数值反演应建立式(12)所示的目标函数：

$$O(\boldsymbol{m}) = \frac{1}{2}\left[\boldsymbol{g}(\boldsymbol{m}) - \boldsymbol{d}_{\mathrm{obs}}\right]^{\mathrm{T}} \boldsymbol{C}_{\mathrm{D}}^{-1}\left[\boldsymbol{g}(\boldsymbol{m}) - \boldsymbol{d}_{\mathrm{obs}}\right] \tag{12}$$

式中　$O(\boldsymbol{m})$——目标函数；

$\boldsymbol{m}$——$m \times 1$ 阶模型参数向量；

$\boldsymbol{d}_{\mathrm{obs}}$——$n \times 1$ 阶动态数据观测值向量；

$\boldsymbol{g}(\boldsymbol{m})$——$n \times 1$ 阶动态数据预测值向量；

$\boldsymbol{C}_{\mathrm{D}}$——$n \times n$ 阶权重协方差矩阵，主要反映动态数据观测误差的大小。

油藏实际问题中，目标函数 $O(\boldsymbol{m})$ 是非线性的，模型参数向量 $\boldsymbol{m}$ 应限制在一定合理范围内。本次研究中，选取驱替压差、含水率和气油比作为动态观测数据构建最小二乘目标函数。

2.2 Levenberg-Marquardt 算法

Levenberg-Marquardt（L-M）算法作为一种成熟的梯度优化方法，计算效率高，它可巧妙地在最速下降法与牛顿法之间进行平滑调和，当目标函数远离极小点时，沿最速下降方向收敛；接近极小点时，沿牛顿方向快速收敛，已广泛应用于油藏历史拟合[26]。研究过程中，利用有限差分方法计算目标函数关于未知参数向量的敏感矩阵，通过 L-M 算法实现驱替压差、含水率及气油比等动态观测数据的自动历史拟合。L-M 算法的一般迭代形式为

$$\left[\lambda \boldsymbol{I}+\boldsymbol{H}\left(\boldsymbol{m}^{k}\right)\right]\boldsymbol{\delta m}^{k+1}=-\nabla O\left(\boldsymbol{m}^{k}\right) \tag{13}$$

式中 $\boldsymbol{H}\left(\boldsymbol{m}^{k}\right)$——第 k 次迭代的 Hessian 矩阵；

$\boldsymbol{I}$——$n \times n$ 阶的单位矩阵；

λ——阻尼因子，以保证 Hessian 矩阵的半正定性；

$O\left(\boldsymbol{m}^{k}\right)$——第 k 次迭代的目标函数值；

$\boldsymbol{m}^{k}$，$\boldsymbol{m}^{k+1}$——第 k 次、$k+1$ 次迭代得到的模型参数向量，且 $\boldsymbol{\delta m}^{k+1}=\boldsymbol{m}^{k+1}-\boldsymbol{m}^{k}$；

∇——哈密尔顿算子。

迭代运算时，首先给定阻尼因子 λ 的初值 λ_0，每次迭代结束后，重新调整阻尼因子 λ 的大小。调整原则如下：迭代计算 $\boldsymbol{m}^{k+1}$，若 $O\left(\boldsymbol{m}^{k+1}\right) \geqslant O\left(\boldsymbol{m}^{k}\right)$，则认为迭代失败，$\lambda=\lambda \times 10$；若 $O\left(\boldsymbol{m}^{k+1}\right)<O\left(\boldsymbol{m}^{k}\right)$，则认为迭代成功，$\lambda=\lambda/10$。将调整后的阻尼因子 λ 代入式（13），进行下一次迭代，重复上述过程，直至满足迭代收敛条件。

迭代收敛条件的形式为

$$\left|O\left(\boldsymbol{m}^{k+1}\right)-O\left(\boldsymbol{m}^{k}\right)\right|<\varepsilon_{1} \tag{14}$$

或

$$count>count_{\max} \tag{15}$$

式中 ε_{1}——收敛精度；

$count$——迭代次数；

$count_{\max}$——最大迭代次数。

本次研究中，$\varepsilon_{1}=10^{-6}$，$count_{\max}=100$。

2.3 参数反演过程

基于 L-M 算法隐式计算油—气—水三相相对渗透率曲线的过程可描述如下：（1）初始化三次 B 样条模型的控制节点向量，得到相对渗透率曲线的先验值；（2）基于先验相对渗透率曲线进行数值模拟，获取动态数据预测值；（3）构建反映动态数据预测值和观测值误差大小的最小二乘目标函数；（4）采用 Levenberg-Marquardt 算法不断调整相对渗透率表征模型的参数向量，实现目标函数最小化，寻找反演参数向量的最优解，最终得到三相相对渗透率曲线。

3 WAG 岩心驱替实验

以某油田中低渗透砂岩油藏主力 S 产层为例，开展 PVT 相态特征分析、最小混相压力测试和长岩心注气驱替实验，探讨 WAG 烃气驱的提高采收率机理，并获取能够反映实际

油藏性质的流体物性参数。

3.1　PVT 相态特征分析

PVT 相态实验中，注入气体采用相邻油藏的伴生气，其摩尔质量为 20.6g/mol，相对密度为 0.71，其中 CH_4 83.62%、C_2—C_5 15.13%，为贫气。实验用油样是将伴生气按照原始溶解气油比 70.58m³/m³ 与密度 0.871g/cm³、黏度 8.477mPa·s 的地面脱气原油复配得到，地层条件(压力 27MPa，温度 120.8℃)下黏度为 1.44mPa·s，其中含硫量、含蜡量以及胶质沥青质含量分别为 0.09%、18.1% 和 17.26%。

油藏温度(120.8℃)条件下，对复配地层原油进行单次闪蒸实验和泡点压力测试，求取溶解气油比为 69.0m³/m³，泡点压力为 14.1MPa。测试的溶解气油比与取样井原始溶解气油比接近，说明复配地层原油符合实验要求。

3.1.1　注入气对饱和压力及流体 p—V 关系的影响

实验所用主要设备是美国 RUSKA 公司生产的高压物性仪和高压落球式黏度计的联合装置[28]。基于恒质膨胀、微分释放和注气膨胀实验，测定注气摩尔分数分别为 0、20%、30%、40% 条件下，各样品在油藏温度(120.8℃)下的饱和压力和流体 p—V 关系，测试结果如图 1 所示。

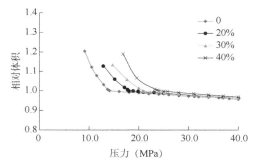

图 1　不同注气摩尔分数下的 p—V 关系

可以看出，注气摩尔分数较低时，p—V 曲线有明显的折点，折点处压力即为泡点压力，此后随着压力的降低会出现明显相变。随着烃气注入摩尔分数的增加，p—V 关系曲线右移，曲线上的折点越不明显，这表明泡点压力增大，注入烃气对油的萃取作用加强，气液相间的差别减小。

3.1.2　注入气对流体物性的影响

油藏温度(120.8℃)条件下，基于恒质膨胀、微分释放和注气膨胀实验，测定烃气注入摩尔分数分别为 0、20%、30%、40% 时各样品的原油密度和黏度，目的是分析注入气对原油的降黏效果及规律，结果如图 2 和图 3 所示。随着注气量的增加，体系的泡点压力逐渐上升，原油密度、黏度逐渐下降，说明其轻质组分逐渐增多，重质组分相对减少，地层原油性质逐渐变好。

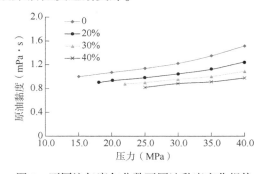

图 2　不同注气摩尔分数下原油黏度变化规律

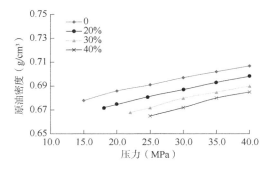

图 3　不同注气摩尔分数下原油密度变化规律

3.2 最小混相压力测试

利用长细管驱替实验测定注入烃气的最小混相压力。一般情况下，将气体突破时采收程度达到80%或最终采收率达到90%~95%这两个采收率水平作为判定驱替是否混相的标准。本次实验是在引进的美国RUSKA公司实验装置上完成的，该实验流程主要由注入泵系统、细管、回压调节器、压力表、控温系统、可视窗、液体馏分收集器、气量计和气相色谱仪等部分组成。实验所用细管模型长度为18m、直径为4mm，常压下细管孔隙体积为125cm³。

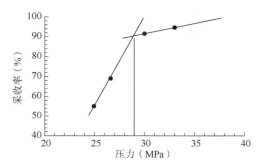

图4 采收率随压力变化的实验测量结果

首先，在地层温度（120.8℃）和高于泡点压力（14.1MPa）条件下，用地层油饱和细管模型；实验压力分别取25.0MPa、26.6MPa、30MPa和33MPa时，以0.167cm³/min的恒定速度注气驱替，驱替中通过回压调节器控制回压，使其始终接近于选定的实验压力值，波动幅度不超过0.05MPa，实时记录不同注气孔隙体积倍数下的原油采出程度；注入体积为1.2PV时，结束整个驱替过程。由图4分析可知，实验压力为30.0MPa时最终采收率大于90%，说明已达到混相状态，插值得到120.8℃时注入烃气与地层原油的最小混相压力为29.0MPa，明显高于目前地层压力27.0MPa，说明注入烃气很难与地层原油形成混相驱替。

3.3 长岩心注气驱替实验

选取中国某油田中低渗透砂岩油藏主力S产层具有代表性的12块岩心（表1），组合成长岩心岩样开展WAG岩心驱替实验，其长度为66.8cm、直径为2.5cm，孔隙体积为71.6cm³。岩样平均孔隙度为21.95%，平均渗透率为39.35mD，岩石压缩系数为$5.2 \times 10^{-6} MPa^{-1}$。油—水两相初始含油饱和度为0.6，油—水两相残余油饱和度为0.44，气—液两相临界含气饱和度为0，气—液两相残余油饱和度为0.4。实验用油为复配地层原油，注入气为相邻油藏伴生气，实验用水为矿化度4664mg/L的$NaHCO_3$水型。室内实验控制条件为定液注入、定压产出。实验所用CFS-100岩心多功能驱替系统如图5所示。

表1 取心参数

岩心编号	长度（cm）	直径（cm）	孔隙度（%）	气测渗透率（mD）	排列顺序
1	6.9	2.5	17.23	70	2
2	7.09	2.52	20.36	75.3	3
3	5.65	2.51	19.17	94.7	8
4	5.1	2.506	21.17	49.7	4
5	5.71	2.5	23.72	86.9	6

续表

岩心编号	长度（cm）	直径（cm）	孔隙度（%）	气测渗透率（mD）	排列顺序
6	4.05	2.522	20.03	49.45	5
7	5.62	2.52	22.95	62.4	1
8	5.75	2.512	17.81	33.2	10
9	4.65	2.52	18.27	38.6	7
10	5.9	2.51	21.76	98.01	9
11	5.65	2.5	22.18	107.1	11
12	4.76	2.5	23.42	127	12

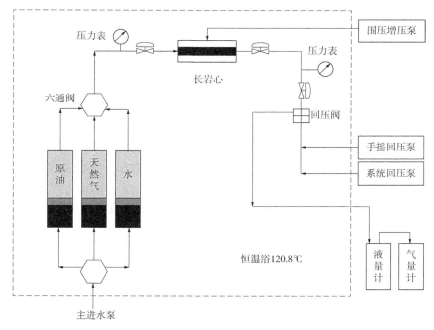

图5 长岩心注气驱替实验流程图

根据目前地层压力和最小混相压力（29.0MPa）的测试结果，模拟地层条件（压力27MPa，温度120.8℃），利用CFS-100多功能驱替系统进行WAG长岩心驱替实验，并测量不同注入孔隙体积倍数下的驱替压差、驱油效率、含水率和气油比等动态数据。水驱阶段，采用$0.3cm^3/min$恒速驱替；水驱至综合含水率为85.71%时，气—水交替注入（气水比1：3），每注气0.08PV、注水0.24PV为一个循环，共4个循环后转后续水驱，直至驱替结束。驱替实验结果如图6和图7所示。分析可知，非混相WAG烃气驱增油、降水效果显著，能够大幅度提高驱油效率；气—水交替注入的4个循环中，第2个循环驱油效率的上升幅度最大，含水率最低可降至30%左右，这表明非混相WAG烃气驱是水驱油藏后期进一步提高原油采收率的有效技术。

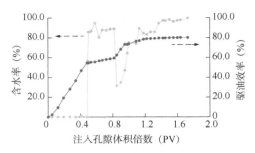
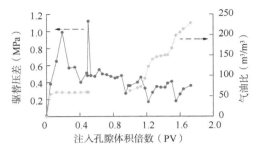

图 6 WAG 烃气驱含水率及驱油效率变化曲线　　　图 7 WAG 烃气驱压力降及气油比变化曲线

4　三相相对渗透率曲线的计算

相比于常规的注水开发，WAG 烃气驱由于涉及复杂的 PVT 相态行为变化，导致多相流体渗流过程十分复杂。利用本文方法计算非混相 WAG 烃气驱三相相对渗透率曲线过程中，首先要进行流体相态拟合，以获取可准确反映 WAG 烃气驱提高采收率机理的流体物性参数；在此基础上，建立一维组分模拟模型，利用 L-M 算法不断调整三次 B 样条模型的控制参数向量，实现动态数据观测值与模型预测值的自动历史拟合，最终估算得到油—气—水三相相对渗透率曲线。

4.1　流体相态拟合

在前期室内实验的基础上，采用 CMG-WinProp 软件进行流体相态拟合。首先，对油藏流体进行拟组分劈分。研究中，将 C_3—C_6 中间组分合并为一个组分，对 CH_4 和 C_{7+} 组分进行适当调整，其他组分与原油藏流体保持一致，最终将油藏流体及注入烃气划分为 CO_2、N_2、CH_4、C_2H_6、C_3—C_6、C_{7+} 等 6 个拟组分。

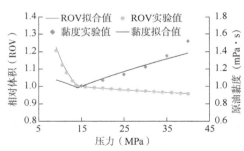

图 8　恒质膨胀实验数据拟合

相态模拟过程中，将泡点压力、单次闪蒸、恒质膨胀、微分释放、注气膨胀等实验数据作为拟合目标，基于描述流体 PVT 相态行为的 PR 状态方程，将某些组分的相互作用系数、黏度、临界体积等参数作为回归变量，经过多次参数调整及反复计算，实现相态实验数据的拟合，部分拟合结果如图 8 至图 10 所示。分析可知，各相态参数拟合值与实际值比较接近，相对误差不超过 5%，能够符合工程计算要求，这表明流体相态拟合得到的流体物性参数能够很好地反映实际油藏流体性质和 WAG 提高采收率机理。

4.2　最小混相压力拟合

根据流体相态拟合所获取的流体性质参数场，建立一维长细管数值模型，进行最小混相压力的拟合。研究过程中，数值模拟模型的设计尺寸与长细管驱替实验保持一致，采用笛卡尔网格系统，共划分为 $40 \times 1 \times 1 = 40$ 个网格，网格步长 DX、DY 和 DZ 分别为 0.45m、0.0035m 和 0.0035m。布井方式为始端注、末端采，生产模式与室内实验控制条件完全一致，即定液注入、定压产出。整个模拟计算在 120.8℃下进行，以 0.167cm³/min 的恒定速度注入烃气，地层压力分别取 25.0MPa、27.0MPa、29.0MPa、29.5MPa、31.0MPa 和 33.0MPa 条件下，模拟计算不同地层压力注入 1.2HCPV 的原油采收率值，如图 11 和图 12 所示。分析可以看出，当地层压力小于 29.0MPa 时，注入烃气很快突破，气体突破时累计注入孔隙体积小于 0.7HCPV，说明此压力条件下尚无法达到混相状态，最终插值计算得到的最小混相压力值为 29.8MPa，而实验值为 29.0MPa，两者相对误差为 2.7%，这进一步说明相态拟合得到的流体参数能够反映真实的流体性质。

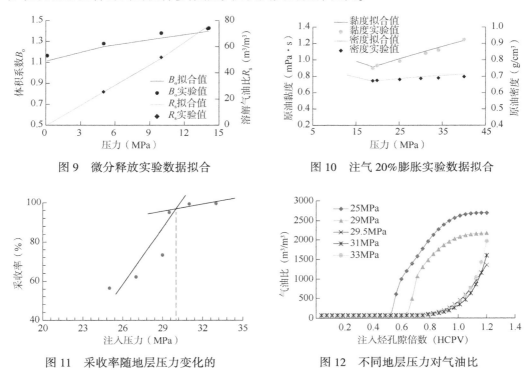

图 9 微分释放实验数据拟合

图 10 注气 20%膨胀实验数据拟合

图 11 采收率随地层压力变化的
模拟计算结果

图 12 不同地层压力对气油比
变化规律的影响

4.3 三相相对渗透率曲线计算

在长岩心注气驱替实验和流体相态拟合的基础上，建立可准确表征长岩心注气驱替的组分模拟模型，其模拟控制条件和物性参数取值均与室内长岩心驱替实验保持一致，忽略毛细管压力的影响。在此基础上，利用 L-M 实时调整三次 B 样条相对渗透率表征模型的控制参数向量，实现驱替压差、含水率和累计气油比等动态观测数据的自动历史拟合，最终反演估算非混相 WAG 烃气驱三相相对渗透率曲线。油—气—水三相相对渗透率曲线的反演结果如图 13 和图 14 所示，驱替压差、含水率及气油比等动态观测数据的拟合效果如图 15 和图 16 所示。

可以看出，驱替压差、含水率以及气油比等观测数据的拟合效果较好，三相相对渗透率曲线的反演精度较高，说明本文建立方法可靠性强，能够满足工程实际的要求，为准确获取非混相 WAG 烃气驱三相相对渗透率曲线提供了理论基础。

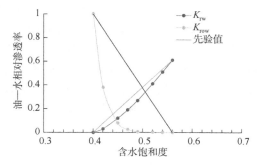

图 13　油水两相相对渗透率曲线的
计算结果

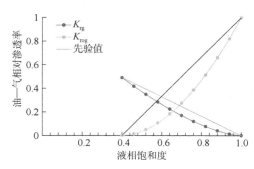

图 14　气液两相相对渗透率
曲线的计算结果

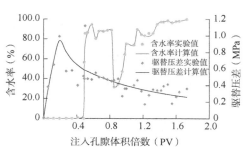

图 15　驱替压差和含水率的拟合结果

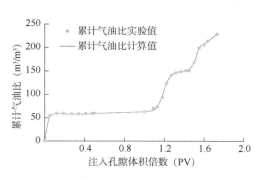

图 16　累计生产气油比的拟合效果

5　结论

（1）选取三次 B 样条模型表征三相相对渗透率曲线，通过 L-M 算法实时调整相对渗透率表征模型的控制参数向量，实现驱替压差、含水率及气油比等动态观测数据的自动历史拟合，建立了一种新的油—气—水三相相对渗透率曲线数值反演方法。

（2）以真实油藏岩样为例，开展 PVT 相态特征分析、最小混相压力测试和长岩心注气驱替实验，探讨了 WAG 烃气驱的提高采收率机理。研究结果表明，注入烃类气体通过对原油的萃取作用，使轻质组分含量上升、重质组分含量下降，很好地改善了地层原油性质；采用气—水交替注入（WAG）的方式，非混相烃气驱增油、降水效果显著，能够大幅度提高原油采收率。

（3）在流体相态拟合及最小混相压力拟合的基础上，利用数值反演方法对长岩心驱替实验数据进行解释，隐式计算了非混相 WAG 烃气驱的油—气—水三相相对渗透率曲线。可以看出，本文建立方法可靠性强，能够满足工程实际的要求，为准确获取非混相 WAG 烃气驱三相相对渗透率曲线提供了理论基础。

参 考 文 献

[1] Masihi M，Javanbakht L，Bahaloo H F，et al. Experimental investigation and evaluation of three phase rela-

tive permeability models [J]. Journal of Petroleum Science and Engineering, 2011, 79(1-2), 45-53.

[2] Sigmund P M, McCaffery F G. An improved unsteady - state procedure for determining the relative - permeability characteristics of heterogeneous porous media [J]. SPE Journal, 1979, 19(1): 15-28.

[3] Barroeta R G, Thompson L G. Importance of using pressure data while history matching a waterflooding process[C]. SPE 132347.

[4] Chen S, Li G, Peres A, et al. A well test for in-situ determination of relative permeability curves [J]. SPE Reservoir Evaluation & Engineering, 2008, 11(1): 95-107.

[5] Li H, Chen S, Yang D, et al. Estimation of relative permeability by assisted history matching using the Ensemble Kalman Filter Method[C]. Canadian International Petroleum Conference, 2009.

[6] Eydinov D, Gao G, Li G, et al. Simultaneous estimation of relative permeability and porosity/permeability fields by history matching production data [J]. Journal of Canadian Petroleum Technology, 2009, 48(12): 13-25.

[7] Wang Y D, Li G M, Reynolds A C. Estimation of depths of fluid contacts and relative permeability curves by history matching using iterative ensemble Kalman smoothers [J]. SPE Journal, 2010, 15(2): 509-525.

[8] Zhang Y, Yang D Y. Simultaneous estimation of relative permeability and capillary pressure for tight formations using emsemble-based history matching method [J]. Computers & Fluids, 2013, 71: 446-460.

[9] Xu P, Qiu S X, Yu B M, et al. Prediction of relative permeability in unsaturated porous media with a fractal approach [J]. International Journal of Heat and Mass Transfer, 2013, 64: 829-837.

[10] Miao T J, Yu B M, Duan Y G, et al. A fractal model for spherical seepage in porous media [J]. International Communications in Heat and Mass Transfer, 2014, 58: 71-78.

[11] 李阳. 陆相高含水油藏提高水驱采收率实践[J]. 石油学报, 2009, 30(3): 396-399.

[12] 韩大匡. 关于高含水油田二次开发理念、对策和技术路线的探讨[J]. 石油勘探与开发, 2010, 37(5): 583-591.

[13] Luo P, Zhang Y P, Huang S. A promising chemical-augmented WAG process for enhanced heavy oil recovery [J]. Fuel, 2013, 104: 333-341.

[14] Salehi M M, Safarzadeh M A, Sahraei E, et al. Comparison of oil removal in surfactant alternating gas with water alternating gas, water flooding and gas flooding in secondary oil recovery process[J]. Journal of Petroleum Science and Engineering, 2014, 120: 86-93.

[15] Laochamroonvorapongse R, Kabir C S, Lake L W. Performance assessment of miscible and immiscible water-alternating gas floods with simple tools [J]. Journal of Petroleum Science and Engineering, 2014, 122: 18-30.

[16] Sheng J J. Enhanced oil recovery in shale reservoirs by gas injection [J]. Journal of Natural Gas Science and Engineering, 2015, 22: 252-259.

[17] Li H, Chen S N, Yang D Y, et al. Estimation of relative permeability by assisted history matching using the ensemble kalman filter method [J]. Journal of Canadian Petroleum Technology, 2012, 51(3): 1-10.

[18] Hou J, Wang D G, Luo F Q, et al. Estimation of the water-oil relative permeability curve from radial displacement experiments. Part 1: numerical inversion method [J]. Energy & Fuels, 2012, 26(7): 4291-4299.

[19] Hou J, Luo F Q, Wang D G, et al. Estimation of the water-oil relative permeability curve from radial displacement experiments. Part 2: reasonable experimental parameters [J]. Energy & Fuels, 2012, 26(7): 4300-4309.

[20] Kulkarni K N, Datta-Gupta A. Estimating relative permeability form production data: A streamline approach

[J]. SPE Journal, 2000, 5(4): 402-411.

[21] Lee T Y, Seinfeld J H. Estimation of absolute and relative permeabilities in petroleum reservoirs [J]. Inverse Problem, 1987, 3(4): 711-728.

[22] Reynolds P C, Li R, Oliver D S. Simultaneous estimation of absolute and relative permeability by automatic history matching of three-phase flow production data [J]. Journal of Canadian Petroleum Technology, 2004, 43(3): 37-46.

[23] Chen S, Li G, Peres A, et al. A well test for in-situ determination of relative permeability curves [J]. SPE Reservoir Evaluation & Engineering, 2008, 11(1): 95-107.

[24] de Boor C. A practical guide to splines[M]. New York: Applied Mathematical Sciences, 1978.

[25] Aziz K, Settari A. Petroleum reservoir simulation[M]. UK: Elsevier Applied Science Publishers, 1979.

[26] Oliver D S, Chen Y. Recent progress on reservoir history matching: a review [J]. Computational Geosciences, 2011, 15(1): 185-221.

[27] Barua J, Horne R N, Greenstadt J L, et al. Improved estimation algorithms for automated type-curve analysis of well test [J]. SPE Formation Evaluation, 1988, 3(1): 186-196.

[28] 郭绪强, 阎炜, 马庆兰. 油气藏流体—CO_2 体系相行为的实验测定与计算[J]. 石油大学学报: 自然科学版, 2000, 24(3): 12-15.

基于不同化学驱 CT 实验表征岩石
剩余油微观赋存规律

王代刚[1]   **徐 波**[2]

[1. 中国石油大学(北京); 2. 中国石油冀东油田公司]

摘 要: 油层孔隙中剩余油的微观赋存状态是指导剩余油挖潜的重要依据。以混填制作的填砂模型为研究对象,借助微焦点 CT 扫描实验系统,分别获得水驱、聚合物驱、黏弹性颗粒(PPG)驱不同驱替时刻岩心模型的扫描图像,采用图像处理技术实现岩心模型图像信息向三维数据体的转化。在此基础上提取孔喉中的剩余油信息,引入剩余油块数、平均体积、接触面积比、形状因子等指标对孔隙尺度下剩余油的赋存量、赋存位置及赋存形态进行定量表征。研究结果表明,对于单一的驱油体系,随着驱替的进行,剩余油在孔隙中趋于分散,其块数增多、平均体积减小且尺寸小于 20 倍平均孔隙体积的剩余油在数量上占绝对优势;剩余油不断从岩石表面剥离,接触面积比逐渐降低;剩余油赋存形态由网络状逐渐向多孔状、孤粒状、油膜状等其他类型转化;相比于水驱和聚合物驱,由于黏弹性颗粒液流转向作用与聚合物分子改善水油流度比、扩大波及体积作用发挥了"1+1>2"的协同增效,使得黏弹性颗粒驱替至残余油时刻剩余油块数更多、平均体积更小,该水湿岩心中仍有约 1/3 的剩余油与岩石表面接触;驱替至残余油时刻,水驱和聚合物驱的剩余油以网络状为主,而对于黏弹性颗粒驱,占据相对主导的剩余油赋存形态为网络状和多孔状,结构相对复杂的网络状和多孔状剩余油是黏弹性颗粒驱后进一步提高采收率的主要挖潜对象。

关键词: 层析扫描;图像处理;微观赋存规律;协同增效;剩余油挖潜

陆相碎屑岩储层由于孔隙结构复杂、纵向及平面非均质性严重,水驱开发采收率较低,且随着注入水的长期冲刷,开发矛盾日益加剧,油层动用程度严重不均衡,剩余油呈现"整体高度分散、局部相对富集"的分布格局[1-2]。聚合物驱和黏弹性颗粒(PPG)改善水驱是提高地质储量动用程度、改善开发效果的有效技术[3]。但即使实施了聚合物驱和改善水驱,仍有大量的剩余油滞留地下而未被采出,分析不同驱替方式下油层孔隙中的剩余油微观赋存规律对于寻找合适的油田开发战略接替技术、指导剩余油精细挖潜具有重要意义。

目前,微规模尺度的研究手段主要有可视化微观模型[4-7]、计算机层析扫描(CT)[8-10]、聚焦离子束—扫描电镜(FIB-SEM)成像[11-13]、透镜电子显微镜(TEM)成像[14-15]等。可视化微观模型直观地观察孔隙尺度下流体的流动过程,可有效揭示油藏渗流的微观机理,其优势在于形象、直观、可视化,但缺点在于限于二维观察;FIB-SEM 和 TEM 成像技术也得到了快速发展,但并不适用于表征单元体尺度内流体渗流机理的量化分析。微焦点 CT 作为一种高效的无损检测技术,其成像分辨率可达微米级,因而可以获得可靠的三维岩心 CT 扫描图像,已广泛应用于储层物性参数评价[16-21]、多相流动模拟[22-26]、提高采收率[27-29]、CO_2 地质埋存[30-32]等领域。Jasti 等[33]利用室内 X 射线系统首次得到了真正意义上的微尺度岩石骨架及油水分布扫描图像。在此基础上,Clausnitzer 等[34]深入分析了填砂模型中溶质的微观突破规律。Wildenschild 等[35]采用同步加速微焦点 CT 技术对比两种不同空间分辨率(17.1μm 和 6.7μm)条件下干、湿砂样线性衰减分布的结果表明,分辨率越高,垂向饱和度差异性越清晰。Wildenschild 等[36]进一步探讨了驱替速度对残余非湿相流体饱和度的影响规律。Al-Raoush 和 Wilson[37]通过测量油滴体积、接触面积以及残余非湿相的磨圆度,深入研究了油湿玻璃珠内残余非湿相油滴的形态及其统计性质,同时,还建立了孔隙网络结构与非湿相油滴形态的潜在函数关系,结果表明,非湿相主要滞留在粒径最大或孔喉比、配位数最高的孔隙。Schnaar 等[38]、Prodanovic 等[39-40]也对相似问题进行了探讨。Iglauer 等[41]在研究空间分辨率为 9μm 砂岩岩样的剩余捕获现象时发现,绝大多数残余非湿相流体占据大的群簇并覆盖多个孔隙。Karpyn 等[42]在分辨率为 25~30μm 下对玻璃珠人造岩心进行了相似分析,研究表明,绝大多数残余油滴大于平均孔隙尺寸,中值残余油滴体积是平均孔隙的 5 倍多。Schnaar 等[43]、Al-Raoush[44]也分析了初始含水饱和度、驱替速度及润湿性等参数对残余油滴形态的影响。但总体上,对于水湿及混合润湿岩样,随着毛细管数的增大,残余油相饱和度逐渐降低。

基于前述的大量文献调研可以看出,尚未有学者对不同化学驱替过程中岩石剩余油微观赋存规律进行量化分析。本次研究中,以混填制作的填砂模型为研究对象,借助微焦点 CT 扫描实验系统,分别获得水驱、聚合物驱、黏弹性颗粒(PPG)改善水驱各驱替时刻的岩心 CT 扫描图像,在利用图像处理技术实现岩石骨架及油、水分布二值化分割和分割图像三维重建的基础上,提出定量表征剩余油微观赋存量、赋存位置及赋存形态的指标,对不同驱替方式的岩心剩余油赋存规律进行对比分析,最后,根据岩心剩余油微观赋存规律的统计结果,从本质上揭示陆相碎屑岩储层实施化学驱开发后期进一步挖潜剩余油的方向及对策。

1 岩心 CT 扫描实验

1.1 实验装置

本实验所采用微焦点 CT 扫描装置,主要由微量注入系统、渗流模拟系统、CT 扫描成像系统和产出流体分离计量系统 4 部分构成(图 1)。其中,微量注入系统由微量注入泵、模拟油容器和模拟注入流体容器组成,用于控制驱替实验条件(驱替流速、注入倍数等);渗流模拟系统为人造岩心填砂模型,用于提供模拟油水驱替的多孔介质环境;扫描系统采用美国 BIR 公司的 ACTIS-225FFi CT/DR/RTR 工业用微焦点 CT 扫描仪,系统由 X 射线源、探测器、扫描转台及计算机成像设备组成,用于实现驱替过程中岩心内部剩余油微观分布图像的采集;产出流体分离计量系统包括油水分离、计量装置和恒温箱,用于实现填砂模型出口端流体的分离和计量。

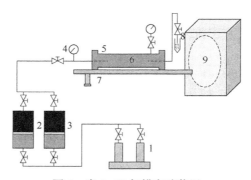

图 1　岩心 CT 扫描实验装置

1—Quizix 泵；2—模拟油容器；3—盐水/PPG 溶液容器；
4—压力计；5—特殊岩心夹持器；6—填砂模型；
7—扫描转台；8—计量装置；9—微焦点 CT 扫描仪

实验岩心为水湿的人造石英砂填砂管模型，是由粒径为 60~70 目与 70~80 目的人工石英砂颗粒按 1∶4 的比例复配而成，目的是有效避免真实油藏岩心黏土遇水膨胀现象的影响，该填砂管模型长度为 5cm，内径为 5mm，管壁厚度为 1.5mm，较小尺寸的岩心模型有助于获取更高分辨率的扫描图像。通过常规物性实验测得水湿填砂模型的孔隙度为 0.34，气测渗透率为 9300mD。

该实验装置中，微量注入泵驱替流速范围最低可达到 0.001mL/min，产出流体计量装置精度为 0.01mL，完全满足微观驱替实验的要求；恒温箱使产出流体维持在一定的温度从而使其密度及体积维持恒定，保证了测量的准确性；工业用微焦点 CT 扫描仪的工作电压为 20~50kV，成像分辨率最高可达 6.6μm，扫描间距最小可达 10μm，扫描速率大于 100 张/min，采用体扫描方式，可以实现真正的体积层析。

1.2　实验流程

实验用油为 26 号工业用油，25℃时密度为 860kg/m^3，黏度为 63mPa·s；模拟地层水采用质量分数为 1% 的碘化钠溶液，密度为 1017.6kg/m^3，矿化度为 10000mg/L；聚合物驱油体系采用 1000mg/L 的聚合物溶液，黏度为 17mPa·s；黏弹性颗粒（PPG）驱油体系采用 1000mg/L 的聚合物溶液与 1000mg/L 的 PPG 溶液复合配置，PPG 粒径为 100 目，溶液黏度为 130mPa·s。

实验时通过控制阀门的开关可以实现注入模拟油和驱替流体的转换，将填砂模型固定于扫描转台上，通过扫描转台的转动完成岩心模型渗流截面的扫描。每个驱替时刻等间距地选取 100 个位置对岩心进行扫描，扫描间隔为 0.08mm，扫描总长度为 8mm，生成图像的平面分辨率为 10.8μm，具体实验步骤包括：

（1）将岩心 CT 扫描实验装置连接、安装、调试，驱替之前对岩心模型干样进行扫描；

（2）用真空泵将填砂模型抽真空饱和水，调节阀门模拟饱和油过程，至岩心处于束缚水状态时进行扫描并记录出水量；

（3）以 0.01mL/min 的流速进行水驱油实验，分别在注水 2PV 时刻和残余油时刻扫描岩心并记录出油量；

（4）将清洗干净的填砂模型重复饱和水和饱和油过程，以相同的驱替速度进行聚合物驱或 PPG 驱油实验，分别在饱和水、饱和油、注水 2PV 时刻、注化学剂 0.35PV 时刻和残余油时刻进行岩心扫描并对产出流体分离计量。

1.3　实验结果

通过开展水驱、聚合物驱、PPG 驱岩心微焦点 CT 扫描实验，获得了 19 个不同驱替时刻、100 个不同岩心位置的 CT 扫描图像共计 1900 张，图 2 显示了水驱各驱替阶段的 CT 扫描图像，这些图像中由亮变暗依次为岩石基质、水和油。在对产出流体分离计量的基础上，通过式（1）计算水驱、聚合物驱以及 PPG 驱不同驱替阶段的驱油效率（表 1）。

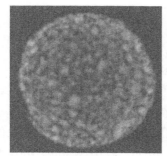 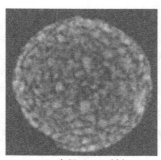 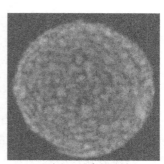

　　（a）饱和油时刻　　　　　　　（b）水驱至2PV时刻　　　　　　（c）水驱至残余油时刻

图 2　水驱油实验各驱替阶段的 CT 扫描图像

表 1　各驱替时刻的含油饱和度和驱油效率

项目	驱替阶段	含油饱和度（%）	驱油效率（%）
水驱	饱和油	78.8	—
	水驱 2PV	49.8	36.8
	水驱至残余油	44.8	45.2
聚合物驱	饱和油	77.8	—
	水驱 2PV	49.4	36.5
	聚合物驱 0.35PV	42.5	45.4
	后续水驱至残余油	35.8	56.0
黏弹性颗粒驱	饱和油	77.8	—
	水驱 2PV	49.25	36.7
	PPG 驱 0.35PV	38.5	48.51
	后续水驱至残余油	29.72	61.8

$$E_{d} = \frac{V_{o}}{V_{oi}} = \frac{V_{o}^{t} - V_{1}}{V_{oi}^{t} - V_{1}} \tag{1}$$

式中　E_{d}——驱油效率；

　　　V_{o}——驱替阶段结束时的累计产油量；

　　　V_{oi}——岩心模型中的初始含油量；

V_o^t——驱替阶段结束时累计产油量的测量值；

V_{oi}——岩心模型中初始含油量的测量值；

V_1——岩心模型的死体积。

可以看出，经扫描得到的 CT 图像仅能定性地反映岩心模型中油水分布状况，为实现不同驱替方式下剩余油微观赋存形态的定量表征，还应借助图像处理技术对 CT 扫描图像进行岩石骨架、油—水分布的二值化分割，在此基础上实现岩心模型扫描图像的三维重构，从而为剩余油赋存形态的定量表征提供参考。

2 CT 扫描图像处理

2.1 CT 扫描图像分割

微焦点 CT 扫描获得的岩心灰度图像中存在各种类型的系统噪声，降低图像质量的同时也不利于后续的定量分析，因此图像处理的第一步是通过亮度、对比度调节和锐化处理等方法增强信噪比，使图像更加清晰并尽可能保留图像中的重要特征。此外，为消除流体流动过程中边界效应的影响，截取 CT 扫描图像中间的矩形区域（2.76mm×2.76mm）进行预处理。

对预处理后的图像进行二值化分割处理，以实现 CT 图像中岩石骨架和油水分布信息的定量提取。目前常用的图像分割方法包括判别分析法、迭代阈值法、微分直方图法等，这些方法均为单阈值分割方法，当图像灰度频率分布直方图并没有呈现出明显的双峰值特征时，采用以上方法分割得到的图像中毛刺现象严重。为此，本文采用基于双阈值的指示克里金分割方法[21]。

2.2 分割图像三维重建

图像分割完成后，就获得了不同驱替时刻各个扫描截面岩石骨架以及油水的分布信息，如图 3 所示，将这些二维分割图像沿驱替方向进行叠加就构成了岩心模型的三维数据体，并利用不同的数据元素表示岩石骨架、油和水。在此基础上，通过移动立方体算法[45]进行岩石骨架结构及油水分布状况的三维重建。

理论上，数字岩心尺寸越大，越能准确表征岩石的微观孔隙结构和宏观特性，但数字岩心尺寸越大，对计算机存储和运算能力要求就越高，因此折中方案是选取表征单元体 REV。本次研究中，出于计算存储和计算速度的考虑，选取表征单元体积为 $256 \times 256 \times 256$ 体素（即 2.76mm×2.76mm×2.76mm），对该数据体进行三维重建。

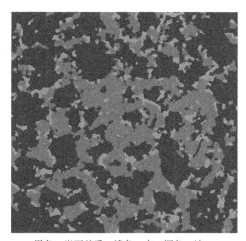

黑色—岩石基质；浅色—水；深色—油

图 3 饱和油结束时刻切片 1 的 CT 图像
分割结果（2.76mm×2.76mm）

从岩心模型孔隙结构及注水 2PV 时刻剩余油分布的三维可视化结果可以看出（图 4），其可较为直观地反映岩石骨架结构及岩心孔隙中的剩余油分布状况。

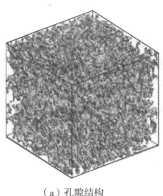

（a）孔隙结构　　　　　　　　（b）注水2PV时刻剩余油分布

图4　CT 分割图像三维重建结果（2.76mm×2.76mm×2.76mm）

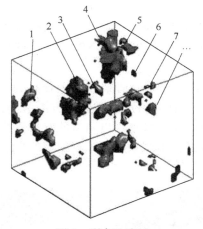

图5　剩余油编号

（0.756mm×0.756mm×0.756mm）

3　不同驱替方式的剩余油微观赋存规律

3.1　剩余油信息统计

将三维数字岩心中表示剩余油的元素按照 26 邻域连通关系划分为互不连通的单块剩余油并对其进行编号（图5）。以单块剩余油为研究对象，统计不同驱替时刻每块剩余油的体积、表面积以及剩余油与岩石表面的接触面积。

3.2　不同驱替方式的剩余油微观赋存规律

根据之前单块剩余油体积、表面积以及跟岩石表面接触面积的统计结果，提出用于定量表征剩余油赋存状态的指标，并对不同驱替方式的剩余油从赋存量、赋存位置及赋存形态 3 个方面进行对比分析。

3.2.1　剩余油赋存量的定量表征

由单块剩余油的体积可以得到某一驱替时刻岩心模型研究区域内全部剩余油的平均体积为

$$\overline{V} = \frac{\sum\limits_{i=1}^{N} V_i}{N} \tag{2}$$

式中　$\overline{V}$——单块剩余油平均体积，μm^3；

　　　N——研究区域内剩余油的块数，块；

　　　V_i——第 i 块剩余油体积，μm^3。

剩余油的块数反映了驱替过程中剩余油的分散程度，剩余油的平均体积受剩余油含量及剩余油块数的综合影响，其反映了注入流体对剩余油的微观驱替效果。由单块剩余油的体积信息进一步地可以得到某一体积区间内剩余油的体积占剩余油总体积的比例以及某一体积区间内剩余油块数占剩余油总块数的比例,该比例可以反映剩余油在不同体积区间内的分布特征。

图6和图7分别显示了不同驱替方式各驱替阶段剩余油块数、单块剩余油平均体积的统计结果。可以看出,对于单一驱油体系(水驱、聚合物驱或PPG驱),随着驱替的进行,剩余油块数逐渐增多、平均体积不断减小;同时,由于PPG液流转向作用与聚合物分子改善水油流度比、扩大波及体积作用发挥了"1+1>2"的协同增效,使得PPG驱油体系驱替出了更多的剩余油,相比于聚合物驱,PPG驱替至残余油时刻剩余油块数更多、平均体积更小。

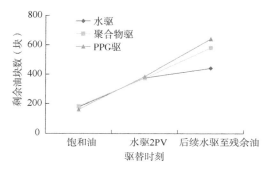

图6　不同驱替方式各驱替阶段的
剩余油块数统计

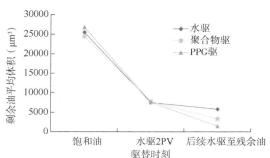

图7　不同驱替方式各驱替阶段
剩余油平均体积统计

进一步地对不同尺寸的剩余油在某一驱替时刻所占的数量比例进行统计。如图8和图9所示,随着驱替的进行,不同尺寸剩余油块数比例曲线峰值逐渐降低;在任何驱替时刻,体积小于$1\times10^7\mu m^3$的剩余油在数量上占绝大多数;驱替至残余油时刻,三种驱替方式的不同尺寸剩余油块数比曲线峰值次序为水驱、聚合物驱、PPG驱。

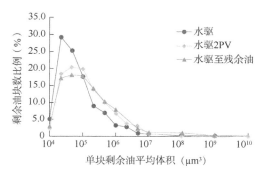

图8　水驱不同驱替时刻各尺寸剩余
油块数比例频度曲线

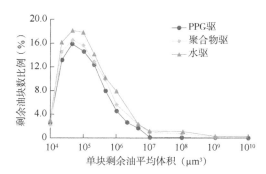

图9　不同驱替方式残余油时刻各尺寸
剩余油块数比例频度曲线

选取岩心模型中尺寸为0.756mm×0.756mm×0.756mm的区域,统计其中体积小于$1\times10^7\mu m^3$的剩余油分布状况并三维显示(图10)。可以看出,驱替过程中剩余油在总量减少的同时由于注入流体的冲刷变得更加分散。总的来看,剩余油微观赋存量的分布规律与其尺寸密切相关。研究中,选取的大小尺寸剩余油划分临界点为$1\times10^7\mu m^3$,由压汞法测得所用岩心模型的平均孔隙体积为 $5 \times 10^5 \mu m^3$，即岩心模型中以 20 倍平均孔隙体积大小为界的剩余油在微观赋存量上呈现出完全不同的分布规律。

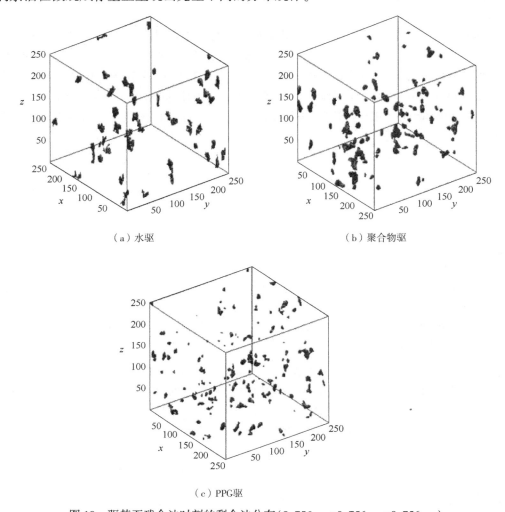

（a）水驱 　　　　　　　　　　　（b）聚合物驱

（c）PPG驱

图 10　驱替至残余油时刻的剩余油分布（0.756mm×0.756mm×0.756mm）

3.2.2　剩余油赋存位置的定量表征

根据某一块剩余油与岩石基质的接触面积定义接触面积比 ROR（式3），该指标能够反映剩余油与孔隙表面的相对位置关系，接触面积比越大，剩余油分布更加接近岩石表面。

$$ROR = \frac{S_{cor}}{S_{oil}} \tag{3}$$

式中　S_{cor}——某块剩余油与岩石的接触面积，μm^2；

　　　　S_{oil}——该剩余油的表面积，μm^2。

通过统计不同驱替方式各驱替时刻剩余油的接触面积比，对剩余油的微观赋存位置进行对比分析，如图 11 所示。可以看出，对于单一的驱油体系，随着驱替的进行，接触面积比不断减小，表明剩余油逐渐被剥离岩石表面，PPG 驱替至残余油时刻，该水湿岩心中仍有 1/3 左右的剩余油与岩石表面接触，低界面张力驱可以作为进一步提高采收率的技术手段。

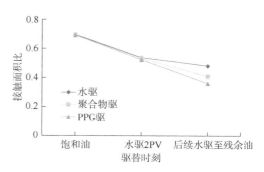

图 11　不同驱替方式各驱替阶段
剩余油接触面积比统计

3.2.3　剩余油赋存形态的定量表征

受微观孔隙结构及注入流体驱替开发的影响，剩余油在孔隙空间中的分布形态是多种多样的，将岩心模型孔喉中剩余油的微观赋存形态归纳为以下几种：（1）网络状，剩余油分布于多个孔喉中，体积较大、结构极为复杂；（2）多孔状，剩余油贯穿于较少的孔隙和喉道中，形状较为复杂；（3）孤粒状，剩余油通常分布于单个孔隙中，形状比较规则；（4）油膜状，剩余油呈薄膜状连续地附着于岩石表面。各类剩余油的三维效果如图 12 所示，图中深色部分为剩余油，浅色部分为孔隙。

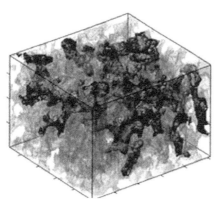

（a）网络状（2.76mm×2.51mm×1.98mm）

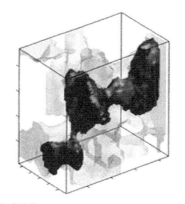

（b）多孔状（0.281mm×0.464mm×0.497mm）

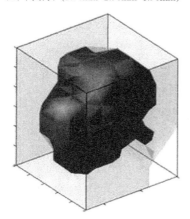

（c）孤粒状（0.0648mm×0.0648mm×0.0756mm）

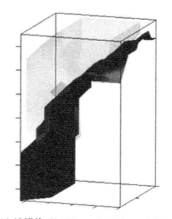

（d）油膜状（0.108mm×0.0864mm×0.151mm）

图 12　不同类型剩余油三维示意图

为了定量地区分剩余油的类型，定义形状因子 G 对剩余油进行划分：

$$G = 6\sqrt{\pi}\,V/S^{1.5} \tag{4}$$

式中 V——单块剩余油的体积，μm^3；

S——单块剩余油的表面积，μm^2。

形状因子是一个量纲为 1 的参数，反映了物体形状的规则程度（球形物体的形状因子最大，等于 1）。剩余油的形状因子越小，表明其在孔隙空间中的分布越复杂、形状越不规则。根据形状因子及其接触面积比对剩余油微观赋存形态进行划分（表 2）。

表 2　剩余油微观赋存形态的划分标准

剩余油类型	形状因子取值范围	接触面积比取值范围
孤粒状	$G>0.3$	$0<ROR<1$
	$0.1<G\leq0.3$	$ROR<0.45$ 或 $ROR>0.6$
油膜状	$0.1<G\leq0.3$	$0.45<ROR<0.6$
多孔状	$0.01<G\leq0.1$	$0<ROR<1$
网络状	$G\leq0.01$	$0<ROR<1$

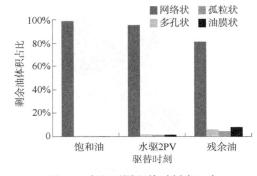

图 13　水驱不同驱替时刻岩心中
各类剩余油所占体积比例

根据表 2 的划分标准，对 CT 扫描实验中不同时刻岩心中各类剩余油所占体积比例进行统计，如图 13 至图 15 所示。可以看出，饱和油时刻绝大部分剩余油为形状复杂的网络状，随着驱替的进行，剩余油由网络状逐渐向其他类型转化；驱替至残余油时刻，水驱和聚合物的剩余油以网络状为主，而对于 PPG 驱，占据相对主导的剩余油赋存形态为网络状和多孔状，这主要是由于 PPG 与聚合物分子的协同增效作用，使得更多的网络状剩余油转化为多孔状。

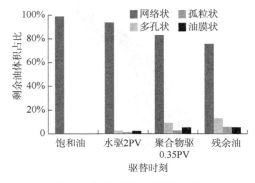

图 14　聚合物驱不同驱替时刻
岩心中各类剩余油所占体积比例

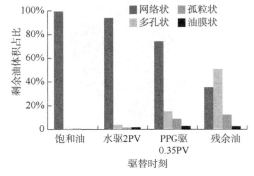

图 15　黏弹性颗粒驱不同驱替时刻
岩心中各类剩余油所占体积比例

如图 16 所示为 PPG 驱 CT 扫描实验不同驱替时刻剩余油类型变化的三维示意图（0.54mm×1.08mm×0.54mm），可以看出，后续水驱至残余油时刻，网络状及多孔状占剩余油总量的绝大部分，为注水开发后期剩余油挖潜的重点。

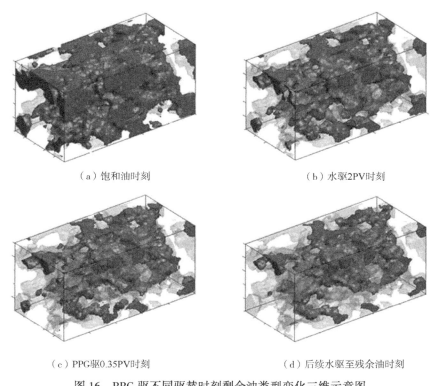

（a）饱和油时刻　　　　　　　　　　　　（b）水驱2PV时刻

（c）PPG驱0.35PV时刻　　　　　　　　　（d）后续水驱至残余油时刻

图 16　PPG 驱不同驱替时刻剩余油类型变化三维示意图

（0.54mm×1.08mm×0.54mm）

4　结论

（1）借助于微焦点 CT 扫描技术，获得水驱、聚合物驱以及黏弹性颗粒（PPG）驱不同驱替时刻岩心模型的 CT 扫描图像，通过对图像进行预处理、二值化分割及三维重建等操作，实现了二维图像信息向三维数据体的转化，在此基础上，对岩心孔隙结构和油水分布进行三维可视化。

（2）提取了岩心孔喉中的剩余油信息，建立了剩余油微观赋存规律的定量表征方法。引入剩余油块数、单块剩余油平均体积表征剩余油微观赋存量；提出剩余油接触面积比表征其微观赋存位置；采用剩余油形状因子表征其微观赋存形态。

（3）对于单一的驱油体系（水驱、聚合物驱或 PPG 驱），随着驱替的进行，剩余油在孔隙中趋于分散，其块数增多、平均体积减小且大部分剩余油尺寸小于 20 倍平均孔隙体积；剩余油与岩石表面剥离，接触面积比逐渐降低；剩余油形态由网络状向多孔状、孤粒状、油膜状等其他类型转化。

（4）相比于水驱，聚合物驱和 PPG 驱均体现出剩余油块数增多、平均体积减小、接触面积比降低的共性特征，同时，由于 PPG 的液流转向作用与聚合物分子改善水油流度比、扩大波及体积作用发挥了"1+1>2"的协同增效，使得 PPG 剩余油块数更多、平均体积更小，驱替至残余油时刻该水湿岩心中仍有 1/3 左右的剩余油与岩石表面接触；水驱和聚合物驱的剩余油以网络状为主，而对于 PPG 驱，残余油时刻占据相对主导的剩余油赋存形态为网络状和多孔状，结构相对复杂的网络状和多孔状剩余油是 PPG 驱后进一步提高采收率的主要挖潜对象。

参 考 文 献

[1] 韩大匡. 关于高含水油田二次开发理念、对策和技术路线的探讨[J]. 石油勘探与开发, 2010, 37 (5)：583-591.

[2] 何江川, 廖广志, 王正茂. 油田开发战略与接替技术[J]. 石油学报, 2012, 33(3)：519-525.

[3] 计秉玉. 国内外油田提高采收率技术进展与展望[J]. 石油与天然气地质, 2012, 33(1)：111-117.

[4] Jamaloei B Y, Kharrat R, Asghari K, et al. The influence of pore wettability on the microstructure of residual oil in surfactant-enhanced water flooding in heavy oil reservoirs: Implication for pore-scale flow characterization[J]. Journal of Petroleum Science and Engineering, 2011, 77: 121-134.

[5] Pei H H, Zhang G C, Ge J J, et al. Comparative effectiveness of alkaline flooding and alkaline-surfactant flooding of improved heavy oil recovery[J]. Energy & Fuel, 2012, 26(5): 2911-2919.

[6] Sedaghat M H, Ghazanfari M H, Masihi M, et al. Experimental and numerical investigation of polymer flooding in fractured heavy oil five-spot systems[J]. Journal of Petroleum Science and Engineering, 2013, 108: 370-382.

[7] Mehranfar A, Ghazanfari M H. Investigation of the microscopic displacement mechanisms and macroscopic behavior of alkaline flooding at different wettability conditions in shaly glass micromodels[J]. Journal of Petroleum Science and Engineering, 2014, 122: 595-615.

[8] Iglauer S, Paluszny A, Blunt M J. Simultaneous oil recovery and residual gas storage: A pore-level analysis using in situ X-ray micro-tomography[J]. Fuel, 2013, 103: 905-914.

[9] Alizadeh A H, Khishvand M, Ioannidis M A, et al. Multi-scale experimental study of carbonated water injection: an effective process for mobilization and recovery of trapped oil[J]. Fuel, 2014, 132: 219-235.

[10] Roels S M, Ott H, Zitha P L J. μ-CT analysis and numerical simulation of drying effects of CO_2 injection into brine-saturated porous media[J]. International Journal of Greenhouse Gas Control, 2014, 27: 146-154.

[11] Wargo E, Kotaka T, Tabuchi Y, et al. Comparison of focused ion beam versus nano-scale X-ray computed tomography for resolving 3-D microstructures of porous fuel cell materials[J]. Journal of Power Sources, 2013, 241(0): 608-618.

[12] Salzer M, Thiele S, Zengerle R, et al. On the importance of FIB-SEM specific segmentation algorithms for porous media[J]. Materials Characterization, 2014, 95: 36-43.

[13] Hara S, Ohi A, Shikazono N. Sintering analysis of sub-micron-sized powders: Kinetic Monte Carlo simulation verified by FIB-SEM reconstruction[J]. Journal of Power Sources, 2015, 276: 105-112.

[14] Sannomiya T, Junesch J, Hosokawa F, et al. Multi-pore carbon phase plate for phase-contrast transmission electron microscopy[J]. Ultramicroscopy, 2014, 146: 91-96.

[15] Kirilenko D A, Dideykin A T, Aleksenskiy A E, et al. One-step synthesis of s suspended ultrathin graph-

eme oxide film: Application in transmission electron microscopy[J]. Micron, 2015, 68: 23−26.

[16] Taud H, Martinez A R, Parrot J F, et al. Porosity estimation method by X−ray tomography [J]. Journal of Petroleum Science and Engineering, 2005, 47: 209−217.

[17] Culligan K A, Wildenschild D, Christensen B S B, et al. Pore−scale characteristics of multiphase flow in porous media: a comparison of air−water and oil−water experiments [J]. Advances in Water Resources, 2006, 29(2): 227−238.

[18] Jin G, Torres V C, Radaelli F, et al. Experimental validation of pore−level calculations of static and dynamic petrophysical properties of clastic rocks[C]. SPE 109547.

[19] Zhao X C, Blunt M J, Yao J. Pore − scale modeling: Effects of wettability on waterflood oil recovery [J]. Journal of Petroleum Science and Engineering, 2010, 71: 169−178.

[20] Singh K, Niven R K, Senden T J, et al. Remobilization of residual non−aqueous phase liquid in porous media by freeze−thaw cycles[J]. Environmental Science and Technology, 2011, 45(8): 3473−3478.

[21] Wildenschild D, Sheppard A P. X−ray imaging and analysis techniques for quantifying pore−scale structure and processes in subsurface porous medium systems [J]. Advances in Water Resources, 2013, 51: 217−246.

[22] Hughes R G, Blunt M J. Pore scale modeling of rate effects in Imbibition [J]. Transport in Porous Media, 2000, 40(3): 295−322.

[23] Kang Q, Lichtner P C, Zhang D. Lattice Boltzmann pore−scale model for multicomponent reactive transport in porous media[J]. Journal of Geophysical Research: Solid Earth, 2006, 111: B05203.

[24] Zaretskiy Y, Geiger S, Sorbie K, et al. Efficient flow and transport simulations in reconstructed 3D pore geometries [J]. Advances in Water Resources, 2010, 33: 1508−1516.

[25] Hao L, Cheng P. Pore−scale simulations on relative permeabilities of porous media by lattice Boltzmann method [J]. International Journal of Heat and Mass Transfer, 2010, 53(9−10): 1908−1913.

[26] Blunt M J, Bijeljic B, Dong H, et al. Pore−scale imaging and modeling. Advances in Water Resources, 2013, 51: 197−216.

[27] Landry C J, Karpyn Z T, Piri M. Pore−scale analysis of trapped immiscible fluid structures and fluid interfacial areas in oil−wet and water−wet bead packs [J]. Geofluids, 2011, 11(2): 209−227.

[28] Armstrong R T, Wildenschild D. Microbial enhanced oil recovery in fractional−wet systems: a pore−scale investigation [J]. Transport in Porous Media, 2012, 92(3): 819−835.

[29] Mclendon W J, Koronaios P, Enick R M, et al. Assessment of CO_2−soluble non−ionic surfactants for mobility reduction using mobility measurements and CT imaging[J]. Journal of Petroleum Science and Engineering, 2014, 119: 196−209.

[30] Plug W J, Bruining J. Capillary pressure for the sand−CO_2−water system under various pressure conditions. Application to CO_2 sequestration[J]. Advances in Water Resources, 2007, 30(11): 2339−2353.

[31] Chalbaud C, Robin M, Lombard J M, et al. Interfacial tension measurements and wettability evaluation for geological CO_2 storage[J]. Advances in Water Resources, 2009, 32(1): 98−109.

[32] Pentland C H, El−Maghraby R, Iglauer S, et al. Measurements of the capillary trapping of super−critical carbon dioxide in Berea sandstone[J]. Gephysical Research letters, 2011, 38: L06401.

[33] Jasti J K, Jesion G, Feldkamp L. Microscopic imaging of porous media wity X−ray computer−tomography [J]. SPE Formation Evaluation, 1993, 8(3): 189−193.

[34] Clausnitzer V, Hopmans J W. Pore−scale measurements of solute breakthrough using microfocus X−ray computed tomography[J]. Water Resources Research, 2000, 36(8): 2067−2080.

［35］Wildenschild D，Vaz C M P，Rivers M L，et al. Using X－ray computed tomography in hydrology：systems，resolutions，and limitations［J］. Journal of Hydrology，2002，267(3-4)：285-297.

［36］Wildenschild D，Hopmans J W，Rivers ML，et al. Quantitative analysis of flow processes in a sand using synchrotron-based X-ray microtomography［J］. Vadose Zone Journal，2005，4(1)：112-126.

［37］Al-Raoush R，Willson C S. A pore-scale investigation of a multiphase porous media system［J］. Journal of Contaminant Hydrology，2005，77(1-2)：67-89.

［38］Schnaar G，Brusseau M L. Pore-scale characterization of organic immiscible liquid morphology in natural porous media using synchrotron X-ray microtomography［J］. Environmental Science Technology，2005，39(21)：8403-8410.

［39］Prodanovic M，Lindquist W B，Seright R S. Porous structure and fluid partitioning in polyethylene cores from 3D X-ray microtomographic imaging［J］. Journal of Colloid and Interface Science，2006，298(1)：282-297.

［40］Prodanovic M，Lindquist W B，Seright R S. 3D image-based characterization of fluid displacement in a Berea core［J］. Advances in Water Resources，2007，30(2)：214-226.

［41］Iglauer S，Favretto S，Spinelli，et al. X-ray tomography measurements of power-law cluster size distributions for the non-wetting phase in sandstones［J］. Physical Review E，2010，82(5)：056315.

［42］Karpyn Z T，Piri M，Singh G. Experimental investigation of trapped oil clusters in a water-wet bead pack using X-ray microtomography［J］. Water Resources Research，2010，46：W04510.

［43］Schnaar G，Brusseau M L. Charaterizing pore-scale dissolution of organic immiscible liquid in natural porous media using synchrotron X-ray microtomography［J］. Environmental Science Technology，2006，40(21)：6622-6629.

［44］Al-Raoush R I. Impact of wettability on pore-scale characteristics of residual nonaqueous phase liquids［J］. Environmental Science Technology，2009，43(13)：4796-4801.

［45］Zaretskiy Y，Geiger S，Sorbie K，et al. Efficient flow and transport simulations in reconstructed 3D pore geometries［J］. Advances in Water Resources，2010，33：1508-1516.

多层砂岩油藏精细注水开发实践

赵金梁　李京洲　伍志敏　张　帆　程殿章

（中国石油冀东油田公司）

摘　要：南堡油田为典型的复杂断块注水开发多层砂岩油藏，注水开发中暴露出平面、层间、层内矛盾突出的问题。以单砂体为单元完善注采井网及注采关系，应用大斜度多级细分注水技术缓解层间矛盾，应用分段调剖技术方法进行水淹层治理，实施酸化增注、压裂增注等综合性增注措施，实施精细注采调控，加强精细注水管理，油藏自然递减大幅下降，含水上升率得到有效控制，采收率提高。本文总结分析了南堡油田精细注水主要做法，对同类型的多层砂岩油藏精细注水开发有一定的指导与借鉴意义。

关键词：多层砂岩油藏；复杂断块；单砂体；精细注水；开发效果

复杂断块多层砂岩油藏具有含油层系多[1-3]、储层非均质性强[4]、油藏类型复杂多变的特点[5-6]，导致注水开发时油藏动用程度低、注水受效不均、水驱效果不理想[7]。如何提升多层砂岩油藏精注水开发效果是油田生产科研的难点和热点。针对南堡油田多层砂岩油藏具体特征，通过单砂体对比，在剖面和平面上细分研究对象；逐井逐层分析单砂体的注采关系及动用状况，以单砂体为单元开展井网层系完善提高水驱控制程度；针对不同原因引起注不进或欠注问题，实施酸化增注、压裂增注等综合性增注措施，增加油藏有效注水；针对层间矛盾突出问题，实施大斜度分注，缓解层间矛盾，提高水驱动用程度。通过上述手段，油藏水驱储量控制程度和动用程度得有明显提升，水驱开发效果有效改善。

1　油藏概况

南堡油田位于渤海湾盆地黄骅坳陷北部的南堡凹陷，油藏类型为复杂断块多层砂岩油藏，主要含油层系为古近—新近系[8]。浅层油藏明化组、馆陶组储层为河流相砂岩，有高孔隙度、高渗透率、胶结疏松的特征。中深层东营组储层为扇三角洲砂岩，中孔隙度、中低渗透率，平均孔隙度为 22.4%，平均空气渗透率为 73.0mD；原始地层压力为 27.1MPa，饱和压力为 20.7MPa，50℃原油黏度为 1.5mPa·s，地层水为碳酸氢钠型。

整个南堡凹陷为典型的富油气凹陷，油层发育，单井钻遇油层最高达 60 余层，含油层段跨度逾 400m。受地面条件的限制，采用大斜度井开发，井身结构复杂，更增加了注水开发的难度。自 2008 年正式投入开发，经历了天然能量开发阶段、基础井网完善阶段、持续产能建设与全面注水开发阶段三个开发阶段。截至 2013 年 10 月，南堡油田有油井

540 口，开井 366 口，平均单井日产油 8.0t，日产液 15.8t，综合含水 48.7%；有注水井 240 口，开井 105 口，平均单井日注水 69m³，累计注水 579×10⁴m³，累计注采比 0.43。

2 存在问题

（1）东营组油藏生产井段长，层间矛盾突出。

东营组油藏含油井段长，纵向上一套层系开发，油井多层合采，水井多层合注，层间干扰严重。统计南堡 1-5 区 24 口井资料分析，东营组米采油指数与射开层数和厚度关系分析表明，随着油层射开厚度和层数的增加，层间干扰造成部分层不出力，采油强度明显下降(图 1)。从油井产液剖面测试看看，多层合采油层动用较差，48.8%小层不产液，40.8%厚度不产液。

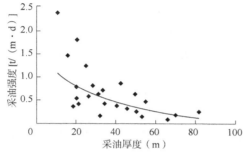

图 1　南堡 1-5 区采油厚度与采油
强度关系曲线

（2）馆陶组油藏厚油层注水沿高渗透带突进，层内矛盾突出。

馆陶组油藏为高孔隙度、中高渗透率砂岩储层，油层层数少但单层厚度大，平均厚度 12m，吸水剖面及产液剖面反映出，主要吸水层也为主要产液层，注入水沿层内高渗透带突进水淹，层内矛盾突出。

（3）多种因素造成注水压力高，主力层欠注或注不进。

受高密度压井液进入注水处理集输系统后，注入水钙、镁离子浓度高的影响，注水管柱及地层结垢，注水压力高的趋势明显。此外，部分区块为中孔特低渗透储层，如南堡 4-1 区平均孔隙度为 17.3%、平均渗透率为 5.8mD，油藏开发初期地层压力高，油井自喷生产时产量较高，但随着地层压力下降，油井停喷转抽后产液量较低，采油速度较低，低速开发。

3 精细注水治理对策

3.1 以单砂体为单元完善注采井网及注采关系

3.1.1 单砂体划分方法

（1）剖面上单砂体划分方法。

单砂体间泥岩隔层相对稳定分布，纯泥岩厚度应在 0.4~0.6m，且隔层平面上分布相对稳定，可在全区内追溯对比。若一部分单砂体中出现泥质或钙质夹层，且分布不稳定，则此类单砂层就不能再细分，而应该将其视为单砂体内部夹层。单砂体应具有一定的地层厚度，一般在 0.5~1.0m；砂体较稳定分布，钻遇率较高（一般大于 40%）。

（2）平面上单砂体划分方法。

一是等高程对比法：同一河道沉积，其顶面距标准层（或某一等时面）应有大致相等的"高程"。以标准层控制，愈靠近标准层的河道砂体，对比精度愈高。远离标准层时，应用辅助标准层作为等高程控制。二是相控对比法：相控对比方法就是通过对沉积(微)相分析及其在纵、横向的叠置关系确定各地层单元之间的相互关系。相序原则是相控对比的基础，没有断层或剥蚀的条件下，相邻区域沉积相出现的顺序不可超越。三是叠置及下切砂体侧向连续对比法：新旧河道平面上交错，垂向上叠置，识别出冲刷面，对叠置砂体采用劈层对比模式(图2)。

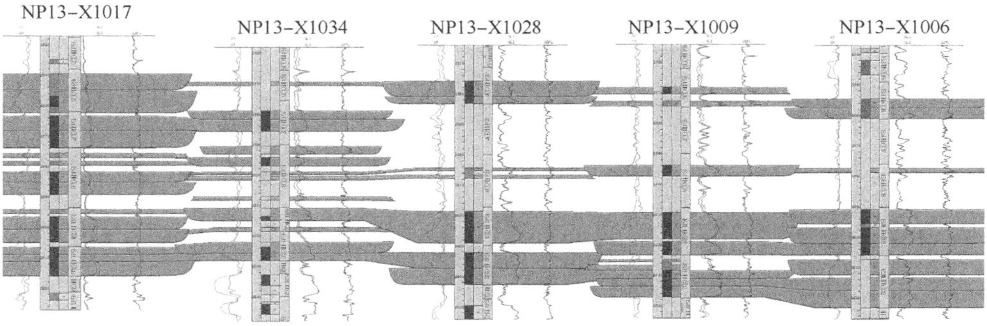

图2　南堡1-5区单砂体连通图

3.1.2　以单砂体为单元完善注采井网

通过单砂体对比研究，重新确认油砂体展布与井间连通关系，调整注采井网，对无效注水井实施转采。针对注水压力高、对应油井不见效注水井组，通过单砂体研究，砂体间的连通性差，重新调整了注采井网。例如，NP13-X1114断块水井NP13-X1061井无效注水井转采，油井NP13-X1114井转注、原排液水井NP13-X1067井转油井；NP1-7断块构造高部位NP13-X1190井无效注水转采；NP105-1断块构造低部位NP13-X1077无效注水井转采、油井NP13-X1088转注。3个井组通过调整注采井网，初期日增油26t，累计增油0.26×10^4t，累计增气$1589\times10^4m^3$。

3.1.3　以单砂体为单元完善注采关系

通过单砂体对比研究，重新确认油砂体展布与井间连通关系，实施层系完善，对注水不见效的水井补孔完善注采关系。在5个注水井组，分别对2口水井实施完善补孔、1口注水井细分重组、3口油井实施完善补孔，初期日增油52t，累计增油0.78×10^4t。

如NP12-X75井组，对应油井3口，NP12-X70井、NP12-X77井见效明显，NP12-X88井不见效，通过单砂体对比，19号小层可划分为三个单砂体，NP12-X88井与NP12-X75井NgⅣ②6-2未注上水，通过实施补孔完善措施，NP12-X88井供液能力增强，动液面由1250m上升到480m，实施换泵提液后，初期日增油9.6t，累计增油1286t。例如NP1-29断块NP12-X85井组，NP12-X76井、NP109井受效明显，且不同程度水淹，而NP12-X94井在生产过程中注水不见效。通过单砂体对比，NP12-X94井与NP12-X85井NgⅣ②3-1半连通，但其他单砂体连通性好，采取了细分重组结合分段调剖，效果较好。

3.2　应用大斜度多级细分注水技术，提高水驱动用程度

针对注水井层间矛盾突出，生产井段长、井斜大、分层测试困难问题，开展精细分层注水工作。主要做法：

(1) 避免注水“层段过多、自下而上”注水方式，采取“层段缩小，进攻主力段”注水

方式。立足于主力油层，对分注井段进行细分重组，降低注水层段内渗透率级差及变异系数，缓解层间矛盾，提高水驱动用程度。

（2）开展大斜度多级分注技术攻关，针对井斜大于45°或分注段数三段以上的井，用桥式同心测调一体化技术；针对井斜小于45°、分注段数三段以下的井，用桥式偏心定量分注。同时加强分层测试，缩短测调周期，确保分层注水合格率。

应用大斜度多级细分注水技术，南堡油田平均单井分注层段2.5层，最大单井分注层段做到了5级6段，分注层间距达到2.0m以上可以分开。2013年实施细分注水42口，分注后南堡油田渗透率级差由9.6下降到7.5，层段内变异系数由0.58下降到0.52。NP1-5区渗透率级差由9.3下降到3.8，层段内变异系数由0.6下降到0.31。通过吸水剖面测试，南堡油田吸水层数比例由58.1%提高至65.2%，吸水厚度比例由48.5%提高至54.5%。

3.3 应用分段调剖技术方法，进行水淹层治理

（1）开展高渗透条带识别，分析水淹井与注水井间是否存在高渗透条带。

一是示踪剂监测法。通过注水井中注入示踪剂，在对应油井上取样化验，计算出水驱速度，分析出是否存在高渗透条带。NP1-29断块实施示踪剂监测6口井，最小水驱速度1.11m/d、最大水驱速度3.83m/d，厚油层内部存在高渗透条带。

二是井口压降曲线对比法。通过测井口压力降落曲线，发现部分注水井压力降落较快，与断块平均吸水指数对比，吸水指数相对较大，分析存在高渗透条带。

三是吸水剖面法。NP1-29断块馆陶组储层，为多期河道砂叠置，多旋回沉积，通过采用同位素吸水剖面测试，发现厚油层内吸水不均严重，吸水厚度比例仅52.8%，厚油层内部存在高渗透条带。

（2）实施分段调剖，封堵高渗透条带。

在高渗透条带识别的基础上，进行水淹层治理，主要实施了分段调剖，即在水井细分的基础上，针对潜力层分段实施调剖，提高调剖处理半径，扩大水驱波及体积。2012—2013年实施深度调剖12井次，初期日增油45t，阶段增油量3380t。

3.4 应用综合性增注技术，增加油藏有效注水

（1）针对储层伤害造成地层堵塞，注水压力高问题，实施酸化降压增注。

针对储层伤害问题，主要采用"盐酸+硝酸+微乳酸+多氢酸"酸化解堵技术，在实施过程中，为防止二次沉淀伤害，采用氮气泡沫排酸。2012—2013年实施酸化解堵降压增注22井次，措施初期平均注水压力下降4.3MPa，平均单井日增注46m³，累计增注 $4.75×10^4$ m³，增加水驱动用储量 $277×10^4$ t。例如NP13-X1912井2012年11月因注水压力高注不进水，2013年3月酸化解堵后注水恢复正常，注水压力下降12MPa，日增注60m³，累计增注 $0.5×10^4$ m³。

（2）针对低渗透油藏储层物性差，注不进水问题，应用水力压裂增注。

通过开展水力压裂增产技术研究，2013年实施压裂增注4口，措施初期平均注水压力下降8.3MPa，平均单井日增注98m³，累计增注 $0.58×10^4$ m³。应用整体压裂增产技术，NP4-1区注水井吸水层数比例上升16.8%，吸水厚度比例上升12.2%，水驱动用程度提高11.8%，压力水平稳中有升，产液量明显提高，自然递减和综合递减大幅下降，2013年自然递减率仅4.1%，实现了油藏的高速开发。压裂后储层流动通道和渗流方式更加复

杂，下一步主要以主力小层动用状况监测为核心，加强注水状况、压力监测和注采调控，防止压裂后注入水突进。

3.5　根据不同油层开发状况，针对性制定出"加强层""限制层""稳定层"的精细动态调控措施

在细分注水的基础上，根据现阶段各主力油层动用状况，各注水层段地层压力差异，注水层段性质上分为"加强层""限制层""稳定层"三种类型实施精细动态调控措施。地层亏空大、累计注采比低、压力系数低的注水层段为"加强层"，为提高水驱波及体积，动态调配水时，加强注水，日注采比保持在 1.2 以上；动用程度较好的中高渗透层，累计注采比较高，压力系数较高的注水层段为"限制层"，为防止或缓解油层水淹，动态调配水时，控制注水，日注采比控制在 0.8 以下；压力保持水平较好，油层动用状况较好的注水层段为"稳定层"，为保持注采相对平衡，动态调配水时，稳定注水，日注采比控制在 0.8~1.2。通过加强分层测配，实施精细动态调控措施，注水井吸水剖面动用状况改善，对应油井产液剖面改善，见到注水效果。

2013 年实施动态调控措施 112 井次，上调注水量 $7.7×10^4 m^3$，其中上调注水 70 井次，上调注水量 $10.4×10^4 m^3$；控制注水 32 井次，控制注水量 $3.2×10^4 m^3$。例如 NP1-5 区 NP13-X1013 井组，对应油井 NP13-X1020 含水有明显上升趋势，分析为注入水影响，通过将井组注采比由 1.0 调控到 0.6，NP13-X1020 含水以得到有效控制。

3.6　精细注水管理

3.6.1　健全组织机构，完善项目管理职能

南堡油田注水工程以地质为龙头，以管理为保障，形成由油藏管理组、工艺技术组、日常管理组、作业管理组、综合管理组共同组成的注水管理网络。通过健全注水例会制度，实行"三级"把关，优化措施方案和配产配注方案，加强动态分析、及时调整，实行注水井"五精细"现场管理法（精细维护、精细录取、精细巡检、精细操作、精细交接），有力保障了注水工作持续有效开展。

3.6.2　建立完善的水质监测系统，加强节点控制，提高水质合格率

南堡油田共有水处理站 5 座，其中污水处理站 1 座，清水处理站 4 座。污水处理采用一级沉降+二级过滤处理工艺，清水处理采用一级双滤料和精细膜过滤处理工艺。通过加强全过程节点控制水质综合治理，水质得到明显改善，2013 年井口水质合格率 87.7%，较去年同期提高 6.2%。主要做法：一是抓好脱水、放水上游环节，从源头上改善水质；二是强化污水沉降系统维护，减轻过滤系统压力；三是系统维护污水过滤环节，提高滤后水质；四是加强净化水罐管理，保证外输水质合格；五是加强注水下游管理，保证入井水质合格。

4　效果评价

南堡油田通过开展精细注水工作，开发效果得到了明显改善。2011—2013 年，南堡油田自然递减率下降约 5.2 个百分点，含水上升率控制在 3.0%以内，主要注水区块自然递减大幅度降低，压力稳定或稳中有升，主要注水开发区块达到一类、二类油藏开发标准（表1）。

表1 南堡油田开发效果综合评价表

序号	项目	行标类别			NP1-5区		NP1-29断块		NP1-4区		NP4-3区	
		一类	二类	三类	参数值	类别	参数值	类别	参数值	类别	参数值	类别
1	水驱储量控制程度	≥60	50~<60	<50	66.3	一类	81.1	一类	78.1	一类	69.5	一类
2	水驱储量动用程度	≥50	40~<50	<40	52.4	一类	56.5	一类	58.2	一类	65.6	一类
3	能量保持水平	地层压力为饱和压力的85%以上（$p_R>0.85p_b$）	虽未造成脱气,但不能满足油井提高排液量的需要	油层脱气,不能满足油井提高排量的需要	$1.0p_b$	一类	$0.7p_b$	三类	$1.31p_b$	一类	$1.61p_b$	一类
4	能量利用程序	生产压差逐年增加	生产压差基本稳定	生产压差逐年减小	生产压差基本稳定	二类	生产压差基本稳定	二类	生产压差基本稳定	二类	生产压差基本稳定	二类
5	水驱状况	采收率提高	接近方案设计	采收率降低	接近方案设计	一类	接近方案设计	二类	采收率提高	一类	采收率提高	一类
6	剩余可采储量采油速度	≥6	5~<6	<5	5.2	二类	11.2	一类	21.2	一类	13.2	一类
7	年产油量综合递减率/%	≤8	8~12	>12	11.5	二类	10.2	二类	-0.1	一类	-12	一类
8	注水井分注率/%	≥80	60~<80	<60	61.1	二类	80	一类	66.7	二类	83.3	一类
9	分注合格率/%	≥70	60~<70	<60	72.7	一类	75.8	一类	70.5	一类	80	一类
	综合评价					一类		二类		一类		一类

注：p_R—地层压力；p_b—饱和压力。

5 结论与认识

（1）深化油藏认识，以单砂体为单元完善注采井网和注采关系，针对注水不见效的井组，通过调整注采井网，实施油水井完善补孔措施，是精细注水调整的基础。

（2）针对注水井段长，多层注水，层间矛盾突出问题，开展大斜度井攻关，应用同心测调一体化技术实施细分注水，是提高水驱动用程度的有效方法。

（3）厚油层层内非均质性强，层内矛盾突出，注入水沿高渗透条带突进，造成油井水淹，通过实施分段调剖，封堵高渗透条带，扩大水驱波及系数，为控水稳油的有效方法。

（4）针对储层伤害、物性差导致注水压力高，注不进或欠注问题，采用酸化解堵、整体压裂增注技术，能增加油藏有效注水，提高水驱动用程度。

（5）建立注水管理网络，加强项目管理职能，建立完善的水质监测系统，是确保精细注水措施实施效果的基础。

参 考 文 献

[1] 韩大匡，万仁溥. 多层砂岩油藏开发模式[M]. 北京：石油工业出版社，1999.

［2］刘丁曾，王启民，李伯虎．大庆多层砂岩油田开发［M］．北京：石油工业出版社，1996．

［3］胡太和．油田开发［M］．北京：石油工业出版社，1991．

［4］于守德．复杂断块砂岩油藏开发模式［M］．北京：石油工业出版社，1988．

［5］刘国旗．河流相多层砂岩油藏剩余油描述及挖潜技术［J］，大庆石油地质与开发，2001，20（5）：34-37.

［6］方凌云，万新德．砂岩油藏注水开发动态分析［M］．北京：石油工业出版社，1989．

［7］车卓吾．复杂断块油田勘探开发新技术的应用［M］．北京：石油工业出版社，1994．

［8］康海亮，林畅松，张宗和，等．南堡凹陷1号构造源上油气藏特征及控制因素分析［J］，中国石油勘探，2017，22（3）：49-55.

一种非均质油藏油水界面的简便计算方法
——以冀东油田南堡 1-1 区为例

王英彪　李　聪　景佳骏

（中国石油冀东油田公司）

摘　要：单一油藏中油水界面是一个起伏的曲面，单井油水界面深度的准确计算对于油藏精细开发有着重要意义。在现有油水界面确定方法的基础上，采用多种方法联合确定油水界面。选取油藏上油水界面已确定的井为参考井；基于受力平衡方程式，建立计算井与参考井相对油水界面深度关系表达式；利用毛细管压力与储层物性的关系，将计算参数转化为油田开发中常用的测井解释孔隙度、渗透率。该方法计算所需参数少，实际应用证实了方法的计算精度较高，是一种计算非均质油藏油水界面深度的简便方法。

关键词：油水界面；非均质油藏；受力平衡；毛细管压力；储层物性

在油藏中，由于流体的分异调整作用，石油占据油藏的高部位，水体位于油藏的底部或边部，油藏中纯油层的底部界面称为油水界面。在开发的早期，一般认为油水界面是分布稳定的水平面，具有统一的深度[1-2]，并据此确定油藏的含油范围以指导早期开发井的部署。但是随着揭示油水界面钻井数量的增加，不同单井油水界面深度的差异揭示油水界面真实形态是起伏的曲面。准确认识不同位置开发井油水界面的深度差异并制定合理的开发对策对于油藏的精细开发有着重要的现实意义。

目前确定油水界面的方法主要有试油试井[3-4]、测井解释法[3-5]、压力法[6-8]、毛细管压力曲线法[9-12]以及地震属性识别[13]等方法，以试油法、测井解释法、压力法、毛细管压力曲线法为最常用的方法。总体上，试油法、压力测试法、毛细管压力曲线法利用测试或实验数据确定油水界面深度，是最直接、最可靠的方法。但开发过程中，同一油藏中不可能每口井都有单层试油、测压、压汞数据。实际生产研究中难以应用上述方法对每口井油水界面开展精确刻画。测井解释法通过对储层四性关系的综合研究，识别每个层含油性，再结合试油资料和对油藏地质规律的总体认识，识别油水界面。该方法对油水界面深度的整体刻画具有较高的可信度[3]，也是目前普遍采用的方法。但受储层岩石粒度、泥质含量、孔隙结构、地层水性质、钻井液密度等因素的影响[5]，单井油水层识别也存在不确定性。

针对各种方法的优势和局限性，采用多种方法联合对油水界面进行准确计算。利用开发过程中已有的试油、压力测试等资料，选取油水界面认识较清晰的井作为参考井；建立计算井与参考井油水界面相对距离差值的数学表达式；利用毛细管压力与储层物性有关系式，将计算参数变为油田开发中常用的测井解释资料，以达到通过测井解释孔隙度、渗透率值准确计算单井油水界面深度的目的。

1　计算方法

在同一油藏中，孔隙介质中单位体积的原油质点同时受到重力、浮力和毛细管力作用，重力与浮力的差值通常称为净浮力，净浮力与毛细管力平衡处即为油水界面。原油质点受力平衡数学表达式为

$$(\rho_w-\rho_o)Hg=p_C=\frac{2\delta\cos\theta}{r} \tag{1}$$

式中　ρ_w——地层水密度，g/cm^3；

　　　ρ_o——原油密度，g/cm^3；

　　　θ——润湿角，（°）；

　　　H——油柱高度，m；

　　　g——重力加速度，m/s^2；

　　　δ——油水界面张力，$10^{-3}N/m$；

　　　r——孔隙半径，μm；

　　　p_C——毛细管力，Pa；

　　　K——渗透率，mD；

　　　ϕ——孔隙度，%。

由式（1）可知油水界面深度计算公式为

$$H=\frac{2\delta\cos\theta}{r(\rho_w-\rho_o)g} \tag{2}$$

故在油水界面上的两个不同位置的井点，其所对应的油柱高度差值为

$$\Delta H=\left(\frac{1}{r_1}-\frac{1}{r_2}\right)\frac{2\delta\cos\theta}{(\rho_w-\rho_o)g} \tag{3}$$

前人研究结果显示[9,14]，储层孔隙度、渗透率与孔隙半径三者呈正相关，其关系式为

$$\lg r=A+B\lg K+C\lg\phi \tag{4}$$

式中　A，B，C——常数；

　　　K——渗透率，mD；

　　　ϕ——储层孔隙度，%。

可知孔隙半径计算公式为

$$r=10^A K^B \phi^C \tag{5}$$

将式（5）代入式（3），可得同一油藏中不同位置井点揭示的油水界面深度差为

$$\Delta H=\frac{2\delta\cos\theta}{10^A K_1^B \phi_1^C(\rho_w-\rho_o)g}\left[1-\left(\frac{K_1}{K_2}\right)^B\left(\frac{\phi_1}{\phi_2}\right)^C\right] \tag{6}$$

式中 A，B，C——计算常数。

同一油藏具有统一的温压系统、油藏内油水物理性质相近，故 δ、$\cos\theta$、ρ_w、ρ_o 等参数变化不大，可近似认为常数；在油藏中油水界面上一个固定井点所对应的储层孔隙度（ϕ_1）、渗透率（K_1）也是一个固定值，故当参考井选定后，$K_1^B \phi_1^C$ 值也为常数。式（6）可进一步简化为

$$\Delta H = N\left[1 - \left(\frac{K_1}{K_2}\right)^B \left(\frac{\phi_1}{\phi_2}\right)^C \right] \tag{7}$$

其中

$$N = \frac{2\delta\cos\theta}{10^A K_1^B \phi_1^C (\rho_w - \rho_o) g} \tag{8}$$

当参考井选定后，N 为常数。故若求出常数 N、B、C，则同一油藏内任意两个井点油水界面的相对位置可通过井点的孔隙度、渗透率数据来求取。

需要说明的是，式（4）中孔隙度、渗透率为实验测量值[14]，但在油藏实际开发过程中，各开发井不可能都具有孔隙度、渗透率实验数据，而开发井的每个储层都有测井解释的孔隙度、渗透率数据，故计算时采用测井解释孔隙度、渗透率数据。式（7）中实际上是利用油水界面上两个井点上孔隙度、渗透率的比值进行计算，所以即使测井解释孔隙度、渗透率与实验测量值存在一定的误差，但只要测井解释结果能真实反映储层物性的变化规律，便不影响计算结果。

2 参数求取

只需确定油藏中 4 口（或 4 口以上）开发井的油水界面，以其中任意一口井为参考井，即可知其他 3 口井相对于参考井的油水界面深度差值。利用各井储层段对应的测井解释孔隙度、渗透率，建立方程，便可求得式（7）中的参数 N、B、C。

以南堡 1-1 区 NP101 断块东营组某底水油藏 M 为例。该油藏共有 10 口井钻遇油水界面，依据测井解释油层，确定各井油层厚度、孔隙度、渗透率、油水界面深度等参数（表1）。

表 1 NP101 断块 M 油藏见油水界面井基本参数

井号	砂顶埋深（m）	油层厚度（m）	孔隙度（%）	渗透率（mD）	油水界面深度（m）（测井解释）	各井与 W1 井油水界面差值（m）		本次计算油水界面（m）
						测井解释	本次计算	
W1	2469.4	6.6	25.3	668.49	2476	0	0	2476
W2	2472	6.5	24.9	489.29	2478.5	-2.5	-1.9	2477.9
W3	2468.4	7.4	27.1	612.32	2475.8	0.2	0.6	2475.4
W4	2473.2	1.8	26.5	315.12	2475	1	-3.3	2479.3
W5	2465	8	27.6	866.32	2473	3	2.4	2473.6
W6	2470.6	6.6	26.3	752.13	2477.2	-1.2	1.1	2474.9

续表

井号	砂顶埋深（m）	油层厚度（m）	孔隙度（%）	渗透率（mD）	油水界面深度(m)（测井解释）	各井与W1井油水界面差值(m)		本次计算油水界面（m）
						测井解释	本次计算	
W7	2470	6.2	27.9	752.16	2476.2	-0.2	2.0	2474.1
W8	2469.6	5.8	25.3	562.36	2475.4	0.6	-0.9	2476.9
W9	2475	3.3	24.3	396.25	2478.3	-2.3	-3.5	2479.5
W10	2463.4	7.6	29.4	956.32	2471	5	3.7	2472.3

以W1井为参考井，依据其余9口井与W1井油水界面相对高度差值，利用式（7），利用统计分析软件拟合得各参数：$N=24.12$；$B=0.21$；$C=0.62$。即该油藏各井与W1井相对油水界面深度表达公式为

$$\Delta H=24.12\left[1-\left(\frac{668.49}{K_2}\right)^{0.21}\left(\frac{25.33}{\phi_2}\right)^{0.62}\right]\qquad(9)$$

各井油水界面计算结果见表1。

3　油水界面相对位置影响因素分析

由式(7)可知，各井与参考井油水界面相对高差主要受两个井点储层物性差异大小的控制。同一油藏中，储层物性好的区域，其储层孔隙度、渗透率越大，ΔH值越大，即该井所揭示的油水界面埋深越浅；储层孔隙度、渗透率小的区域，其油水界面埋深越深。由于储层渗透率变化范围远大于孔隙度变化范围，故渗透率差异是影响相对油水界面高低的最主要因素。

对比南堡1-1区NP101断块测井解释和计算所得油水界面（表1）。依据测井解释所得油水界面深度为-2478.5～-2471m，平均为-2475.6m；计算所得油水界面深度为-2479.5～-2472.3m，平均为-2476m，计算所得油水界面深度与测井识别结果基本一致。

对比9口井与参考井（W1井）油水界面相对高差与储层渗透率之间的关系。9口井中有5口井储层渗透率小于W1井，从受力平衡的角度分析，这些井对应的油水界面埋深应更大。但5口井中，W3井、W4井、W8井3口井的测井解释油水界面较参考井埋深更浅（表1），而依据式(7)计算，只有W3井一口井油水界面在参考井之上，油水界面相对变化规律总体上更符合受力平衡机理。分析造成W3井计算油水界面变化异常这一结果的原因是其与W1井测井解释孔隙度、渗透率呈现反向变化（表1）。

4　应用效果

基于计算结果，结合测井解释结论，对南堡1-1区NP101断块底水油藏油水界面进行再认识。共调整测井解释油层厚度4口井，W4井和W8井两口井油层厚度增加，W6井和W7井两口井油层厚度减小。其中储层物性相对较差的W4井油水界面下移3m，油层厚度由原来解释的1.8m变为4.8m，对储层顶部3m进行补孔，初期自喷，日产油7.2t，不含水。证实了计算方法和计算结果的可信。

按本文所述方法，对南堡1-1区各油藏开展油水界面再认识并进行补孔潜力分析。2020年共调整油水界面124层/24井次，择优实施补孔8井次，有效7井次，阶段增油4600t，取得了较好的效果。

5 结论

（1）油水界面高度是单位体积原油净浮力与毛细管力平衡的结果，受储层物性的差异，不同井点油水界面必然存在高度差。

（2）基于净浮力与毛细管力平衡，提出了一种油水界面相对高度差异的计算方法。同一油藏中只需有4口井钻遇油水界面就可使用该方法进行油水界面计算，所需计算参数少，生产验证计算结果精度较高。

（3）利用该方法对南堡1-1区进行油水界面精细刻画，并指导生产，取得较好的应用效果。

参 考 文 献

[1] 张厚福. 石油地质学[M]. 北京：石油工业出版社，1999.

[2] 何更生. 油层物理[M]. 北京：石油工业出版社，1994.

[3] 赵文智，毕海滨. 储量研究中油藏边界的确定方法[J]. 中国海上油气，2005，17(6)：379-383.

[4] 胡晓庆，赵鹏飞，武静. 确定油水界面的新方法——剩余压力法[J]. 中国海上油气，2011，23(1)：40-42.

[5] 张莹，王腾，徐波，等. 低对比度油气层测井识别方法[J]. 新疆石油地质，2017，38(5)：616-619.

[6] 赵鹏飞. 确定油水界面的新方法——水压头法和剩余水压头法[J]. 中国海上油气，2013，25(4)：36-37.

[7] 肖忠祥，徐锐. 基于MDT测试资料的储层油水界面自动提取方法研究[J]. 地球物理学进展，2008，23(6)：1872-1877.

[8] 严科，赵红兵. 断背斜油藏油水界面的差异分布及成因探讨[J]. 西南石油大学学报(自然科学版)，2013，35(1)：28-34.

[9] 邓国成. 测井-毛管压力法分析非均质油藏油水分布——以胜坨油田二区沙二段8砂层组油藏为例[J]. 科学技术与工程，2018，18(23)：1-7.

[10] 周涌沂，李阳，孙焕泉. 用毛管压力曲线确定流体界面[J]. 油气地质与采收率，2002，9(5)：37-39.

[11] 罗厚义，汤达祯. 利用毛管压力预测碳酸盐岩油藏油水界面[J]. 油气地质与采收率，2013，20(2)：71-73.

[12] 魏兴华. 压汞资料在确定油水界面中的应用[J]. 新疆石油天然气，2005，1(2)：29-34.

[13] 王学忠，刘传虎，王建勇. 应用三维地震属性识别春光油田原始油水界面[J]. 特种油气藏，2009，16(3)：47-49.

[14] Edword D P. Relationship of porosity and permeability to various parameters derived from mercury injection-capillary pressure curves for sandstone[J]. AAPG Bulletin, 1992, 76(2)：191-198.

第二部分

注采工艺

复杂断块油藏水平井二氧化碳吞吐控水增油技术及其应用

李国永　叶盛军　冯建松　石琼林　冯旭光　王佳音

（中国石油冀东油田公司）

摘　要：水平井是冀东南堡陆地油田浅层复杂断块油藏的主要开采方式，大部分水平井已进入特高含水阶段。构造因素、井身轨迹、生产制度和外来入井液是引起水平井含水率非正常上升的主要原因。通过对二氧化碳最小混相压力预测、产出流体的化验以及油藏数值模拟分析，认为水平井二氧化碳吞吐控水增油的主要机理包括：膨胀原油体积、对原油的降黏作用和对轻烃的萃取作用。基于优化的工艺设计方案，确定了单井注入量、注入速度和焖井时间等参数。32 井次的现场实施证实，产油量由吞吐前的 52t/d 上升到吞吐后的 271t/d，是原来的 5.2 倍，综合含水率由吞吐前的 96.9% 降至吞吐后的 53.4%，增油效果显著。二氧化碳对橡胶的腐蚀性较强，适应的举升方式为抽油泵，井口至井下 500m 内尽量避免安装对温度敏感的工具。

关键词：复杂断块油藏；水平井；二氧化碳吞吐；最小混相压力；控水

冀东南堡陆地油田位于渤海湾盆地黄骅坳陷北部南堡凹陷，浅层油藏主要含油层系为新近系明化镇组和馆陶组，埋深为 1450~2350m，油藏类型为边底水驱动的层状构造油藏和断块构造油藏，不同断块之间油水界面不同，边底水活跃，天然能量充足。储层平均孔隙度大于 30%，平均渗透率为 1530~2330mD，属高孔高渗透储层[1]。根据该区断块构造特征和油层分布状况，采取多目标定向井与水平井相结合的开发方式，已完钻水平井数占冀东油田水平井总数的 51.7%。受边底水推进多种因素的影响，浅层油藏大部分水平井都进入特高含水开发阶段，为此，相继开展了先期控水完井、水平井选择性化学堵水和环空化学封隔器控水等现场试验，尽管控水效果明显，但增油效果差，单井投入大，制约了规模推广应用。基于前期控水稳油的认识，在进一步研究水平井出水机理、剩余油分布规律的基础上，提出了二氧化碳吞吐控水增油的技术思路，通过现场试验，控水增油效果显著。

1　水平井开发特征

1.1　水平井开发现状

冀东南堡陆地油田于 2002 年开始应用水平井，2004—2007 年在浅层油藏开始大规模应用。截至 2011 年 5 月底，南堡陆地油田共有水平井 324 口，其中浅层油藏有水平井 210

口，占该油田水平井总数的 64.8%。2007 年，浅层油藏水平井高峰期产油量达 60.5×10^4 t/a，取得了显著的开发效果。2008 年以来，随着开发时间的延长，暴露出含水率上升快且采出程度较低的问题，年产油量逐年下降，2010 年已降至 20×10^4 t/a，平均单井日产油量由高峰期的 8t 降至 2010 年 12 月的 2.7t。尽管大部分水平井已进入特高含水阶段，但水平井的总产油量仍占全油田产量的较大比例，控水增油是进一步开展工作的重点。

1.2 浅层油藏水平井高含水率原因

水平井含水率上升分为含水率正常上升和含水率非正常上升两种。若为正常上升，水驱动态储量采出程度高，与标定储量基本吻合；而非正常上升时，水驱动态储量采出程度低。引起含水率非正常上升的因素主要有 4 种：

（1）构造因素。当油藏含油面积小、水平井距离边底水较近时，易造成含水率快速上升。

（2）井身轨迹。因井眼轨迹差，水平段较长时存在高低差异，低水平段易引起边底水锥进和舌进，造成全井含水率上升速度过快。

（3）生产制度。当生产制度不合理、采液强度过大时，也会使水线推进速度过快，含水率快速上升。

（4）外来入井液。由于井下作业、洗井等措施，导致外来入井液与边底水沟通，引起含水率快速上升。

2 最小混相压力预测

最小混相压力是油藏注二氧化碳开发的重要参数。目前，最小混相压力的确定主要有室内实验和理论计算等方法[2-6]。细长管实验是测定最小混相压力的较为常用且准确的方法，但它不能模拟黏性指进、重力超覆和扩散等因素的影响，而且实验周期长、耗费大。最简便的预测方法是采用经验关联式计算。根据冀东南堡陆地油田浅层油藏特征，采用 3 种经验公式分别计算不同断块的最小混相压力（表 1）。结果表明，目前开展二氧化碳吞吐试验的浅层油藏几个断（区）块目前油藏压力均低于二氧化碳最小混相压力，说明南堡陆地油田浅层油藏二氧化碳吞吐是一个非混相过程。

表 1 南堡陆地油田浅层油藏部分断块二氧化碳最小混相压力计算结果

断（区）块	最小混相压力（MPa）			
	Glaso 公式	PRI1 公式	Y-M 公式	目前油藏压力
高 104-5 断块	19.9	27.5	22.5	15.6
蚕 2-1 断块	19.0	26.9	21.9	16.4
庙浅区块	19.6	27.4	22.3	14.5
高 24 断块	20.4	27.7	22.8	16.5

3 控水增油机理

二氧化碳吞吐是提高油田采收率的有效方法，既可以用于稠油油藏，也可以用于稀油油藏，且对储层的渗透性也无特别要求。对于井间连通性差、其他提高采收率方法不能见效的小断块油藏，更具有优越性[7]。其机理主要有降低原油黏度、使原油体积膨胀、萃取、溶解气驱以及酸化解堵等，每一种机理的作用效果与油藏特征、流体性质和注采条件等有关。参考中外油田的研究成果[8-10]，通过对二氧化碳最小混相压力预测、产出流体的分析以及油藏数值模拟研究认为，冀东南堡陆地浅层油藏水平井二氧化碳吞吐控水增油的主要机理包括 3 个方面。

3.1　使原油体积膨胀

边底水油藏水平井高含水率主要是由于油藏内存在水流优势通道，引起底水锥进和边水舌进。通过建立底水厚层稠油油藏概念地质模型，进行二氧化碳吞吐数值模拟（图 1），认为原油中溶入二氧化碳后体积膨胀，会把地层水挤出水流优势通道，从而形成局部油墙。一方面，能够起到暂堵水流通道的作用；另一方面，由于含油饱和度的增大，提高了油相的分相流量，这也是高含水率水平井二氧化碳吞吐后含水率显著下降的原因。

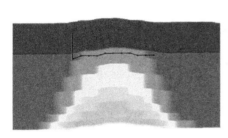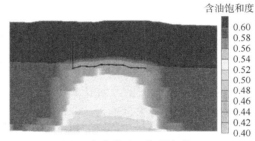

含油饱和度

| 0.60 |
| 0.58 |
| 0.56 |
| 0.54 |
| 0.52 |
| 0.50 |
| 0.48 |
| 0.46 |
| 0.44 |
| 0.42 |
| 0.40 |

（a）二氧化碳吞吐前　　　　　　　　　　　（b）二氧化碳吞吐后开井初期

图 1　二氧化碳吞吐前后含油饱和度剖面对比

3.2　降低原油黏度和改善油水流度比

通过分析南堡陆地油田浅层油藏水平井二氧化碳吞吐前后的原油性质发现，原油中溶解二氧化碳后，原油黏度降低（表 2），从而提高原油的流度。水型分析结果显示（表 3），二氧化碳吞吐后，总矿化度和碳酸氢根离子浓度显著增加，说明二氧化碳溶于水后生成碳酸，一方面降低了水的流度，另一方面溶解了油层中的碳酸盐，提高了油层的渗透率。

表 2　南堡陆地油田浅层油藏水平井二氧化碳吞吐前后原油分析对比

井号	层位	取样日期	50℃密度（g/cm³）	50℃黏度（mPa·s）	胶质含量（%）	试验阶段
蚕 2-平 4	Ng13	2008-11-14	0.9601	3023	38.54	吞吐前
蚕 2-平 4	Ng13	2011-01-08	0.9592	2243	34.39	吞吐后
高 24-平 2	Ng12	2007-08-08	0.9489	1260.52	25.49	吞吐前
高 24-平 2	Ng12	2010-11-27	0.9493	1178	24.69	吞吐后

表 3　南堡陆地油田浅层油藏高 104-5 平 79 井二氧化碳吞吐前后水型分析对比

取样日期	HCO_3^- 含量（mg/L）	Ca^{2+} 含量（mg/L）	总矿化度（mg/L）	pH 值	试验阶段
2004-04-24	742	5	1554	7	吞吐前
2011-04-24	1702	85	2713	6	吞吐后
2011-05-07	1493	69	2395	7	吞吐后

3.3 对轻烃的萃取作用

在地层条件下，未被原油溶解的二氧化碳气相密度较高，其在吞吐浸泡期间能气化或萃取原油中的轻质成分。特别是部分经膨胀仍然未能脱离地层水束缚的残余油，与二氧化碳气相发生相间传质，使原油中的胶质和沥青质含量下降，束缚油的轻质成分与二氧化碳形成二氧化碳—富气相，在其吞吐过程中产出，从而提高单井产量。

4 应用效果

4.1 工艺方案设计

4.1.1 注入量的确定

室内实验表明，注入量是产油量的主要影响因素。单井注入量可根据油藏渗透率、模拟油藏规模、处理半径、油层孔隙度和经验系数等参数决定。

水平井二氧化碳吞吐注入量设计采用椭圆柱体模型，其计算公式为

$$V = \phi P_V \pi ab H \tag{1}$$

式中　V——地层条件下的二氧化碳体积，m^3；

　　　ϕ——孔隙度，无量纲；

　　　P_V——注入体积经验系数，无量纲，通常取值为 0.2~0.4；

　　　a——椭圆柱体的短轴，m，通常取油层厚度的一半；

　　　b——椭圆柱体的长轴，也是二氧化碳横向作用半径，m；

　　　H——水平段长度，m。

4.1.2 注入速度的确定

分析中外二氧化碳吞吐经验，注入速度的确定应遵循两条原则：（1）在低于岩石破裂压力的前提下，较快的注入速度可取得更好的吞吐效果；（2）避免过快的注入速度导致二氧化碳沿高渗透通道窜流到邻井或边底水水体中。综合这两条原则，同时参考设备能力，设定注入速度为 3~5t/h。

4.1.3 焖井时间的确定

二氧化碳注入油藏后，焖井时间与其在原油中的溶解、对流扩散能力及原油的体积有关，因而不同类型、不同规模的油藏，二氧化碳吞吐所需要的焖井时间不同。如果焖井时间过短，二氧化碳不能侵入地层深处与原油充分混合，开井后大量气体反排，无法起到理想的增产作用；但焖井时间过长，会消耗二氧化碳的膨胀能，而且二氧化碳还会从原油中分离出来，降低二氧化碳的利用率。中外现场焖井时间一般为 15~25 天。具体单井须综合分析施工压力和焖井压力变化曲线来确定合适的开井时机。当二氧化碳注入完毕时，由于近井地带液态二氧化碳较多，压力还会持续上升，随着二氧化碳向井筒周围的扩散，井筒压力会呈现下降趋势，油藏进入一个相对稳定状态，随着二氧化碳向油藏深部进一步扩散并与原油互溶，井筒压力会逐步增大。当到达一定时间后，井筒压力突然下降，说明二氧化碳与原油已经充分作用，此时可开井生产(图 2)。

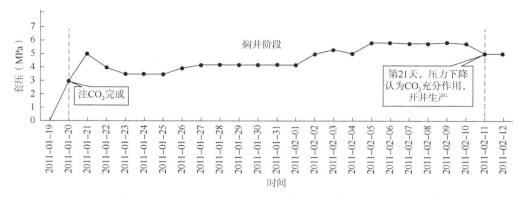

图 2　高 104-5 平 115 井注入二氧化碳及焖井过程中套压的变化情况

4.2　控水增油效果

从 2010 年 10 月至 2011 年 6 月初，南堡陆地油田浅层油藏水平井共实施二氧化碳吞吐 32 井次，有效 30 井次，有效率达到 94%，累计增油量为 1.05×10^4 t。产液量由吞吐前的 1684t/d 降至吞吐后的 581t/d，下降幅度为 65.5%，平均单井下降 37t/d；产油量由吞吐前的 52t/d 上升到吞吐后的 271t/d，是原来的 5.2 倍，平均单井初期增油量为 6.8t/d；综合含水率由 96.9% 降至 53.4%，下降了 43.5 个百分点。

5　工艺实验

5.1　井筒温度与压力测试

为了解二氧化碳注入过程中井筒压力和温度的变化，选择高 24-平 3 井、高 104-5 平 115 井和高 104-5 平 112 井 3 口试验井，在油管中挂存储式压力计，测试不同垂深的井筒温度和压力。由温度、压力与垂深的变化曲线（图 3）可见，温度、压力与垂深呈正相关关系，二氧化碳注入过程中，距离井口 600m 以上温度变化较快，在距离井口 480m 处，二氧化碳温度升到 0℃。随着二氧化碳向井筒注入过程中温度的逐步升高，井筒压力也逐渐增大。

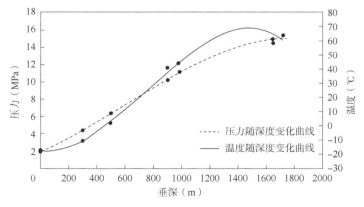

图 3　二氧化碳注入过程中温度和压力与垂深的关系

5.2　二氧化碳腐蚀性实验

为了了解二氧化碳注入过程中对橡胶的腐蚀性，评价螺杆泵和电泵举升方式的适应性，从新螺杆泵截取短节加装在二氧化碳注入管线上，使二氧化碳流过定子橡胶，同时，在注入管柱中优选 4 个位置放置电缆和电泵卡子胶皮，待焖井结束后起出并对比分析。发现螺杆泵胶皮发生明显的膨胀变形，电缆铜芯绝缘胶皮发生溶胀，取出后的电缆测试无绝缘。

由此可知，二氧化碳吞吐措施适应的举升方式为抽油泵采油方式，螺杆泵、电泵均不能满足要求；吞吐井中、尽量避免下入带有橡胶的井下工具；井口至井下 500m 内尽量避免安装对温度敏感的工具。

6　结论

原油分析化验及油藏数值模拟研究认为，水平井二氧化碳吞吐控水增油的主要机理包括膨胀原油体积、提高油相的分相流量，二氧化碳对原油的降黏作用和对水的碳酸化、改善油水流度比，对轻烃的萃取作用。

水平井二氧化碳吞吐注入量设计采用椭圆柱体模型，在二氧化碳注入完成的焖井过程中，要密切关注井筒压力变化，当井筒压力开始出现明显降低时，为最佳开井生产时机。

通过 32 井次水平井二氧化碳吞吐的实施，取得显著控水增油效果，呈现良好的推广应用前景。二氧化碳对橡胶的腐蚀性较强，适应的举升方式为抽油泵，井口至井下 500m 内尽量避免安装对温度敏感的工具。

参 考 文 献

[1] 穆立华，常学军，郝建明，等．冀东复杂断块油藏水平井二次开发研究与实践[C]//复杂断块油藏水平井开发技术文集．北京：石油工业出版社，2008．

[2] 郭龙．渤南油田义 34 块特低渗透油藏二氧化碳混相驱实验[J]．油气地质与采收率，2011，18(1)：37-40．

[3] 郑强，程林松，黄世军，等．低渗透油藏二氧化碳驱最小混相压力预测研究[J]．特种油气藏，2010，17(5)：67-69．

[4] 孙业恒，吕广忠，王延芳，等．确定二氧化碳最小混相压力的状态方程法[J]．油气地质与采收率，2006，13(1)：82-84．

[5] 郝永卯，陈月明，于会利．二氧化碳驱最小混相压力的测定与预测[J]．油气地质与采收率，2005，12(6)：64-66．

[6] 杜朝锋，武平仓，邵创国，等．长庆油田特低渗透油藏二氧化碳驱提高采收率室内评价[J]．油气地质与采收率，2010，17(4)：63-65．

[7] 祝春生，程林松．低渗透油藏二氧化碳驱提高原油采收率评价研究[J]．钻采工艺，2007，30(6)：55-57．

[8] 王守玲，孙宝财，王亮，等．二氧化碳吞吐增产机理室内研究与应用[J]．钻采工艺，2004，27(1)：91-94．

[9] 于云霞．二氧化碳单井吞吐增油技术在油田的应用[J]．钻采工艺，2004，27(1)：89-90．

[10] 付美龙，熊帆，张凤山，等．二氧化碳和氮气及烟道气吞吐采油物理模拟实验——以辽河油田曙一区杜 84 块为例[J]．油气地质与采收率，2010，17(1)：68-70．

滩海人工岛大斜度井整体气举采油技术

于洋洋　欧开红　高　翔　詹婷婷　黄晓蒙　黄　梅　田晶蒙

(中国石油冀东油田公司)

摘　要：冀东南堡油田 1-3 人工岛是国内第一个在浅海人工岛实施整体气举采油的平台，该岛是南堡油田 1-5 区的三个开发平台之一，地面上处于水深 3~7m 的滩海区，将建成国内最大的气举采油平台。岛上气源充足，油井造斜点浅，井斜角大，井眼轨迹复杂，油井分布集中(井组内井距为 4m)。同时，该区气油比高、含水低，气举是最适合的举升方式。岛上气举管柱全部采用半闭式气举管柱，连续气举的采油方式。从已实施的 44 口井来看，人工岛实施气举采油可以有效降低运行成本且管理方便，效果显著。

关键词：气举；人工岛；浅海；管柱

南堡油田 1-3 人工岛是南堡油田 1-5 区的主力开发平台，地面处于水深 3~7m 的滩海区，北部发育一个北西向延伸的 3m 水深的浅滩。在开发上受滩海条件制约和影响，考虑到今后开发的需要，采用人工岛"海油陆采"的开发技术路线，能有效降低开发投资，实现高效开发。在浅海区吹填出南堡 1-3 人工岛，整个人工岛占地面积 200 亩，设计了井丛排+普通钻井整拖密集井口钻井模型，设计了一拖四基础 30 座，井口间距 4m，井口 150 个。

该区油井产能差异较大，产液范围 15~100m³/d，生产气油比范围 250~1500m³/m³。同时由于南堡 1-3 人工岛特殊的地理环境及井况条件，油井井斜角大、造斜点高、气液比大、井口密集、作业成本高。采用气举采油的举升方式有以下几个优点：气举采油不受气油比高低和含水高低的限制，气油比越大越好；适合于大斜井、定向井、含砂、高含蜡井。完井结构简单，井下无运动构件，检修周期长，可以有效降低作业成本。井口结构简单，类似自喷井口，占用空间少且便于管理。

1　循环系统

南堡油田 1-3 人工岛油井的伴生气量大，能够满足气举井的耗气量，因此采用效率较高的增压气举闭式循环系统。

循环系统的主要动力设备是压缩机，整个人工岛配套 4 台压缩机，采用开三备一的工作制度。同时采用橇装配气间连接输气干线与支线，每个配气间有 10 个配气口，可同时对 2 个井组的 10 口油井实现配气。产出的天然气一部分外输，一部分通过分离器后又回到压缩机，经压缩机增压后继续循环。

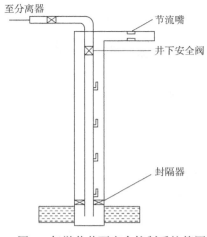

图 1　气举井井下安全控制系统简图

2　浅海人工岛气举采油安全控制系统

为满足海上人工岛的安全生产要求,对南堡 1-3 人工岛气举井安全控制系统进行了严格的设计,主要包括井下和井上两个部分。井下部分主要采取在气举管柱安装井下安全阀和封隔器,井下安全阀控制管线由阀体接到地面,通过传递液压来控制阀门,在紧急时刻,只需要切断井下安全阀的液控管线,即可将整个气举井封死,满足浅海人工岛气举采油的安全性(图 1)。井上部分采用带有主安全阀和侧翼安全阀的气举采油树,同时在注气管线安装单流阀,大大增加了浅海人工岛气举采油的安全性。

3　气举井管柱结构

根据气举管柱设置的不同,分为开式、半闭式、闭式三种气举类型。综合考虑南堡油田 1-3 人工岛处于滩海开发的实际情况,采用半闭式管柱。半闭式管柱是在开式管柱的结构上,在最末一级气举阀以下安装封隔器,将油管和套管空间分隔开,避免了因液面下降造成注入气从套管窜入油管,也避免了每次关井后重新开井时的重复排液过程,同时配合井下安全阀使其达到滩海采油安全的要求(SY/T 6644—2006 和 SY/T 6401—1999)。

由于南堡 1-3 人工岛井况复杂,根据不同井况采用了针对性较强的工具组合,主要有两种形式的管柱结构。

3.1　气举井管柱结构一

管柱结构:井下安全阀+固定式工作筒+投捞式工作筒+钢丝滑套+Y445 封隔器+坐放短节+喇叭口(图 2)。

该管柱结构使用最早,是实施气举采油初期气举井中常用的管柱,第一级气举阀采用固定式工作筒,保证了即使结蜡点下移到第一级工作筒之下,仍可以采用机械清蜡的方式。其他位置气举阀则采用投捞式气举阀,可根据情况采用钢丝作业更换气举阀。

同时在井斜角较小的情况下,可以打开钢丝滑套建立循环通道,进行正洗井,解决了半闭式管柱洗井困难的难题。目前,选用 Y445 型气举封隔器。Y445 型封隔器是专门针对 1-3 人工岛气举采油井设计,同时结合了多年来各种封隔器在冀东油田的使用经验,注重了卡瓦强度及密封胶筒厚度的设计,解封机理灵活可靠,能有效避免封隔器卡瓦断裂脱落的事故。该封隔器的最大特

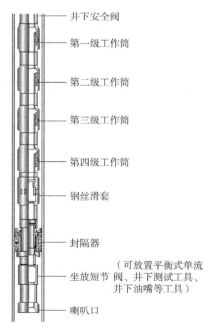

井下安全阀
第一级工作筒
第二级工作筒
第三级工作筒
第四级工作筒
钢丝滑套
封隔器
(可放置平衡式单流阀、井下测试工具、井下油嘴等工具)
坐放短节
喇叭口

图 2　管柱结构一

点是采用插入密封管密封，密封插管为螺纹连接，可实现任意加长，避免了正打压时引起油管的收缩，使密封插管脱出封隔器失效，可以满足不动管柱酸化等措施的要求。同时考虑到气举井修井周期长，该型封隔器设计为可钻可取式插管封隔器，当封隔器在井下时间过长造成无法捞出的情况下，可考虑钻穿封隔器。

3.2　气举井管柱结构二

管柱结构：井下安全阀+固定式工作筒+投捞式工作筒(阀孔3.2mm)+洗井阀(阀孔8mm)+封隔器+喇叭口(图3)。

对于井斜较大的气举井，由于无法进行钢丝作业，可以采用洗井阀代替钢丝滑套，实现反洗井功能。该级气举阀在进行设计时适当增加调试打开压力，保证气举井正常工作时处于关闭状态，仅在进行反洗井时打开，实现有限次的反洗井功能。同时在需要洗压井时可有效缩短压井时间，降低作业成本。

从目前实施的气举井来看，两种气举管柱都可以满足实际生产的需要，实现了管柱预期的功能，第一种管柱重复使用率高，打开钢丝滑套即可进行正洗井，不仅可以实现热洗功能，有效保护气举阀，同时也可以通过钢丝作业投放井下油嘴、井下单流阀、压力计

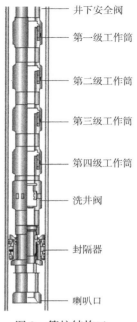

图3　管柱结构二

（右侧标注，自上而下）井下安全阀、第一级工作筒、第二级工作筒、第三级工作筒、第四级工作筒、洗井阀、封隔器、喇叭口

等工具，但是该管柱结构复杂，打开钢丝滑套费用较高且在大斜度井中作业存在一定风险，目前使用较少。第二种管柱结构简单实用，在进行反洗井时不需要进行钢丝作业，能有效减少作业费用，因此第二种管柱是目前南堡1-3人工岛气举井主要使用的管柱结构。

4　配套技术

4.1　大斜度井气举设计方法

大斜度井气举优化设计的一个关键环节是井筒压力和温度技术参数的模拟计算，由于大斜度井的压力和温度分布与直井有很大的区别，当井斜角大于20°时，井筒的摩阻压降对气举阀间距设计影响不可忽略。

在任意流态下，摩阻压降的变化趋势都是随着倾斜角的增加，摩阻压降增加，当井斜角小于45°时适合采用Hagedorn-Brown计算式计算井筒压力分布，当井斜角大于45°时适合采用Beggs-Brill多相管流计算井筒压力分布。在考虑大斜度井压力温度分布时，综合考虑传热、相变、焦尔—汤姆逊效应等因素，考虑井筒与水平面夹角的斜井井筒中流动温度分布的计算方法。同时结合压力分布计算方法，绘制大斜度井井筒压力及温度分布曲线，根据多段静液柱分布曲线与压力曲线的交点确定气举阀的位置分布，同时依据井筒温度分布曲线确定该位置的温度，从而确定气举阀的地面调试打开压力，完成大斜度井气举优化设计。

纵向比较摩阻压降可以发现，在泡状流条件下，摩阻压降最小。段塞流情况下，由于压力降低，气体膨胀，小气泡合成大气泡，直到占据整个油管断面，出现段塞后，大气泡

托着液体段向上流动，气体的膨胀能得到较大的发挥和利用。在进行注气量设计时，充分考虑注气量对气举井流态的影响，尽量将流态控制在段塞流范围内以充分利用注入气的膨胀能。

在进行气举设计时，油管直径的选择比较重要。在倾斜角一定、气液表观流速一定时，且当油管直径为临界油管直径时，总压降最低。根据南堡油田 1-3 人工岛油藏参数（生产气油比 $350m^3/m^3$、产量范围 $20\sim50m^3$、井口油压 1.0MPa），通过模拟实验可以得到如下结论：考虑到油井的生产潜力与完井工具的配套，当产量大于 $30m^3$ 时采用 $2\frac{7}{8}in$ 油管，产量小于 $30m^3$ 时采用 $2\frac{3}{8}in$ 加厚油管。

4.2 气举井工况测试诊断技术

通过流温流压测试可以准确判断气举井的工作状态并进行工况诊断，如油管泄漏、气举阀失效及多点注气等故障。

南堡 1-3 人工岛井斜大，气举阀工况测试难度高，已顺利完成 100 多井次的流温流压测试工作，并完成了气举井的诊断工作。

4.3 气举井清防蜡技术

南堡 1-3 人工岛采用的清防蜡技术有涂层油管、机械清防蜡、热洗、化学清防蜡。目前，机械清蜡是气举井最直接有效的清防蜡方式。

5 实施效果

5.1 生产效果显著

2013 年，冀东油田南堡 1-3 人工岛共实施气举井 44 口，日产液 $811m^3$，日产油 776t，峰值产油近千吨，单井最高产油 44t，日产气 $73\times10^4m^3$，为油田上产奠定了坚实的基础。整个南堡 1-3 人工岛日注气量仅为 $33.9\times10^4m^3$，且可以循环使用，运行成本低，仅开 2 台压缩机，每日燃气 $5600m^3$，整个南堡 1-3 人工岛生产运行成本不足万元，气举深度和气举产量调节灵活，配产方便，易实现远程控制，生产时效高，人工岛气举采油实施效果显著。

同时全面开展单井的配气优化工作。在分析单井特性曲线的基础上，结合工况测试资料，以在有限的注气量情况下实现最大产量为目标，共完成了 56 井次的优化配气工作。在气举井单井配气优化的基础上，逐步开展了区块的配气优化工作，截至 2013 年共进行了 3 次区块配气优化，在压缩机供气量不足的情况下保证了整个气举系统的稳定生产。

5.2 现场管理方便

通过现场管理人员的反馈，气举采油井相对其他采油方式有以下两个优点：

（1）气举产量调节灵活，调整产量方便。现场工作人员仅仅需要调节配气间的注气阀门即可实现产量调节。

（2）井口结构简单，占用空间少，管理方便。2013 年，南堡 1-3 人工岛正在建设中控室，可对所有的气举井实时监控，并实现远程控制。

5.3 有效节约投资、运行成本

南堡 1-3 人工岛地处 $3\sim7m$ 浅水海域，滩海地面条件环境敏感、安全环保要求高，作业成本高，而气举井检修周期长，能有效延长油井的免修期。根据统计结果，除去补孔合采需要作业外，气举井很少出现因气举阀损坏造成油井作业停带。同时南堡 1-3 人工岛所有的气举井设计经过严格计算，管柱尽可能地接近油层中部，保证在产量降低的情况下仍然可以正常生产，延长油井作业周期。

另外，气举井的运行成本也远远小于电泵井，根据预算按照 15 年评价期，气举采油方式较电潜泵采油方式节约投资和操作成本 2.4 亿元。气举与电泵费用对比情况见表 1。

表 1　气举与电泵费用对比

项目	井下工具(万元)	地面工程投入(万元)	运行成本(万元/年)	备注
气举	704	9400	216	运行成本主要为压缩机燃气费用以及压缩机检修费用
电泵	1856	6902	1332	运行成本包括电费，以及检泵费用，未包括作业时的工具费用

6　结语

1-3 人工岛气举采油整体实施初具规模，效果显著，满足了开发生产需求。南堡油田 1-3 人工岛还在进一步扩大气举规模，2010 年计划钻井 38 口，届时南堡 1-3 人工岛将有油水井 81 口，气举井 58 口，是国内最大规模的整体气举实施平台。通过南堡 1-3 人工岛整体气举的实施，冀东油田形成了一套适合南堡油田的气举采油及配套技术，为南堡油田长效、高效开发与节能的有机结合提供了新的开发模式，同时也为国内滩海油田开发起到了很好的示范作用。

氮气采油技术在南堡 2 号潜山的应用

李晶华　张　杰　王英彪　任健伟

（中国石油冀东油田公司）

摘　要：南堡 2 号潜山油藏属于双重介质具有凝析气顶的块状边底水油藏，储集类型为孔隙—裂缝型，以水平井型开发为主，天然水驱采出程度较低，剩余潜力大，基质系统剩余油富集，裂缝系统剩余油分布相对分散，矿场实践表明通过注氮气提高采收率是可行的；运用数值模拟方法对注入量、焖井时间等注入参数进行优化；矿场累计实施单井注氮气 17 井次，井口累计增油 $1.21×10^4$t。

关键词：注氮气；剩余油；增油机理；数值模拟；潜山

对于碳酸盐岩油藏，相比较其他的提高采收率方法，注气应用最为广泛，而在气源选择方面，氮气具有密度较低、压缩性好、安全性高、气源来源充足、无腐蚀等诸多优势，在国内外许多油田得到广泛应用[1]。20 世纪 60 年代中期，在美国 Devonian Block 油田就开始了注氮气，截至 2008 年，40 多年时间里，有 30 多个注氮项目得以实施，其中包括一些在得克萨斯、佛罗里达和阿拉巴马的碳酸盐岩油藏中实施的项目。我国注氮气开采工艺的发展起步较晚，第一个注氮气开采试验方案在华北雁翎油田裂缝性潜山挥发性油藏开始实施，该油田在 1994—1999 年期间开展了三次注气开采试验，取得了较好的开发效果。借鉴国内外油田氮气采油的成功经验，在南堡 2 号潜山开展相关试验，对于丰富油田提高采收率手段有着重要的现实意义。

南堡 2 号潜山油藏属于双重介质具有凝析气顶的块状边底水油藏，储集空间主要为裂缝和沿着裂缝发育的溶蚀孔洞[2]。天然水驱采出程度较低，剩余潜力大，基质系统剩余油富集，裂缝系统剩余油分布相对分散。由于初期生产压差大，面临着低部位爆性水淹高含水、中高部位地层能量低不产液的主要矛盾，为改善区块开发效果，于 2013 年引进注氮气采油技术，矿场实施效果显著。

1　油藏概况

1.1　地质概况

冀东南堡 2 号潜山位于南堡凹陷南部，发育奥陶系和寒武系。整个南堡 2 号潜山为陆表海碳酸盐缓坡环境，沉积水体总体较浅，岩性以灰褐色—深灰色灰岩为主，云岩和泥岩较少。

南堡 2 号潜山储集空间主要为裂缝和沿着裂缝发育的溶蚀孔洞，为典型的孔隙—裂缝性双重介质储层。储层基质表现为特低孔隙度，中、低渗透率特征，有效孔隙度平均值为

1. 22%，水平渗透率为 11.2mD，垂直渗透率为 3.8mD。在潜山基质低—特低渗透的整体背景下，裂缝和溶洞的发育程度成为储层物性的决定因素。研究证实，南堡 2 号潜山最为有利储层分布在潜山面以下 70~100m 的风化壳内。风化壳内高角度裂缝和网状缝发育，总体呈北东向和北东东走向，倾角 50°~90°，沿裂缝发育大量溶蚀孔隙孔洞，极大提高了潜山油藏储层的储集空间和渗流能力。

南堡 2 号潜山地层原油具有密度低、黏度低、溶解气含量与地饱压差较高的特征。地层原油密度平均为 0.6854g/cm³，原油黏度平均为 1.50mPa·s，气油比平均为 140.8m³/t，地饱压差为 12.88MPa。

1.2 剩余油分布规律

对于双重介质碳酸盐岩油藏，裂缝系统一般定义为，在油藏条件下，由宽度不低于 10μm 的裂缝及与其连通的溶洞所组成的裂缝孔隙网格[3]。裂缝系统既是渗流通道，又是储集渗流空间，特点是孔隙度低、渗透率高、原始含油饱和度高、毛细管力可以忽略不计，水驱油过程近似于活塞式驱替，驱油效率高；基质岩块系统是指油藏条件下，由宽度低于 10μm 的裂缝及与其连通的溶蚀孔洞和基质孔隙所组成，被裂缝系统所切割，主要依靠毛细管力作用自吸排油，其次是裂缝与基质系统之间的流动压力梯度作用驱油，自吸排油的速度和最终采油量与基质系统规模、润湿性、渗流通道结构等因素有关。

数值模拟结论表明裂缝系统中含油饱和度远低于基质中含油饱和度值，基质系统平面剩余油比较富集，裂缝系统水洗区域剩余油饱和度依然很高；裂缝系统平面剩余油主要分布在断层根部、井间、物性差区及井网未控制区域。另外，从相对渗透率曲线得到的含水与采出程度关系曲线也可以看出，含水上升规律整体上与裂缝系统的理论曲线吻合，天然能量开发以开采裂缝中原油为主。

潜山油藏目前处于开发中后期，裂缝油水界面明显抬升，水锥上升比较严重，油藏数值模拟研究结果表明，由于纵向上底水锥受沉积盖层及潜山内幕的低渗透层遮挡影响，底水锥进面呈不规则的形态展布。从目前水锥面形态来看，基本上与构造形态展布方向一致，在构造高部位、油层顶部及部分非渗透层遮挡的地区还有部分未水淹的剩余油。

2 增油机理

注氮气采油技术就是指向油藏注入一定量的氮气，主要驱替水淹区内两部分剩余油，一类是上端封闭下端开口的孔洞中的上部残余油，一类是天然水驱后滞留在裂缝通道中的剩余油[4]。主要机理是从孔洞中排油和裂缝中重力驱油，氮气借助于油气密度差进入孔洞或水无法进入的裂缝，将其中的剩余油排出。

（1）置换顶部阁楼油。由于重力分异作用，注入的氮气沿着裂缝上浮，在油藏高部位形成了相对稳定的气油界面，使油藏逐渐形成次生气顶，并驱动顶部"阁楼油"下移，降低油水界面，对于有一定地层倾角的油藏，该作用尤为显著。

（2）增能作用。向油藏注入一定量的气体，能有效补充地层能量，由于氮气压缩系数大，注入相同体积的氮气可以驱替更多的原油。

（3）降低界面张力。和其他气体采油增油机理一样，注入氮气后，油气间的界面张力远小于油水界面张力，而油气密度差又大于油水密度差，从而减小了毛细管力的作用，驱替细窄裂缝及溶蚀孔洞内剩余油。

3 主要参数优化

注氮气主要参数包括注入量、注入速度、焖井时间等，主要是利用数值模拟方法对首轮吞吐各项参数进行确认，数值模拟结论表明不同增油目的的最优施工参数也存在差异。

3.1 注入量确定

单井气体吞吐的注入量可以通过数学模型进行计算，主要涉及油藏规模、储层物性、经验系数等参数来确定，水平井计算气体注入量均采用椭圆柱体理论模型。而潜山油藏由于其双重介质的特殊性，传统的计算方法存在较大误差，采用数值模拟方法更为客观有效。数值模拟结果表明不同区域井最优注入量存在差异，对于以置换阁楼油为主要增油目的的油井，对比注入 200t、400t、600t、800t、1000t 的生产效果，结果表明注入量大于 600t 后增油量变化不大，推荐最优注入量为 600t 左右(图1)；而以增能为主要目的的油井，注入量低于 1000t 基本没有增油效果，考虑经济效益，推荐最优注入量为 1000t 左右(图2)。

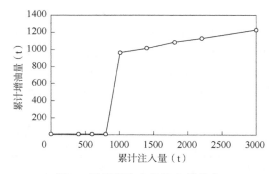

图 1 以增能为主的注入量优化

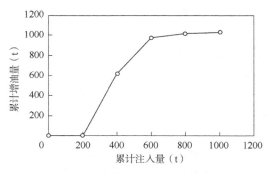

图 2 以置换为主的注入量优化

3.2 注入速度确定

调研国内外文献均表明，在注入量一定的前提下，注入速度对提高采收率效果影响并不大[5]。通过数值模拟以及现场实施的经验，认为注入速度的确定主要考虑地层的吸收能力以及设备的注入能力，在此前提下可以以最大注入量注入，同时需密切关注注入压力的

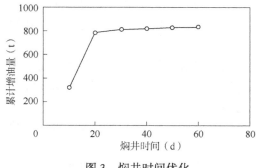

图 3 焖井时间优化

变化，根据压力变化适当调整注入速度，以免出现因气窜现象导致氮气利用率低的问题。根据南堡 2 号潜山的实际情况，推荐最优注入速度为 1~1.6t/h。

3.3 焖井时间确定

焖井时间对于不同增油机理的井并无差异，数值模拟结果表明焖井时间小于 20 天增油效果较差，超过 20 天对增油量影响不大(图3)，建议焖井时间为 20 天左右。此外，矿场实施可以通过对施工压力和焖井压力变化曲线的综合分析来确定合适的开井时机，通常焖井压力稳定或者开始有一定回落的时候开井比较适宜。

4 矿场应用效果

截至 2017 年 6 月，南堡 2 号潜山共实施氮气吞吐 17 井次，井口累计增油 1.21×10^4t，累计注入氮气 1.5×10^4t，换油率 1∶0.81；包括施工费、材料费等费用，总投入 1286 万元，投入产出比 1∶1.95。

其中 P5 井从 2014 年以来已累计实施 4 井次，均取得较好增油效果，2014 年 5 月 7 日第一次注入，注入量 600t，有效期 78 天，累计增油 906t；2015 年 4 月第二次注入，注入量 600t，有效期 106 天，累计增油 649t；2015 年 11 月第三次注入，注入量 850t，有效期 107 天，累计增油 1042t；2016 年 8 月第四次注入，注入量 1000t，有效期 61 天，累计增油 745t。随着吞吐轮次的增加，逐渐加大注入量以扩大处理半径，提高增油效果。

5 结论

（1）裂缝性双重介质油藏天然水驱主要采出裂缝系统原油，基质系统剩余油饱和度高且富集，裂缝系统平面剩余油主要分布于断层根部、井间、物性差区及井网未控制区域；纵向上集中在构造高部位、油层顶部及部分非渗透层遮挡区域。

（2）氮气采油增油的主要机理利用重力分异作用置换顶部阁楼油以及补充地层能量。

（3）不同增油机理注入量存在差异，单井置换阁楼油注入量 600t 最优、补充能量注入量 1000t 最优，最优注入速度为 1~1.6t/h，最优焖井时间为 20 天。

（4）矿场 17 井次应用取得了显著的增油效果，表明该技术可以有效改善南堡 2 号潜山开发效果，值得进一步推广。

参 考 文 献

[1] Ron Gibson，王勇. 用氮气增储提高采收率[J]. 国外油田工程，1999，15(2)：15.
[2] 刘丹江，兰朝利，于忠良，等. 南堡滩海潜山油藏储集空间类型厘定[J]. 西安石油大学学报(自然科学版)，2012，27(6)：25-30.
[3] 柏松章. 碳酸盐岩潜山油气田开发[M]. 北京：石油工业出版社，1996.
[4] 赵数栋. 任丘碳酸盐岩油藏[M]. 北京：石油工业出版社，1997.
[5] 马天态. 底水油藏氮气泡沫流体压水锥技术研究[D]. 东营：中国石油大学，2007.
[6] 施德友，杨景利，严新新，等. 注氮气泡沫提高采收率技术在胜利油田的应用[J]. 天然气勘探与开发，2005，28(2)：5.
[7] 黄江涛，周洪涛，张莹，等. 塔河油田单井注氮气采油技术现场应用[J]. 石油钻采工艺，2015，37(3)：3.
[8] 赫恩杰，蒋明，许爱云，等. 任 11 井山头注氮气可行性研究[J]. 新疆石油地质，2003，24(4)：4.
[9] 胡庆明. 辽河油田注氮气开采技术研究[D]. 大庆：大庆石油学院，2008.
[10] 刘艳波，刘东亮. 氮气在乐安稠油油田开采中的应用[J]. 石油钻采工艺，2004，26(3)：3.

浅层天然水驱油藏氮气泡沫控水
稳油技术研究

周光林　寇　磊　汤云浦　彭　凯　崔伟强

（中国石油冀东油田公司）

摘　要：基于南堡油田浅层天然水驱油藏高含水期油井堵水的需要，开展了氮气泡沫控水稳油技术研究。通过室内实验，从 6 种发泡剂及 3 种稳泡剂中优选出适合南堡油田浅层油藏堵水的泡沫体系及最佳配方：0.3%HPAM＋0.6%SDS。针对目的层，该泡沫体系具有较强配伍性、遇油消泡及抗老化性能。同时开展矿场试验 33 井次，成功率 78.8%，累计增油 9428t，增油效果显著，表明该项技术在油井高含水开发后期可以有效达到控水稳油目的。

关键词：天然水驱油藏；氮气泡沫；起泡剂；稳泡剂

南堡油田浅层油藏为砂岩边底水层状油藏，主要含油层系为新近系明化镇组、馆陶组，属河流相沉积，埋藏深度为 1650～2520m，平均孔隙度为 25.3%，平均渗透率为 360.8mD，地层温度为 85℃，原始地层压力为 21.8MPa，饱和压力为 13.2MPa，原油地面黏度为 4.8mPa·s。该油藏边底水能量充足，依靠天然能量开发，油水层之间无稳定隔、夹层。开发初期由于采油速度快，导致边底水突进，含水快速上升，截至 2016 年底，平均单井日产油 1.4t，含水 92%，控水稳油势在必行。

多年来南堡油田进行了各种类型的堵水技术可行性研究，但都由于堵不住或易堵死、工艺复杂等问题而无法应用。综合考虑氮气气源充足的特点和氮气泡沫选择性封堵、不爆炸燃烧、不腐蚀井筒管柱、不伤害油层的特性[1]，经室内研究和现场应用，形成了氮气泡沫控水稳油技术。

1　实验药品、试样及仪器

1.1　实验材料

（1）起泡剂：发泡剂 SDS、α-烯基磺酸钠（AOS）、ABS、脂肪醇聚氧乙烯醚硫酸钠（AES）、仲烷基磺酸钠（SAS）、重烷基苯磺酸盐（HABS）共记 6 种。

（2）稳泡剂：改性淀粉（α-淀粉）、羟丙基瓜尔胶、2500 万分子量的部分水解聚丙烯酰胺（HPAM-2500）。

（3）实验用水：模拟地层水，矿化度为 6608mg/L。

（4）实验温度：地层温度为 85℃。

1.2 实验仪器

Waring Blender 搅拌器、恒温箱、天平(精度为 0.001g)、玻璃棒、胶头滴管、烧杯(50mL、100mL、200mL)、1000mL 量筒。

1.3 实验评价方法

泡沫体系的综合性能由起泡能力和稳泡能力共同决定,为了综合评价起泡剂的性能,将一定气液比条件下,泡沫体系的最大起泡体积与析液半衰期的乘积定义为泡沫综合值。

$$FCI = 0.75 h_{max} t_{1/2} \tag{1}$$

式中　FCI——泡沫综合指数,min·mL;

h_{max}——最大起泡体积,mL;

$t_{1/2}$——泡沫析液半衰期,min。

通过计算泡沫综合指数 FCI,可综合评价泡沫体系的性能[2-4]。

2 泡沫体系及配方的优选

2.1 起泡剂的优选

将质量分数为 0.3% 的 6 种起泡剂分别加入地层水中配制成溶液,计算相应的泡沫综合指数 FCI,优选出最佳起泡剂为 SDS(表 1)。

表 1 不同起泡剂的泡沫性能

起泡剂浓度	起泡剂	h_{max}(mL)	$t_{1/2}$(min)	泡沫综合指数(mL·min)
0.3%	SDS	550	8	3300
	AOS	490	7	2573
	ABS	280	3.7	777
	SAS	225	2.3	388
	AES	275	3.5	722
	HABS	200	1.8	270

2.2 稳泡剂的优选

将 3 种质量分数 0.2% 的稳泡剂与 0.3% 起泡剂 SDS 配制成溶液,计算相同浓度下 3 种稳泡剂的泡沫综合指数 FCI,优选出最佳起泡剂为聚丙烯酰胺(表 2)。

表 2 不同稳泡剂的泡沫性能

稳泡剂浓度	稳泡剂	h_{max}(mL)	$t_{1/2}$(min)	泡沫综合指数(mL·min)
0.2%	改性淀粉	420	27	8505
	羟丙基瓜尔胶	360	54	14580
	聚丙烯酰胺	340	62	15810

综合考虑体系的发泡性能及稳定性能,最终确定南堡油田浅层油藏氮气泡沫体系为 HPAM-2500+SDS。

2.3 泡沫配方的优选

固定起泡剂 SDS 的质量分数为 0.3%，改变聚丙烯酰胺 HPAM 的质量分数，研究 HPAM-2500 不同质量分数对泡沫稳定性的影响，优选出最佳聚丙烯酰胺浓度为 0.3%（表3）。

表3 聚合物浓度对泡沫性能的影响

聚合物种类	聚合物浓度（%）	起泡剂	起泡剂浓度（%）	起泡体积（mL）	半衰期（min）	FCI（mL·min）
HPAM-2500	0.1	SDS	0.3	410	17	5227
	0.2			340	62	15810
	0.3			250	156	29250
	0.4			157	226	26612

固定稳泡剂 HPAM-2500 的质量分数为 0.3%，通过改变起泡剂 SDS 的浓度，研究起泡剂浓度对体系泡沫性能的影响，优选出最佳 SDS 浓度为 0.6%（表4）。

表4 起泡剂浓度对泡沫性能的影响

聚合物	聚合物浓度（%）	起泡剂	起泡剂浓度（%）	起泡体积（mL）	半衰期（min）	FCI（mL·min）
HPAM-2500	0.3	SDS	0.1	231	100	17325
			0.2	237	142	86031
			0.3	250	156	25240
			0.6	253	194	36812
			0.8	260	201	39195

综合考虑体系的发泡性能及稳定性能，最终确定南堡油田浅层油藏氮气泡沫配方为 0.3% HPAM-2500+0.6% SDS。

3 泡沫性能评价

3.1 泡沫配伍性评价

泡沫体系配伍性评价结果对比见表5，清水体系的泡沫性能最好，地层水配置的泡沫体系及污水体系的综合指数较小于清水体系但性能相差不大，说明 0.3% HPAM-2500+0.6% SDS 的泡沫体系与地层水及含油污水具有良好的配伍性，现场可采用含油污水进行泡沫体系的配置。

表5 泡沫配伍性评价实验结果

稳泡剂	稳泡剂浓度（%）	起泡剂	起泡剂浓度（%）	实验用水	起泡体积（mL）	半衰期（min）	FCI（mL·min）
HPAM-2500	0.3	SDS	0.6	清水	316	205	48585
				地层水	253	194	36812
				含油污水（97.5%）	247	176	32604

3.2　泡沫耐油性评价

不同含油饱和度条件下泡沫体系的耐油性能见表6。随着含油饱和度的增大，泡沫体系的起泡能力有所下降，当含油饱和度大于20%时，体系的综合性能明显降低。由此可见，泡沫体系具有优良的遇油消泡性能，同时能在含油饱和度不超过20%的范围内保持较好的发泡效果。

表6　泡沫体系耐油性能评价实验结果

稳泡剂	稳泡剂浓度(%)	起泡剂	起泡剂浓度(%)	含油饱和度(%)	起泡体积(mL)	半衰期(min)	FCI(mL·min)
HPAM-2500	0.3	SDS	0.6	0	253	194	36812
				10	247	156	28899
				20	236	109	19293
				30	205	32	4920
				40	191	26	3724
				50	176	18	2376
				60	157	10	1178

3.3　泡沫抗老化性评价

不同老化时间条件下泡沫体系的抗老化性能见表7。随着老化时间的增大，泡沫体系的起泡能力、半衰期及泡沫综合指数FCI缓慢下降，这是由于泡沫体系中的稳泡剂发生降解，起泡剂活性降低，导致泡沫的起泡能力及稳定性有所下降。但该泡沫体系老化48h后泡沫综合指数仍然维持在23314mL·min，具有较好性能。

表7　泡沫体系抗老化性能评价实验结果

稳泡剂	稳泡剂浓度(%)	起泡剂	起泡剂浓度(%)	老化时间(h)	起泡体积(mL)	半衰期(min)	FCI(mL·min)
HPAM-2500	0.3	SDS	0.6	0	253	194	36812
				8	242	190	34485
				16	227	176	29964
				24	225	170	28687
				32	209	168	26334
				40	207	165	25616
				48	198	157	23314

4　现场应用

4.1　选井原则

一般选井条件：采出程度小于20%；含水大于90%，日产油小于3t；有一定供液能力，日产液大于15t；边水油藏构造中高部位。

4.2　注入模型选择

根据目标井封堵半径，处理厚度及目标层孔隙度，采用椭球体模型，设计堵剂用量(图1)。

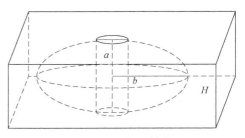

图1　定向井的椭球体模型

$$V_1 = 4\phi\pi ab^2/3 \qquad (2)$$

式中　V——地层条件下地下体积，m^3；

　　　　ϕ——孔隙度，%；

　　　　a，b——处理半径，m；

　　　　H——油层厚度，m。

4.3　施工工艺

采用不动管柱、油管正注的方法笼统注入堵剂，气液地面管线混合，工艺简单，施工方便[1]（图2）。

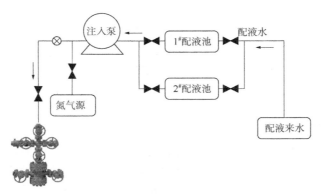

图 2　配注流程

4.4　注入段塞结构设计

采用氮气+氮气泡沫+驱油剂三段式注入，前置段塞采用氮气段塞，氮气不溶于水，较少溶于油，具有良好的膨胀性，增加弹性驱动能量；中间段塞采用氮气泡沫段塞，利用泡沫通过孔喉时会产生"贾敏效应"，从而降低水相的流动能力；后置顶替段塞采油驱油剂段塞，对于近井地带渗流通道进行清洗，解除部分污染堵塞[5]。

4.5　矿场应用效果

矿场应用氮气泡沫控水稳油措施 33 井次，措施有效率 78.8%，阶段增油 9428t，降水 6325m^3，控水稳油效果显著。其中油井 NP4-19 井增油效果最为突出，累计注入氮气 $13\times10^4 m^3$，泡沫剂 325m^3，处理半径 20m，措施后开井及见油，产油量为 7.4t/d，综合含水率为 25.6%，较措施前增油 6.6t/d，含水率下降 71.3%，累计增油 1289t，有效生产时间 6 个月。该井措施效果好的主要原因是油井本身油层发育好，目的层段射开砂岩厚度为 2m，有效厚度为 7m，并且位于构造较高部位，剩余油富集。

5　结论

（1）通过静态实验评价起泡剂的起泡性和稳定性，从而计算出泡沫综合指数，优选出氮气泡沫体系配方为 0.3%HPAM+0.6%SDS。

（2）该泡沫体系具有良好的配伍性、遇油消泡及抗老化性能，是一种施工简单、安全可靠、选择性强的堵水剂。

（3）矿场实施成功率为 78.8%，表明该技术能显著改善油井高含水期开发效果，是南堡浅层天然水驱油藏开发后期一项有效的控水稳油措施。

参 考 文 献

［1］孙鹏霄，苏崇华，孟伟斌．氮气泡沫在海上高含水油田选择性堵水中的应用［J］．石油钻采工艺，2016，38（1）：111-113.

［2］王波，王鑫，刘向斌，等．高含水后期厚油层注氮气泡沫控水增油技术研究［J］．大庆石油地质与开发，2006，25（2）：59-60.

［3］赵国玺．表面活性剂复配原理［J］．石油化工，1987，16（1）：45-52.

［4］欧阳向南．新型表面活性剂的合成与性能研究［D］．荆州：长江大学，2013.

［5］胡鹏，彭航兵，田红燕，等．稀油油藏氮气泡沫抑制边水技术研究［J］．石油矿场机械，2015，44（8）：90-92.

南堡 1-29 断块抽油井杆管偏磨综合治理

鲁娟党　刘　鑫　于　斌　陈　强　王　伟　徐向雲

（中国石油冀东油田公司）

摘　要： 南堡油田 1-29 断块由于井斜大、泵挂深、综合含水逐年上升等特点，致使抽油杆、油管在井下的工作环境日益恶劣，杆管偏磨问题十分严重，造成油井作业频繁、检泵周期短、作业成本增加。通过对南堡油田抽油井杆管偏磨的原因进行分析，认为造成杆管偏磨的因素主要有井身结构弯曲、杆柱载荷变化、生产参数不合理、采出液含水高等。为此，结合生产实际提出了优化杆管组合、优选井下工具、调整合理的生产参数等措施。通过综合防治措施在现场的应用，大大减缓了杆管的偏磨，检泵周期延长了 152 天，取得了较好的防偏磨效果。

关键词： 偏磨；油管；抽油杆；综合治理；南堡油田

有杆泵采油是利用抽油杆柱在油管内上下往复运动带动井下抽油泵工作进行采油，理论上只要各参数设计合理，抽油杆只是在油管的中心做上下往复运动。但在实际现场的应用中，由于抽油杆与油管之间存在相对位移，必然产生杆管间的相互接触摩擦，从而造成油管、抽油杆的磨损。而且随着油田的开发，油井综合含水的不断上升，泵挂越来越深，工艺越来越复杂，抽油机井杆管偏磨井数在不断增加，抽油杆断脱比例上升，检泵周期缩短，作业费用增加[1]。对 2012 年南堡 1-29 断块 25 口检泵井进行统计分析，因杆管偏磨导致检泵共 18 井次，占 72%，18 口井平均检泵周期仅为 187 天，杆管偏磨已成为影响南堡 1-29 断块抽油机井正常生产的主要原因。因此，分析杆管偏磨规律，采取相应的治理措施，对于减缓抽油机井杆管偏磨，提高泵效，延长抽油机井的检泵周期是十分必要的。

1　抽油井杆管偏磨现状调查

对南堡油田 1-29 断块 18 口偏磨井进行现场分析，对偏磨位置及形状进行了现场调查。18 口偏磨井平均泵挂 2045m，其中泵挂超过 2200m 的井 13 口，占 72.2%，18 口井的综合含水 61.2%。从偏磨的深度范围来看，杆管偏磨最突出的井段多位于杆柱底部，12 口井均在泵上部 0~600m 存在偏磨现象，而泵筒上 350m 范围内偏磨最为严重，9 井次的偏磨发生在这一范围内，占 75%。从偏磨井生产参数来看，偏磨严重井的冲次普遍较快，平均冲次为 2.7 次，较其他井快 1.4 次。从偏磨井井身结构看，偏磨井杆管所在位置的平均井斜为 46.2°，较其他井大 5.4°，处于斜井段的杆管长度为 820m，较其他井长 86m。从偏磨的形貌看，抽油杆表现为接箍或本体一侧或两侧被磨平，严重的可将抽油杆内螺纹全部磨掉，将外螺纹磨平；油管偏磨表现为内壁被磨出一条平行于轴心的凹槽，甚至被磨出一条裂缝。

2 杆管偏磨影响因素分析

2.1 井身结构的影响

由于井身结构的影响，油层套管会在某一井段存在螺旋弯曲，油管下入后随着套管弯曲也处于一种弯曲状态或曲线状态，完全受井身结构的影响，抽油杆也随着弯曲或紧贴于油管壁上，造成杆管之间的摩擦[2]。当油井正常生产时，杆管之间的摩阻很大，特别是抽油杆接箍处容易受到磨损，从而造成杆管偏磨。随着井斜角的增加，油井偏磨的概率不断增加[3]。南堡1-29断块18口偏磨井平均泵深2045m，平均最大井斜角41°，平均最大全角变化率为3.4°/25m，泵挂深、井斜大、全角变化率大是造成南堡1-29断块抽油机井偏磨的直接因素。

2.2 杆柱交变载荷的影响

抽油杆上行时，抽油泵游动阀关闭，油管受力主要为自身重力、油管在液体中的浮力、抽油杆柱与油管内壁的摩擦力、柱塞与泵筒的摩擦力、液柱与油管内壁之间的摩擦力，这些力的合力作用在油管上存在中合点，中合点以下油管受压发生螺旋弯曲，此时抽油杆柱因受较大的张力而基本保持直线状态，从而使抽油杆柱与螺旋弯曲的油管每隔一定距离就相互接触而发生偏磨。

抽油杆下行时，抽油杆柱主要依靠自身向下的重力克服上冲程产生的向上的惯性力、抽油杆柱下行产生的摩擦阻力、液体的浮力、衬套与柱塞间的摩擦力以及采出液流过游动阀的阻力，这些力作用在抽油杆上，也存在一个上下力平衡的中合点。抽油杆在运行中存在弯曲失稳的现象，从而产生横向分力，形成动力失稳，当杆体上的周期压载频率与压杆的横向自振频率之间的比值达到一定值时，压杆发生剧烈的横向振动，也就是说抽油杆柱发生失稳的实质是抽油杆柱在运动中受压弯曲失稳。

根据材料力学欧拉公式计算抽油杆失稳弯曲力 p 的计算公式为

$$p = (\pi^3 E d^4)/(64H) \tag{1}$$

式中　E——常数，取 20.5947×10⁴；

　　　d——抽油杆直径，mm；

　　　H——抽油杆长度，m。

由式(1)可以看出，抽油杆长度越大，失稳弯曲力越小，即抽油杆越长，杆柱越不稳定，容易发生弯曲，抽油杆柱底部第一根抽油杆极易失稳弯曲。这从理论上解释了现场泵上0~600mm均发生杆管偏磨，且在0~350m这段偏磨特别严重的根本原因。

2.3 生产参数对杆管偏磨的影响

在有杆泵井工作过程中，不合理的生产参数对有杆泵工况及抽油杆、油管寿命影响很大，会使杆管偏磨状况进一步恶化[4]。理想状态下当冲程、冲次、杆柱组合等参数选择合适时，抽油杆的全部重量应该加载到抽油机悬绳器上，抽油杆行进速度与悬绳器速度同步，抽油杆柱始终处于拉伸状态。实际上，在抽油机下冲程时，抽油杆柱受井底液体阻尼作用和各类摩擦力及杆柱组合不合理造成的杆柱受力状态不同，相当一部分抽油杆包括活塞滞后于悬升器运行速度，特别是中和点以下的抽油杆全部处于受压状态，容易产生弯曲变形。

在发生偏磨的油井中，有杆泵的冲程长度和冲次大小对杆管的偏磨影响较大。冲程越短，偏磨部位也就越小；冲次越高，相同工作时间内偏磨的次数就越多，磨损时的相对运动速度也就越大，这样抽油杆柱下行阻力也就越大，将加剧抽油杆的弯曲变形程度，从而加剧了杆管的偏磨。

抽油杆柱下行时的惯性载荷 F_g 的计算公式为

$$F_g = W_r S n^2 (1-E)/1790 \tag{2}$$

式中 W_r——抽油杆柱重力，N；

　　　S——冲程，m；

　　　n——冲次，次/min；

　　　E——常数。

从式(2)可以看出 F_g 与冲次 n 成平方关系，与冲程 S 成正比例关系，因此冲次对惯性载荷 F_g 的影响远大于冲程，且随着抽吸速度的增加，抽油杆柱下行阻力增大。

2.4　沉没度对杆管偏磨的影响

沉没度过低时，抽油机上冲程时井底液体不能充满泵筒，游动阀下面留有气穴，抽油杆下行时，柱塞撞击液面瞬间，游动阀不能及时打开[5]，下行速度发生瞬间突变，抽油杆柱的动量必然发生变化，从而造成抽油杆的瞬间弯曲，这种弯曲会导致杆管偏磨和抽油杆断裂。实践证明，抽油泵在较低和较高的充满程度下液击载荷均较小，而在充满程度50%左右时液击载荷最大。当油井供液充足，动液面较浅，泵的沉没度过高时，不仅增加了杆管接触面积，加重了抽油机载荷，而且在抽油杆下行过程中，由于井底流压高，固定阀不能及时关闭，液体冲击力作用于泵柱塞，使抽油杆柱下行阻力增加，承受的弯曲载荷增大，加剧了抽油管的偏磨。

2.5　采出液性质对杆管偏磨的影响

2.5.1　高含水对杆管偏磨的影响

南堡1-29断块采用注水驱油的开采方式，随着油田的不断开发，油井产出液的综合含水率逐年上升。产出液含水率越高，偏磨越严重。原因是产出液含水率低时，杆管摩擦面处于良好的油润滑状态，动摩擦因数较小，磨损较轻；产出液含水率高时，杆管摩擦处于水润滑状态，动摩擦因数大大增加，加快了杆管磨损。在理想状态下，当产出液含水率大于74.02%时产出液由油相转为水相[6]，动摩擦因数加大，由原来的油包水型转换为水包油型。杆管摩擦的润滑剂由原油变成了水，失去了原油的润滑作用，产出水与金属直接接触，动摩擦因数加大，增大了杆管之间的摩擦力，使杆管的磨损速度加快。南堡1-29断块产出液含水率大于74.02%的有杆泵井共有8口，均存在偏磨现象。

2.5.2　腐蚀介质的影响

南堡1-29断块有杆泵井产出液的矿化度一般在4000mg/L左右，产出液中 Cl⁻、

HCO_3^-、S^{2-}、游离的 CO_2 和细菌等含量较高，再加上适当的温度，存在如下反应[7-8]：

$$CO_2+H_2O \longrightarrow H^+ + HCO_3^- \qquad (3)$$

CO_2 的含量越高，产出水中 H^+ 越多，pH 值越低，产出液呈弱酸性，具有腐蚀性。且当水中 H^+ 含量增加时，会与 S^{2-} 反应生成 H_2S，反应式如下：

$$2H^+ + S^{2-} \longrightarrow H_2S \uparrow \qquad (4)$$

H_2S 为强腐蚀性气体。与 Fe 存在如下反应：

$$Fe+H_2S \longrightarrow FeS \downarrow + H_2 \uparrow \qquad (5)$$

同时产出液中的腐蚀还原菌可在烃类物质条件下把水中的 SO_4^{2-} 还原成 S^{2-}，从而加快杆管偏磨腐蚀。杆管表面更粗糙，磨损也更为严重。偏磨和腐蚀相互作用，相互促进，二者结合具有更大的破坏性。

3　杆管偏磨的防治措施

3.1　优化杆管组合

（1）在抽油泵上接部分加重抽油杆，加重杆可以有效地减少抽油杆下行阻力，一方面将上部抽油杆拉直，另一方面可以利用其抗压临界载荷大、不易弯曲的特点，使杆柱中和点下移（合理下移至加重杆内），避免下部抽油杆受压弯曲导致杆管偏磨。加重杆外径大、刚性好，承受相同载荷时不易变形弯曲，可达到防偏磨目的。

（2）增加泵下尾管长度，使泵上油管所受的预拉力增加，以免在上冲程时泵上油管受压弯曲导致杆管接触磨损。

（3）在检泵作业过程中，一方面在活塞上部增加或者去掉一个冲程长度的抽油杆短节，改变抽油杆接箍与油管的磨损位置，使磨损均匀，以延长杆管使用寿命；另一方面分段调整抽油杆和油管的位置，使原来处于严重磨损位置的杆管调至磨损较轻或者不磨损的位置。

3.2　优选井下工具

3.2.1　应用斜井杆

有杆泵斜井杆是指在普通抽油杆上铸的塑料扶正块，每根铸 3 个扶正块，在杆柱组合设计中主要用在造斜井段、降斜井段及井斜轨迹较差的其他井段，在减轻杆管偏磨方面效果明显。

3.2.2　安装自旋式尼龙扶正器

自旋式尼龙扶正器具有扶正、防偏磨、刮蜡、助抽增油的作用，是一种提高泵充满系数的工具，相当于在抽油杆上安装了多个提油活塞，这种分段提油的方法，大幅度减少了抽油泵上的液柱压力，减小了漏失，有效缓解了斜井抽油杆和油管内的偏磨。

3.2.3　安装自动变斜面接触式扶正器

自动变斜面扶正器可防止在油井开发过程中由于井斜问题造成的偏磨，有效防止抽油杆、油管的磨损。由于扶正器本体与接箍中轴不是紧密接触，而是有一定的间隙，从而使扶正器本身可以旋转,并可沿轴向作一定角度的倾斜。随着抽油杆不断地上下往复运动,具有椭圆形横截面的扶正器本体外表结构设计保证它可以径向旋转和轴向倾斜,在运行过程中可以随油管的弯曲变化调整倾斜角度,确保扶正器最大的圆弧面始终保持与油管壁面接触,有效缓解抽油杆与油管的偏磨。

3.2.4 应用 AOC 双向保护接箍

双向保护接箍是在普通接箍上涂覆一层耐磨、耐蚀、减摩 AOC-160 涂层。AOC-160 涂层特有的成分在涂层(接箍硬表面)与油管(软表面)摩擦过程中,以片状形式转移到油管表面,在接箍和油管摩擦过程中该片状物的存在降低了接箍和油管之间的摩擦系数,保护和减缓了油管表面的磨损,起到了片状减磨的作用。

3.2.5 使用耐磨内涂层油管

针对南堡油田 1-29 断块油井杆管偏磨这一实际情况,在抽油杆和油管接触表面进行喷涂耐磨涂层,试验证明,经喷涂处理的油管与抽油杆进行摩擦时,耐磨性能较好,摩擦系数与磨损率都较低。

3.2.6 安装油管和抽油杆自动旋转装置

对于井斜大、偏磨严重的油井,尽管安装了扶正器,使用了耐磨内涂层油管,但是油管与扶正器间长时间的偏磨最终导致管柱失效。对此类井,使用油管和抽油杆旋转装置,能大大改善偏磨效果。在抽油杆和油管上分别安装自动旋转装置,生产过程中油管和抽油杆旋转过程不同步,其被磨损面从 19°~21°扩大到 360°。杆管之间的线摩擦通过杆管的不同步旋转变为面摩擦,能使油管和抽油杆四周均匀磨损,防止杆管在同一位置重复磨损造成偏磨,延长杆管的使用寿命,同时有效防止抽油杆脱扣。

3.3 调整合理的生产参数

(1)在偏磨井中,应在满足深井泵产液量要求的前提下[9],尽量采用"长冲程+慢冲次"和小泵径生产,从而增大油管与抽油杆的磨损面积,降低惯性载荷及悬点最大载荷,减少偏磨次数,使磨损均匀,延长抽油杆和油管的使用寿命。

(2)保持足够的沉没度才能得到较高的泵效,同时降低杆管偏磨的影响,对沉没度大于 300m 的抽油井可上提泵挂或换大泵提液,既减小杆管接触面积,同时也减轻抽油机载荷,使磨损减轻[10]。

(3)低产低效井的泵的有效工作时间占其工作时间比例很小,泵效极低,对这类井利用液面恢复曲线方程,计算出最合理的停开抽周期,再采取间开生产,在产液量变化不大的情况下,大大减少了井下抽油杆与油管之间的相互磨损时间,延长了杆管使用寿命。

通过以上综合治理方法的实施,南堡 1-29 断块 33 口抽油井平均冲程 5.5m,冲次 1.4 次/min,减小了偏磨,降低了躺井周期,延长了检泵周期,与 2012 年相比,2013 年抽油井开井率提高了 3.7%,检泵周期延长了 152 天。

4 结论

(1)南堡油田 1-29 断块有杆泵井抽油杆和油管偏磨主要是由泵挂深、井斜大、杆柱载荷变化、生产参数大、沉没度不合理、采出液性质等因素引起的。

（2）优化抽油杆和油管的组合、优选和应用井下防偏磨工具、安装抽油杆和油管井口自动旋转装置等能有效地防治杆管偏磨，延长杆管使用寿命及油井的检泵周期。

（3）防治抽油杆和油管的偏磨是一个综合治理的过程，具体应用哪些防偏磨措施，应根据油井的实际情况，有针对性地选择几种防偏磨措施进行同时实施，才能达到防治有杆泵杆管偏磨的最佳效果。

（4）在满足泵排量和泵效的情况下，合理的生产参数(长冲程+慢冲次)可有效地减缓抽油杆和油管磨损，达到延长检泵周期的目的。

参 考 文 献

[1] 韩修延，王秀玲，侯宇，等．抽油机井震动载荷对杆管偏磨的影响研究[J]．大庆石油地质与开发，2004，23(1)：38-41.

[2] 李健康，郭益军，谢文献，等．有杆泵井管杆偏磨原因分析及技术对策[J]．石油机械，2000，28(6)：32-33.

[3] 李汉周，杨海滨，马建杰，等．抽油井管杆偏磨与井眼轨迹的关系[J]．钻采工艺，2009，32(3)：81-82.

[4] 白建梅，隋立新，高振涛，等．抽油机井防偏磨技术探讨[J]．石油钻采工艺，2006，28(增刊)：22-24.

[5] 陈振江，尹瑞新，郭海勇，等．大港南部油田有杆泵井偏磨机理探讨及综合防治[J]．石油钻采工艺，2008，30(4)：121-124.

[6] 佟曼丽．油田化学[M]．2版．东营：石油大学出版社，1996.

[7] 卢刚，陈杰，曾保森，等．有杆泵井偏磨腐蚀原因探析及防治[J]．钻采工艺，2002，25(3)：90-91.

[8] 靳从起，吕树章，韩应胜，等．抽油机井偏磨腐蚀机理及防治对策[J]．石油矿场机械，1999，28(5)：15-19.

[9] 孟国花，高立军，官志波，等．胜坨油田抽油机油管和抽油杆偏磨治理对策[J]．油气地质与采收率，2003，10(增刊)：99-100.

[10] 杨斌，曾永峰，蔡俊杰，等．双河油田有杆泵井管杆偏磨的综合防治[J]．石油机械，2004，32(11)：46-48.

新型环空测试工艺管柱研制

于洋洋　高　翔　刘宇飞

（中国石油冀东油田公司）

摘　要：环空测试工艺技术因其测试工序少、数据准确度高的优点而受到油田的青睐。但是随着油田开发的深入，深斜井的增多，环空测试工艺的不适应性逐渐显现，先后出现电缆缠绕、"月牙形"空间不足、偏心井口反弹等问题，针对这些问题，设计了小油管环空测试工艺管柱，并研发了 3 种配套工具，特别是井下油管旋转器，有效解决了斜井管柱转不动的问题。

关键词：小直径配套工具；井下油管旋转器；斜井

环空测试是生产测井和试井中的一种特殊工艺，早在 20 世纪 60 年代初，苏联和美国就开始此项研究，并得到迅速发展[1-2]。但是，环空测井存在电缆或钢丝缠绕油管的问题。解缠方法是采用转井口，或是采用作业机提井口方法[3-4]。这种办法在直井操作没有问题，但是在深斜井却很难实现。首先随着井深的增加，管柱变长，管柱自身的重量显著增加；另外，随着井斜角的增大，造成管柱根本无法转动或是转动后反弹，达不到环空测试的要求。本文着重讲述一种新的环空测试工艺管柱，设计了多种配套工具，满足环空测试的要求[5-6]。

1　环空测试电缆缠绕的机理

在环空测试起下井下仪器的过程中，电缆穿越"月牙形"环空截面的窄缝而使测井电缆和井下仪器分别置于油管柱的两侧的现象，称为电缆绕油管，简称缠绕[7]（图 1）。

电缆缠绕油管大多在井底发生，当电缆过管柱底部导锥后开始缠绕油管时，由于油管柱较长，电缆缠绕形成的螺距较大，起升时阻力不大，操作人员一时难于发现。随着电缆的提升，缠绕螺距越来越小。起至井口附近，电缆越过每个油管接箍时阻力较大。仪器提升至离井口 10m 左右时，仪器不能越过窄缝，从而，使下井仪器无法起出井筒，这就是电缆缠绕的后果[8-10]。

2　新型测试管柱

根据环空测试电缆缠绕的机理设计独特的举升工艺管柱

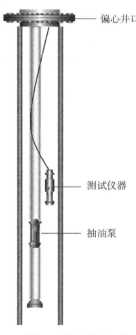

偏心井口

测试仪器

抽油泵

图 1　环空测试工艺
电缆缠绕示意图

结构，适合在斜井上使用（图 2）。举升管柱采用 ϕ60.3mm（2⅜in）油管，接箍外径 77mm，同时配套小直径配套工具，保障整个管柱最大投影直径为 77mm，增加"偏心"的油管柱与套管之间形成的"月牙形"环空截面积，降低电缆缠绕油管的概率，提高环空测试的成功率。另外，研制井下油管旋转器，该工具为该管柱的核心结构，安装在直井段位置，当电缆缠绕油管时，通过该工具实现管柱上下相对转动，保障电缆顺利解缠。

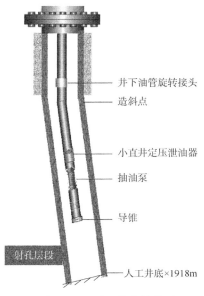

井下油管旋转接头
造斜点

小直井定压泄油器
抽油泵

导锥

射孔层段

人工井底×1918m

图 2 新型环空测试管柱结构图

3 配套工具研制

3.1 井下油管旋转器

当电缆缠绕油管时，仪器提升至离井口 10m 左右时，才开始转油管解缠。对于斜井，由于井斜的原因要转动整个管柱是很困难的，因此，考虑让上部油管转动，下部管柱可转可不转，保证缠绕段油管正常旋转。根据这一思路，设计了井下油管旋转器（图 3）。工具外径 83mm，内径 50mm，满足 500kN 抗拉强度及 15MPa 密封性要求，能够长时间承受 20~30kN 交变载荷不发生疲劳变形。

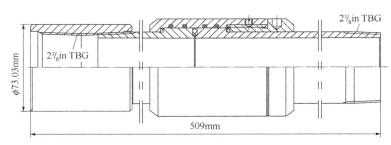

2⅜in TBG

2⅜in TBG

ϕ73.03mm

509mm

图 3 井下油管旋转器结构示意图

3.2 小直径抽油泵

目前国内主流管式泵外观尺寸基本一致，两端连接部分最大外径为 89mm，泵筒泵体外径为 57mm，这种两端粗中间细的结构，当测试仪器从旁边通过时极易造成电缆缠绕。为此，对目前的抽油泵外观尺寸进行了改进。两端全部改为 60.3mm（2⅜in）加厚扣型，方便与小直径管柱连接，接箍外径为 77mm，另外在泵筒外部加一套筒，本体直径达到 70mm，减小了泵筒本体与接箍的直径差，降低斜井中电缆缠绕油管的概率。完成了 38mm 和 44mm 两种规格抽油泵的改进工作。

3.3 小直径定压泄油器

有杆泵配套的泄油器外径都超过 100mm，不能很好满足环空测试的需要，因此重新设计了尺寸小、操作简单的泄油器。

重新设计的泄油器主要由泄油器本体、滑套、剪钉等组成（图 4）。起出柱塞后依靠油管正打压打开泄油器，打开压力由剪钉材质及直径决定，通过室内试验及考虑抽油机井工作时压力波动的影响，最终确定采用 45 号钢、4 个销钉结构，打开压力为 31~34MPa，最大外径为 77mm。

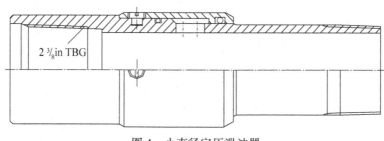

图 4　小直径定压泄油器

4　现场试验情况

目前国内油田油层套管主要为 139.7mm（5½in），内径为 121mm，油管为 62mm（2⅞in）。偏心井口设计最大偏心距为 17mm，油管柱偏心后其环空月牙形断面的最大尺寸为 31mm。使用小油管举升后其月牙形断面的最大尺寸增加至 39mm，适合下直径 25mm 左右的仪器。

2014 年在 G76-47 和 G75-1 井进行现场试验，两口井均为 139.7mm（5½in）套管，其中 G76-47 井 900m 开始造斜，最大井斜角 20°，泵挂位置 1800m，井下油管旋转器安装在 500m 位置；G75-1 井 990m 开始造斜，最大井斜角 17°，下入 44mm 小直径抽油泵，泵挂位置 1500m，井下油管旋转器安装在 300m 位置。

两口井在测试前均对偏心井口进行了转动实验，分别正转和反转两周，井口无反弹现象，随即进行了环空产液剖面测试。测试仪器外径 26mm，G76-47 井第一次尝试下入 1000m，能够顺利起下，第二次直接下入油层部位顺利完成测试，起出过程中出现电缆缠绕现象，在距离井口约 50m 位置时电缆阻力明显增大，通过不断正反转井口，摸索出缠绕方向后实现解缠。

G75-1 井斜角相对较小，一次即顺利完成测试。测试完成后两口井均正常生产，泵效分别为 57% 和 56%，2014 年投入以来有效期达 3 年，显示了其配套工具的可靠性。

5　结论

（1）5½in 套管配套的小油管举升工艺增大了"月牙形"环空截面积，能够为产液剖面测试提供足够空间。

（2）在斜井中配套井下油管旋转器，实现管柱上下相对转动，能够顺利解缠。

参 考 文 献

［1］王乾. 环空测试中电缆缠绕油管的分析与排除［J］. 测井技术，1993，17(3)：233-235.

［2］李灵芝，尹必香，潘新军，等. 大斜度井环空测试技术的研究与应用［J］. 西部探矿工程，2004，16(11)：56-58.

［3］赵强，沈启南，余传斌，等．产液剖面测井技术在碳酸盐油田的应用［J］．石油仪器，2006，20（2）：75-80.

［4］孙文杰，王睿．产液剖面测井仪在辽河油田的应用［J］．测井技术，1999，23（增刊）：508-510.

［5］王成荣，金振汉，罗雄民，等．吐哈油田鲁克沁深层稠油井产液剖面测井技术［J］．石油仪器，2010，24（5）：64-70.

［6］张宝辉，王金霞，吕宝祥，等．变排量抽汲测试测取产液剖面技术［J］．石油钻采工艺，2010，24（5）：64-70.

［7］王金兴，唐洛，曲天虹，等．产液剖面在特高含水生产井中的测井应用［J］．石油地质与工程，2012，26（3）：131-135.

［8］董智慧，杨法仁，王峰，等．清蜡防污染管柱结构及应用［J］．石油矿场机械，2012，41（6），78-80.

［9］张宝辉，白建梅，薛淑霞，等．斜井环空测试工艺技术研究［J］．油气井测试，2001，10（5）：32-34.

［10］李东，王自治，董权利，等．抽油机井过环空测试防缠工艺技术及应用［J］．石油钻采工艺，1993，15（3）：95-99.

第三部分

地面工程

冀东油田海洋钢桩海生物附着
危害分析及应对措施

李祥银[1]　代兆立[1]　张彦军[2]　张传隆[1]　刘进鹏[1]

（1. 中国石油冀东油田公司；2. 中国石油集团海洋工程有限公司
工程技术研究有限公司）

摘　要：本文通过对位于渤海湾的冀东油田 700 多根海洋钢桩进行外观检测，对钢桩海生物的附着情况进行目测观察和分析，总结了冀东油田海洋钢桩的海生物附着情况，并分析了海生物附着生长机理和海生物附着对海洋油气生产的危害，根据油田的现实情况提出了相应的应对措施，对油田在该方面的管理提出了建议。

关键词：冀东油田；钢桩；海生物；附着；应对措施

　　冀东油田位于渤海湾北部沿海，沿渤海湾滩海地区建有 5 个人工岛，其中海上生产导管架平台 1 座，人工岛码头不同于大型港口的码头，规模相对较小，本文将这种人工岛的小型码头等称为登陆点。

　　人工岛登陆点引桥码头下各种钢桩 700 多根，为了保证安全生产，2018 年对油田的各种海洋钢结构钢桩(包括登陆点钢桩及海洋平台钢桩)进行了检测和维护，检测内容包括外观检查、钢桩壁厚检查、阴极保护效果检测等，检测中发现，海洋钢桩表面海生物附着严重，最厚处海生物附着达 50cm。为此，本文对海生物附着问题进行了分析，并提出了相应的应对措施。

1　冀东油田登陆点钢桩海生物生长机理及规律

1.1　登陆点钢桩海生物生长机理

　　首先是有机碎屑会黏附在钢桩表面上，形成一层生物薄膜，这层薄膜为微生物细菌的附着提供了可能，成为污损物附着的温床。微生物附着在这层薄膜上之后又形成一层微生物膜，这就为细菌提供了附着的基础，随后细菌可以在很短的时间之内生长繁衍形成菌落。随后单细胞真核生物附着，接着是多细胞真核生物的附着，这就形成了一个复杂的微型生态系统，在浸水物体表面形成由细菌和硅藻为主的生物膜。生物膜形成以后，海洋中其他附着生物的幼虫和孢子在海洋中漂浮，当其漂浮到带有这些生物膜的浸海钢桩基体表面时，就附着在钢桩表面上逐渐形成海洋污损物。附着的过程主要是与表面发生接触滑动，在适当位置分泌黏液，强有力附着基体表面，然后开始生长，最终形成海洋生物群落[1]。

1.2 登陆点钢桩海生物生长规律

登陆点海洋钢桩(包括阳极)海生物多为硬质海生物,覆盖率70%~80%,以海蛎子为主,最大厚度约50cm,平均厚度约15cm。4个人工岛中,1—3号人工岛海生物附着数量多,覆盖面积较大,4号人工岛相对较少。

硬质海生物上面长有软质海生物,硬质海生物主要是藤壶、牡蛎等,软质海生物以海葵与海草为主,覆盖率20%~30%,最大厚度5cm,平均2~3cm,在钢结构表面附着牢固,极难清理。

海生物生长无明显规律,钢结构复杂处,如KTY结构处,海生物易于附着,数量较多,厚度较大;在钢结构洋流的背浪面海生物附着较多,迎浪面受到冲击附着较少(图1)。

图1 海洋钢桩海生物附着照片

2 海生物附着对海洋油气生产的危害

海洋附着生物对海洋结构物的影响很大,主要危害如下:

(1)增大平台桩腿的体积和表面粗糙度。海上固定平台依靠桩腿来支撑整个平台的自重并承受外荷载,由于海洋生物附着在平台桩腿,增大了桩腿直径、体积和表面粗糙度,加大了波浪和海流的阻力。

(2)增加海洋石油平台的自重。由于海洋附着生物在平台水下构件上的大量附着,增加了平台的自重,使平台质量加大。

(3)对海洋石油平台结构造成腐蚀。附着在海洋石油平台上的海生物死亡之后,在微生物的作用下发生分解、腐烂,产生大量的硫化氢,造成酸化的水环境,若钢桩表面的防腐层出现破损,极易造成钢桩的腐蚀。

(4)影响潜水员的水下作业。在海洋石油生产作业过程中,需要对海洋石油平台等水中工程设施定期进行安全检测,附着生物必然影响潜水作业。

3　海生物清除方法

现在海洋钢桩上抑制和清除海生物生长的方法主要有涂装防污涂料、电解防污、超声波防腐及机械防污等。

3.1　涂装防污涂料

防污涂料是防止海生物附着、蛀蚀、污损，保持浸水结构如舰船、码头、声呐上光洁无物所用的涂料，由漆料、毒料、颜料、溶剂及助剂等组成，涂于防锈底漆之上，利用涂料中的毒剂缓慢渗出，在涂膜表面形成有毒表面层，将附着于涂膜的海洋生物（如藤壶、石灰石等）杀死。防污涂料可分为接触型、增剂型、扩散型、自抛光型等多种[2-3]。

3.2　电解防污

所谓电解防污，就是通过电化学的方法，通过所产生的离子来杀死海生物。目前常用的电解防污方法有电解海水制氯法、电解铜—铝阳极法、电解氯—铜联合法等。在海上石油平台上，电解防污技术主要应用于海水处理系统、消防系统以及电力系统中的海水冷却系统、电缆防护管线等[4]。

3.3　超声波防污

使用电子振荡器驱动声发射装置，造成海生物难以生存的环境，从而起到防污的效果。

3.4　机械清除防污

机械清除就是人员采用扁铲等工具，清除钢结构表面的海生物。该方法简便有效，但是清除过程中容易对钢结构表面原有的防腐层造成破坏，若不及时进行防腐层修复，钢结构的腐蚀速率将加快。

对于冀东油田的现场情况，涂装防污涂料只能在建设时期采用，在后期在役期间难以使用，电解法和超声波法耗能较高，成本大，不经济，所以只能采用机械清除的方法清除钢结构上附着的海生物，同时清除后及时对钢结构采用包覆技术进行防腐修复。

在本项目中，也是采用机械清除的方法清除海生物。机械清除采用了两种方法，分别是高压水冲洗的方法和月牙形扁铲清除的方法，如图 2 所示。

（a）高压水清除海生物照片　　　　　（b）扁铲清除海生物照片

图 2　清除海生物照片

从两种方法的清除效果看，两种方法都能达到表面处理标准的要求。但是从效率看，高压水清除效率稍高一些，但是前期厚度较大时，高压水冲洗清除前还要用扁铲先清除一下，然后再采用高压水清除效果较好。

4 后期运行维护建议

（1）在油田管理单位建立海洋钢结构（登陆点和平台钢桩及牺牲阳极）的管理制度，并配备相应的管理人员（可兼职）。

（2）加强对海洋钢桩管理方和使用方的海生物防护方面的技术讲解和培训，让其理解海洋钢桩日常维护要点，能够对钢桩海生物状况进行定期检测。

（3）建议采用三层包覆技术对海洋钢桩进行防腐处理，为减少对包覆层的破坏，在包覆层表面附着的海生物建议采用高压水射流的方式清除。

（4）定期对海洋钢桩及其他钢结构进行检测，特别是海生物附着情况的检测，并定期对海生物进行清除处理，建议 2~3 年进行一次检测和清除。

参 考 文 献

[1] 刘广利. 船壳海生物附着问题及应对[J]. 中国远洋船务，2013(37)：66-68.
[2] 叶章基，陈珊珊，马春风，等. 新型环保海洋防污材料研究进展[J]. 表面技术，2017，46(12)：62-70.
[3] 王斌. 船舶表面新型防污技术及其发展趋势[J]. 科技与创新，2017(16)：108-110.
[4] 田俊杰，刘刚，曲政. 电解防污技术在海洋石油平台上的应用[J]. 全面腐蚀控制，2003，17(5)：15-16.

滩海人工岛登陆点沉陷隐患治理研究

代兆立[1]　李　泽[1]　焦　辉[1]　杨涵婷[2]　施昌威[2]　蔡　彪[1]　窦海余[1]

(1. 中国石油冀东油田公司；2. 中国石油集团海洋工程有限公司)

摘　要：人工岛登陆点为引桥与岛体连接的重要环节，承担着岛体人员、车辆往来的重要功能。本文以渤海湾某滩海人工岛登陆点岛桥连接处凹陷隐患为研究对象，研究总结沉陷发生的内外在原因，在保障人工岛登陆点安全的基础上，开展登陆点隐患治理的方法研究，探索建立人工岛登陆点沉陷隐患治理关键技术，通过建立滩海人工岛隐患治理的技术思路，提升维护治理技术水平，成功有效地治理登陆点岛桥连接处的凹陷隐患，为人工岛的隐患治理积累了成功经验。同时，对于已建人工岛登陆点的维护与检修有一定的借鉴意义。

关键词：人工岛；登陆点；隐患治理；沉陷

1　概述

除用于港口、城市建设、机场建设、开发旅游业务外，与常规的钢质平台相同，人工岛可作为海上油气田勘探开发的重要结构形式，如冀东南堡油田、胜利油田、辽河油田、大港油田、美国长滩油田等[1]。

人工岛作为一种较为特殊的结构形式，浅海人工岛外围护系统多为袋装砂结合块体护面，底部为护底结构，将直接受海洋波浪、潮流、海冰和地震等因素的影响[2]。引桥为人工岛与外界连接的重要桥梁，多采用桩基结构，基础较为稳定。由于人工岛与引桥两者之间基础不同，易产生不均匀沉降，长时间累积后可能会存在明显的高差，对车辆通行造成不便，甚至产生安全隐患。

登陆点处的沉陷产生的主要原因有以下几点：一是堤心石层填充不密实，在车辆的长期碾压下孔隙发生变化导致局部沉降；二是登陆点处底部袋装砂出现砂土流失；三是登陆点两侧分别为引桥桩基结构和人工岛抛石围埝结构，两侧地基的不均匀沉降导致连接处路面突变。

对于一般的地基沉降，处理方法有碾压法、振动压实法、灌浆法、打桩等。但对于以砂石围填的人工岛，需要考虑到其特殊性，如强夯振动会对周围的岛体及围堤产生一定程度的影响，打桩可能破坏原有的土工布等。

2　人工岛登陆点沉陷处理实例研究

本文以某滩海人工岛登陆点的路面沉陷为例，开展人工岛登陆点沉陷隐患治理方案研究，前期经过多次勘测与两次雷达检测，结果显示桥头一侧路面下部土体存在不同程度松散，局部小孔洞，面板疑似脱空，沉陷情况如图 1 所示。同时在现场勘测中发现登陆点处离岛最近的桩附近区域有较大孔洞，经分析认为因常年潮汐冲刷，将建岛时填入的细砂石冲刷带走，只剩余部分较大石块支撑路面。孔洞尺寸为高 2.5m、宽 3.6m、长 10m，孔洞示意如图 2 所示。

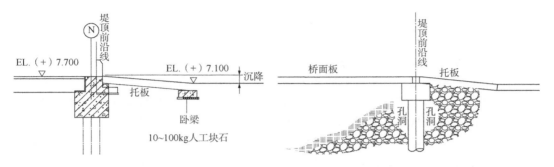

图 1　岛桥连接处沉陷情况示意图　　　　　图 2　岛桥连接处外部孔洞内部情况

针对此种隐患问题，对于明显直接裸露的孔洞，可按照原设计回填块石，再补充灌注水泥浆液，以确保其整体性、完整性。对于托板下方的孔洞及不密实状态，结合现场的实际情况，处理方法较多，下面选取几种方法进行探讨。

2.1　空洞隐患治理方案研究

直接利用人工或可进入的机械设备对孔洞进行填补，保证施工时空洞的稳定性，施工前应适当考虑对两侧的洞壁进行支护，尽量减少对两侧的扰动；桩基防腐处理至 St2 级后，底层涂刷矿脂油并缠绕防腐带，外部包覆聚氨酯管壳（厚度 50mm），外层包裹厚度 0.7mm 铝皮作为保护层。为保证后期浇注能将空间完全填满，在空洞顶部等间距预埋三根灌浆管，埋管根据现场实际情况尽量减少对上部堤心石的扰动，可考虑利用两侧透光孔引入埋设。分层浇筑水下不分散灌浆料进行压力注浆，分层填筑块石。空洞修补前如图 3 所示，修补过程如图 4 所示。

图 3　空洞示意图（修补前）　　　　　图 4　现场孔洞填补修补过程

2.2　登陆点处沉陷治理方案研究

引桥与岛体连接处因沉降已形成较大的斜面，根据地质雷达检测报告，该区域路段回填物性质较为杂乱，均匀性差，岛口路段多数测线以原卧梁为分界，桥头一侧回填土体较为松散，面板疑似脱空，该分界面显著。现场登陆点局部沉陷区域如图 5 所示，此处为车辆通行必经之道，是搭板附近路面沉降的主要原因。由于下部土体部分区域较为松散，长时间的车辆通行，易导致路面的显著沉降，甚至导致承载力不足，应对其进行治理，确保车辆通行安全。

图 5　登陆点局部沉陷区域

主要治理思路为将下部松散土体填实，提高其承载力，对已经沉降的区域，在路面上部采用混凝土和沥青面层的方式进行铺装，达到高差与其他区域平齐。采用注浆及沥青混凝土修复方案、高压喷射注浆方案进行对比分析。

2.2.1　方案一：注浆及沥青混凝土修复方案

测量放线—不良地质区域局部钻孔及注浆—路面切割—路面凿毛—铺设混凝土—铺设沥青路面。

按照地质雷达扫测的结果，发现下部存在孔洞区域，主要是考虑到该区域为袋装砂回填，为尽量减少对下部区域的扰动，采用局部钻孔注浆对该区域进行治理，以图 6 为例，孔 3 距离堤顶前沿线 10.5m，深度为现有路面以下 3.5m；孔 4 距离堤顶前沿线 11.5m，深度为现有路面以下 3.5m。对于不影响袋装砂的区域，均通过现有的路面直接钻孔、利用压力进行浅层注浆，浆液通过填充、渗透和挤密等方式，挤走土体颗粒或石块裂隙中的水、气后占据其位置，对下部不良地质进行治理。

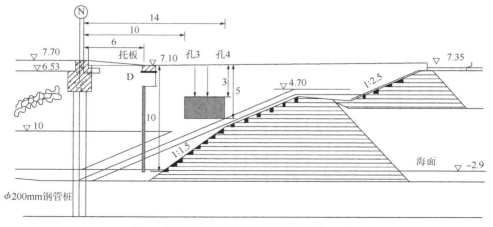

图 6　某雷达测线疑似孔洞位置（单位：m）

2.2.2 方案二：高压喷射注浆、原路面恢复方案

原有路面切割—原有路面破碎—布孔—钻机就位—钻孔—喷射注浆作业—拔管—清洗机具—重复钻孔注浆—原有路面恢复。

利用钻机把带有喷嘴的注浆管钻入（或置入）至土层预定深度后，将高压水泥浆通过钻杆由喷嘴喷出，形成喷射流，通过高压喷射流冲切土体，并与土体联合形成水泥土增强体。这种方法可适用于人工填土和碎石地基。高压喷射注浆除能强化地基外，还有防水止渗的作用，可形成防水帐幕。可通过调整旋喷速度和提升速度、增减喷射压力、调整喷射时间、更换喷嘴孔径、改变流量等参数来达到需要固结体形状。高压喷射注浆的施工工序如图7所示。

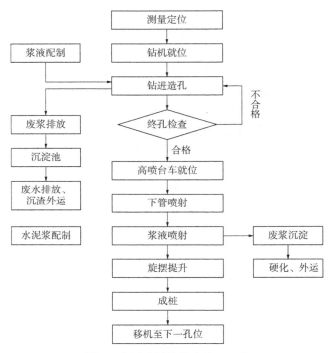

图7　高压喷射注浆法施工工序

2.3 方案对比

无论是空洞的修补或是登陆点处沉陷治理，均不能影响人工岛上的正常生产。因此，方案选择方面应从可实施性、安全性、经济性、环保性、维护性方面考虑。为保证人工岛上的正常生产，避免在施工时造成道路断交，应尽量减少对该区域的车辆通行影响。

方案一：注浆法灌浆的范围有限，灌浆的扩散量及孔隙填充度无法精确控制。但此方案施工便捷，不涉及原有路面的破坏，通过半幅施工、在路面加铺沥青的方式可实现快速通车，基本不影响岛上交通。

方案二：高压喷射注浆可以采用高压旋喷桩等方式，有效固结深度可达到10m以上，可将登陆点处下部基础彻底治理，有效改善地基沉降。同时形成防水帐幕，阻止岛体外面水流对岛体的侵蚀。但此方案中高压旋喷桩打孔深度会进入现有袋装砂结构，袋状砂破损存在砂泄漏的风险，会波及岛体的稳定性及安全性。

经过多方面的考虑与比对，在该工程实例中推荐采用方案一进行修补，不影响路面交通的同时，可以对下部的地基进行较好处理，完成后对路面进行沥青层铺装，治理完成情况如图 8 所示。

图 8　路面治理完成情况

3　结语

人工岛登陆点沉陷，尤其是针对此种海上油气生产的人工岛，在问题治理方案制订与选择时需要考虑到岛上正常生产、岛体安全、环保、实用性、持久性等方面。本工程实例中采用注浆法灌浆的方案，实施效果良好，有效地治理了登陆点岛桥连接处的凹陷隐患，为人工岛的隐患治理积累了成功经验，为类似工程的治理提供了良好的借鉴方案。

参　考　文　献

[1] 胡殿才. 人工岛岸滩稳定性研究[D]. 浙江：浙江大学，2009.
[2] 蒋敏敏，韩尚宇，方伟. 人工岛稳定性影响因素分析[J]. 水利工程，2012，38(26)：1-6.

南堡油田 1 号构造区海底管道裸露悬空段
治理措施经济性评价

张彦龙　王长军　张书红

（中国石油冀东油田公司）

摘　要：结合冀东南堡油田 1 号构造海底管道裸露悬空段隐患治理工程，通过对适合海底管线防护的工程措施进行稳定性试验，优选回填碎石防护、砂袋防护、仿生草防护、软体排防护以及后挖沟治理技术进行海底管道裸露悬空段隐患治理，并进行经济评价。对于裸露悬空管线的治理，防护方案经济评价与比选的推荐顺序为软体排防护、仿生草防护和后挖沟治理，砂袋防护、回填碎石防护只适用于抢险性的临时修复。

关键词：海底管道；冲刷；防护措施；仿生草

近海拥有广阔海洋空间，蕴藏着极其丰富的资源，海底石油与天然气以及其他矿藏储量甚大，海洋空间本身也是一种重要资源，可利用其环境特点，开发成人类活动的空间，使陆地向海洋延伸。与近海资源开发及其空间利用相应，所采取的人工设施主要包括海上平台、人工岛及输运管线。

海洋工程中，由于波浪、水流的作用造成海底结构物底部及其附近海床的泥沙运动称为海底冲刷现象。海底管线冲刷则会引起管线外露甚至悬空，若悬空管道长时间保持此状态而没有支撑或固定，将受海流冲击而产生振动，极易造成管线应力疲劳；冬季浮冰则对悬空管段产生直接撞击，导致管道弯曲、位移、破损甚至断裂；同时，由于管道内的介质输送产生自振，会加快悬空管段产生的应力疲劳。悬空管线一旦发生破损或断裂，将引发原油外漏等海上重大污染事故，不仅造成经济损失，也会产生严重的生态环境影响与社会影响。因此，海上油田出现的海底管道裸露、悬空隐患治理具有重要的意义，海底管线冲刷及防护与控制技术一直是各国海洋工程领域亟须研究的重要课题之一。

本文结合冀东南堡油田 1 号构造海底管道裸露悬空段隐患治理工程，通过对适合海底管线防护的工程措施进行经济评价，优选适合本工程的管线防护方案，为工程设计提供参考依据。

1　工程概况

2010—2012 年，经过 3 年检测，冀东南堡油田 1 号构造海底管线局部海床呈现冲刷态势，多条埋设管道多次出现了裸露、悬空现象。虽然先后及时进行了应急隐患治理，抛填了沙袋和碎石，但海底管道整体仍存在冲刷现象，抢险性治理治标不治本，裸露悬空现象依然存在，后续运行依然存在较大的风险隐患。

通过综合分析南堡油田1号构造海域海床水沙运动规律，评估工程海区滩槽演变趋势与海床稳定性，进行了抛石防护、沙袋防护、回填碎石防护、软体排防护、沙袋+软体排防护、仿生草防护、沙袋+仿生草防护、后挖沟治理8种防护方案定床、动床试验研究，给出了防护结构稳定及失稳波浪、水流及波流条件，可针对冀东油田不同区域不同波流条件进行选用。

2　方案介绍

8种防护方案中，回填碎石和沙袋防护方案稳定性较弱，沙袋防护方案略强于回填碎石方案；仿生草方案中，沙袋填充要优于碎石填充方案，同时试验中仿生草的铺设密实程度对整体防护稳定性有一定影响，特别是在波浪较强的区域；软体排防护方案稳定性较好，只要有足够的块体重量和防护范围，就可以对管线起到较好的防护效果，且受填充物影响较小，可用于波浪、水流动力较强的区域，后挖沟治理则适用于长距离的海底管线治理手段，需要靠海水的淤合作用自然掩埋，整理治理时间较长。

8种试验方案中，抛石防护稳定性差，且施工难度大，不做推荐。考虑到仿生草防护和软体排防护方案中对裸露悬空处均需抛填沙袋，故把仿生草防护与沙袋+仿生草防护方案合并，软体排防护与沙袋+软体排防护方案合并，一共对5种常见方案进行经济评价与比选。

2.1　碎石回填

碎石回填断面布置如图1所示。碎石回填高度应高出管顶0.5m，稳定边坡1∶5，回填断面顶宽3m。

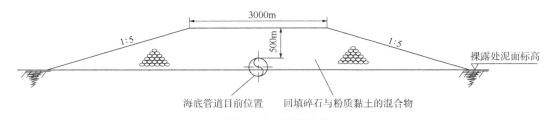

图1　碎石回填防护

2.2　沙袋回填

沙袋回填断面布置如图2所示。沙袋回填高度应高出管顶0.5m，沙袋水下堆放斜坡迎水面角度为30°，回填断面顶宽2m。

2.3　仿生草防护

仿生草回填断面布置如图3所示。仿生草铺设宽度为10m，单边铺设宽度为5m，管道悬空处通过沙袋回填形成稳定断面后，在铺设仿生草。端部采用抛沙袋及铺设高强织布的方式进行防护，两侧采用抛沙袋压边进行防护。

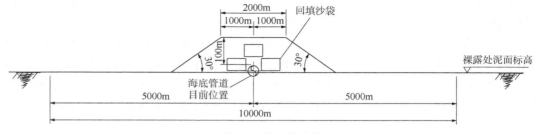

图 2　沙袋回填防护

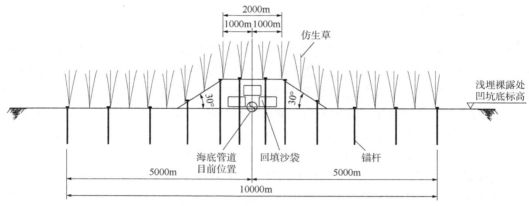

图 3　仿生草防护

2.4　软体排防护

软体排防护断面中软体排尺寸为 3m×8m×0.3m，由 300mm×300mm 的混凝土块通过连接绳串联而成。管道悬空处通过沙袋回填后，再在管道上铺设软体排。

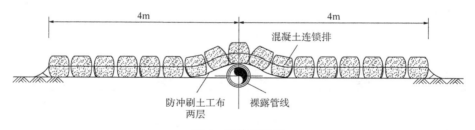

图 4　软体排防护

2.5　后挖沟治理

后挖沟治理主要是利用水力喷射式挖沟机上安装的高压水泵提供动力，高压水流冲刷海底管线两侧下部海床，破除海床土层或将土体液化。在此过程中，高压吸泥系统将挖沟过程中产生的泥沙吸走除去，在海底管线下方形成沟槽，进而海底管线可靠自重落入沟底，沟槽在自然海流及波浪的作用下自然淤合回填，从而将海底管线掩埋至海床面以下。

3 防护方案稳定性试验

研究依据南堡油田海域水沙运动特征，确定试验动力参数。通过波浪断面模型试验研究各种防护措施在不同波浪、水流及床沙条件下对海底管线的防护效果及其适用条件，提出适用于工程区域的合理有效的防护建议，为工程设计提供参考依据。

5 种方案中，仿生草防护和软体排防护满足波流作用下稳定性要求[1-2]。在大流速水流及强浪作用下，仿生草前缘附近泥沙冲刷强烈[3]。

水深为 9.64m 和 8.24m 时，水流、波浪及波流共同作用下抛石防护断面均有较好的稳定性。当流速为 1.6m/s，水流与波高 2.41m、周期 7.0s 的波浪共同作用 3h 后，防护断面上部 100kg 抛石护面部分发生滚落，防护断面失稳。当水深为 3.62m 时，在纯流、纯波浪作用下防护断面可以保持稳定，但是该水位情况下波流联合作用 3h 后防护断失稳。

沙袋防护方案中保持稳定、能承受的波流共同作用的要素最大值分别是流速 1.2m/s、波高 1.91m、平均周期 8.8s 和流速 1.0m/s、波高 2.4m、平均周期 8.8s。

4 经济评价与比选

根据 5 种治理方案的使用条件和治理效果，对 5 种方案进行具体分析，并对治理方案的综合投资进行了估算，进行了优选排序，结果见表 1。

表 1 治理方案经济评价与比选

序号	治理方案	方案描述	投资(万元/m)	效果评价	适用情况
1	碎石回填	碎石回填高度应高出管顶 0.5m，稳定边坡 1:5，回填断面顶宽 3m	0.25~0.35	临时修复，效果一般	波高、流速较小的挖沙区域；抢险性临时防护
2	沙袋回填	沙袋回填高度应高出管顶 0.5m，沙袋水下堆放斜坡迎水面角度为 30°，回填断面顶宽 2m	0.25~0.35	临时修复，效果较好	波高、流速较小的挖沙区域；抢险性临时防护
3	仿生草防护	仿生草铺设宽度 10m，管道悬空处通过沙袋回填再铺设仿生草。端部采用抛沙袋或铺设高强织布进行防护，两侧采用抛沙袋压边防护	4.5~5.0	永久修复，效果好	波高、流速中等的区域采用仿生草防护；若波高较大，可考虑采用沙袋充填
4	软体排防护	软体排尺寸为 3m×8m×0.3m，300mm×300mm 混凝土块用连接绳串联。管道悬空处通过沙袋回填后，再在管道上铺设软体排	2.5~3.0	永久修复，效果好	水深较浅、波高、流速均较大的区域选择软体排防护
5	后挖沟治理	船舶就位，挖沟机准备，挖沟机就位，后挖沟作业，挖沟机回收，作业船撤离	1.0~2.0	永久修复，效果好	海底管道出现大范围、长距离的裸露或悬空

注：投资含材料费用和海上安装费用。

5　结语

　　根据本工程区域实际情况，建议在波高、流速较小的挖沙区域选择碎石和沙袋防护方案；在波高、流速中等的区域采用仿生草防护方案，如果波高较大，可考虑采用沙袋充填；在水深较浅、波高、流速均较大的区域可选择软体排的防护方案；如果整段海底管道出现大范围、长距离的裸露或悬空，保证整体管线的快速综合治理，可以考虑后挖沟治理方法。

　　对于裸露悬空管线的治理，防护方案经济评价与比选的推荐顺序为软体排防护和仿生草防护，沙袋防护、回填碎石防护只适用于抢险性的临时修复。

参　考　文　献

[1] 刘伟，焦志斌．波浪作用下冀东油田仿生草防护特性试验研究[C]//第十七届中国海洋(岸)工程学术讨论会论文集．北京：海洋出版社，2015．
[2] 刘伟．冀东油田滩海仿生草冲淤作用模型试验研究[J]．石油工程建设，2015，41(4)：22-25．
[3] 焦志斌，沙秋，牟永春．水流作用下滩海工程仿生草防护技术研究[J]．海洋工程，2014，32(2)：104-109，132．

滩海油田人工岛水-土-气腐蚀环境的多方位分析与评价

颜芳蕤[1]　许腾泷[1]　张书红[1]　秦永坤[2]　李　岩[2]　朱锡昶[2]

（1. 中国石油冀东油田公司；2. 水利部交通运输部国家能源局
南京水利科学研究院）

摘　要： 为解决滩海油田人工岛生产设施的腐蚀问题，从海水、土壤及大气三个角度对冀东油田人工岛的腐蚀环境进行了多方位分析。结果表明：人工岛周围环境具有海水电导率高、土壤腐蚀性局部较强、大气腐蚀环境等级达 C4 高的特点。基于这种特点，建议综合考虑滩海区域腐蚀环境中水质、土壤和大气三种因素的影响，提高防腐蚀方案设计所依据的环境等级，从而减缓钢质生产设施的腐蚀速率，推动滩海区域海洋资源的高效开发。

关键词： 滩海油田；人工岛；海水腐蚀；土壤腐蚀；大气腐蚀；腐蚀环境分级

冀东南堡油田位于河北省唐山市境内的渤海湾滩海区域，现有 NP1-1 号、NP1-2 号、NP1-3 号、NP4-1 号和 NP4-2 号五座人工岛。人工岛上管线、储罐、采油平台等数量众多且结构多样，2017 年对在役滩海油气生产设施状态巡查时发现，岛上大量金属结构普遍发生明显的腐蚀。

从腐蚀角度看，海洋环境通常海洋大气区、浪花飞溅区、潮差区、海水全浸区和海底泥土区五个区带，各区带腐蚀特性不同[1]。按传统腐蚀环境分区，冀东南堡油田人工岛所处滩海区域几乎覆盖了海洋腐蚀环境的所有分区，腐蚀环境苛刻。不过，处于滩海区域的人工岛的腐蚀环境有其特殊性：一方面，土壤理化性质差别大，上土层以含淤泥、砂粒的素填土和吹填海砂为主，土质松散且偏湿；另一方面，土层中广泛分布 Cl-Na 型咸水。两方面因素的存在，增加了滩海区域人工岛腐蚀环境的复杂性。因此，有必要系统研究并综合分析滩海区域人工岛的腐蚀环境特点，从而为推动滩海区域海洋资源开发和利用提供良好的参考经验。

1　测试方法及仪器设备

1.1　人工岛海水腐蚀性测试

海水与钢结构腐蚀有关的物理化学性质主要有盐度、氯度、电导率、pH 值、溶解氧含量、温度、流速及海生物等。采用 Thermo-Orion 水质多参数测量仪测试人工岛周围海水的 pH 值、电导率、溶解氧含量，采用氧化还原测定仪测量海水氧化还原电位及温度。

1.2 人工岛土壤腐蚀性测试

土壤电阻率是反映土壤腐蚀性的重要因素之一，其受土壤固有性质、土壤含水量、含盐量、pH 值、质地、松紧度等的综合影响。采用便携式 pH 测试计测量土壤 pH 值。采用 Wenner 四极等距法测定人工岛土壤电阻率[2]。被测区土壤电阻率由式（1）计算得出：

$$\rho = 2\pi aR \tag{1}$$

式中 ρ——被测区土壤电阻率，$\Omega \cdot m$；

a——相邻两电极间距，m，本次测量取 5m；

R——仪器示值，Ω。

1.3 人工岛大气腐蚀性测试

大气氯离子沉降速率是反映滩海油田人工岛盐雾腐蚀性的重要环境因素。采用湿烛法[3]测量滩海区域的大气中氯离子沉降速率 $S_{d,c}$，具体按以下公式计算：

$$S_{d,c} = \frac{m_1 - m_0}{At} \tag{2}$$

式中 m_1，m_0——取样溶液和空白溶液中 Cl⁻ 的质量，mg；

A——暴露纱布的表面积，m^2；

t——暴晒时间，d。

根据 NP1-1、NP1-3 和 NP4-1 人工岛的距海距离（与海水最高潮岸线的水平距离），分别设置大气中氯化物采集装置，并于距海距离最近的油田内陆作业区设置对比试验装置，如图 1 所示。分别在 2018 年 8—9 月和 10—11 月进行现场取样，取样完毕后进行检测分析，计算氯离子沉降速率。

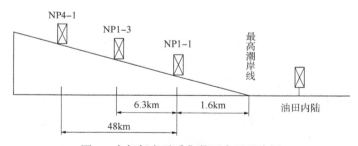

图 1 大气氯离子采集装置布置示意图

2 结果与讨论

2.1 人工岛代表性钢结构腐蚀情况

人工岛登陆点的钢质靠船构件多处于浪溅区，通常该区域的腐蚀最为严重。如图 2 所示，登陆点钢质靠船构件存在严重腐蚀现象，表面涂层完全破损脱落，出现大面积的蚀坑，局部位置钢板发生剥层脱落，腐蚀厚度在 3mm 以上。采用 SEM 和 EDS 对钢质构件的腐蚀形貌和腐蚀产物进行分析，如图3所示。对于钢基体[图3(a)]，其表面表现疏松、片状粗糙特征，EDS分析表明Fe和O元素含量(质量分数)分别约为59%和34%，说明钢基体表面存在大量的Fe的氧化物。对于表面涂层[图3(b)]，其与基体的接触面上出现大量微裂纹，EDS分析表明Fe和O元素含量(质量分数)分别约为50%和37%，且出现一定量的Cl元素[约1%(质量分数)]，说明氯离子已经渗透贯穿整个涂层厚度，导致涂层与基体界面间发生明显腐蚀。

图2 NP4-1号人工岛登陆点靠船桩和防撞桩的腐蚀状况

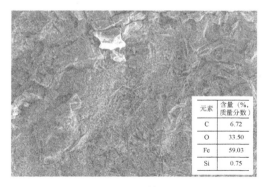

元素	含量（%，质量分数）
C	6.72
O	33.50
Fe	59.03
Si	0.75

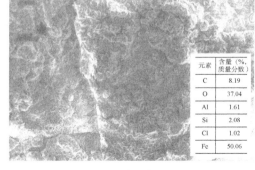

元素	含量（%，质量分数）
C	8.19
O	37.04
Al	1.61
Si	2.08
Cl	1.02
Fe	50.06

（a）钢基体   （b）表面涂层

图3 钢质防撞桩基体及其表面涂层背面的腐蚀形貌

2.2 海水水质分析

表1为NP1-1号、NP1-2号和NP4-1号人工岛周围海水电导率、溶解氧含量、氧化还原电位及pH测试值。3座人工岛的海水电导率均在$4 \times 10^4 \mu S/cm$左右。王曰义等[4]研究发现，电导率在$400\sim4000\mu S/cm$存在临界电导率，超过该值时，金属在水中的腐蚀速率将随水的电导率的增加而增大，直到海水腐蚀速率出现最大值。冀东南堡油田人工岛海水电导率均远超临界值，说明海水中电子与离子活度增加，因而腐蚀反应离子和电子的转移阻抗降低，会促进腐蚀反应的进行。

表1 冀东油田人工岛海水水质测试分析结果

编号	电导率($10^4\mu S/cm$)	溶解氧含量(mg/L)	氧化还原电位(mV)	pH 值	温度(℃)
NP1-1	3.99	6.58	146	7.6	24.3
NP1-2	4.24	6.67	150	8.3	18
NP4-1	4.16	7.70	153	8.2	22.8

溶解氧含量是影响海水腐蚀性的重要因素。有研究表明[5]，3%～3.5%（质量分数）的 NaCl 水溶液对钢铁的腐蚀最为严重，当盐浓度（质量分数）高于3.5%时，氧的溶解度降低及扩散速度减小，腐蚀速率明显下降。对照 ASTM D1125—2014《水的电导率和电阻率的标准测试方法》[6]发现，3 座人工岛海水电导率介于 0.1～1mol/L 氯化钾参比溶液的电导率之间，相应换算成 NaCl 的质量分数包含了上述腐蚀速率较高的浓度区间。结合表1可见，3座人工岛海水溶解氧含量均保持在 7mg/L 左右，未随海水电导率变化而出现明显降低，这说明人工岛周围海水与空气接触，加上波浪不断搅动，大量的氧可以溶入海水，保证供氧充足。因此可以推断，人工岛海水中溶解氧仍会使钢处于较高的腐蚀速率。

水的氧化还原电位是由若干个氧化还原电对共同作用的结果，可综合反映海水体系的氧化能力。因此，氧化还原电位必然通过与海水中金属腐蚀反应耦合而对其腐蚀过程产生影响[7]。钢在海水中的腐蚀受到阴极氧去极化控制，如下：

$$阳极反应：Fe-2e \Longrightarrow Fe^{2+}$$

$$阴极反应：2H_2O+O_2+4e \Longrightarrow 4OH^-$$

通常，氧化还原电位与海水的含氧量和 pH 值相关，不过在开放性大洋海水中，pH 值相对稳定在8左右（表1），因而人工岛周围海水的氧化还原电位主要与海水的含氧量有关。如图4所示，自 NP1-1 号人工岛至 NP1-2 号和 NP4-1 号人工岛，海水的溶解氧含量增加，相应的其氧化还原电位值也增大。当溶解氧含量增大时，氧的极限扩散电流密度增大，导致氧去极化速度增加。因此，在溶解氧含量增加的情况下，氧化还原电位值增加，将导致阴极反应速度增大，即加快腐蚀速率。

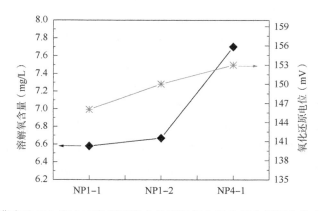

图4 冀东油田3座人工岛周围海水的溶解氧含量和氧化还原电位变化趋势

2.3　土壤腐蚀性分析

根据相关规范[8]的规定，土壤的腐蚀性可以根据土壤电阻率大小进行分级。表2为 NP1-1 号、NP1-2 号、NP4-1 号和 NP4-2 号人工岛土壤电阻率现场测试结果。如表2所示，NP1-1 号和 NP1-2 号人工岛的土壤电阻率总体上大于 $50\Omega \cdot m$，仅 NP1-1 号人工岛生产区内局部区域的土壤电阻率小于 $50\Omega \cdot m$，土壤腐蚀性总体中等偏弱；NP4-1 号人工岛生产区内局部区域的土壤电阻率小于 $50\Omega \cdot m$，土壤腐蚀性中等偏弱；NP4-2 号人工岛生产区内部分区域的土壤电阻率为 $10.1\Omega \cdot m$，属于土壤腐蚀性较强等级。不过，土壤电阻率不仅取决于土壤本身的固有性质，还受到土壤含水量、含盐量、pH 值、质地、松紧度等性质的综合影响，其中含水量对电阻率的影响最大[2]。现场测量区域的土壤均为压实土体，且处于干燥状态，因此不能完全反映人工岛土壤的本征电阻率，后续将结合降雨情况进行对比测量。另外，对选测区域的土壤 pH 值测定显示，人工岛土壤 pH 值均大于8，属于盐碱性土壤。综合来说，冀东南堡油田人工岛土壤属于盐碱性，腐蚀性总体中等偏弱，但是局部仍具有较强腐蚀性。

表2　冀东南堡油田人工岛土壤电阻率现场测定结果

人工岛选测区	NP1-1		NP1-2		NP4-1		NP4-2	
	生产区		雨水回收池区		生产区		生产区	
	1	2	1	2	1	2	1	2
电阻率($\Omega \cdot m$)	69.1	43.0	116.5	95.5	50.9	33.3	84.8	10.1
腐蚀等级	弱	中	弱	弱	弱	中	弱	强

2.4　大气腐蚀性分析

图5所示为冀东南堡油田 NP1-1 号、NP1-3 号和 NP4-1 号人工岛大气氯离子沉降速率随季节的变化情况。3座人工岛的氯离子沉降速率均明显高于油田内陆作业区[约 $30mg/(m^2 \cdot d)$]，并且随距海距离的增加而有逐渐增加趋势，不过超过一定距离后氯离子沉降速率增加趋于平稳。这是由于在距海距离较大的海洋区域，氯离子沉降速率与大气温度和相对湿度的相关性增加，且海面风急浪高，受海水飞溅的影响程度大，而在油田内陆作业区，海水飞溅对氯离子沉降速率的影响减弱[9-10]。此外，氯离子沉降速率在8—9

月明显高于10—11月，根据油田记录的气象资料显示，冀东滩海油田每年最热月份为7月、8月，平均最高气温为 30℃，较高的环境温度会导致氯离子的运动速度加快，使得脱脂棉纱布可以收集更多的氯离子[11]。这也说明了氯离子沉降速率与大气温度存在正相关性。

根据相关规范[12]，基于氯离子沉降速率数据可以对碳钢的腐蚀速率进行预测，预测值见表3。在8—9月，NP1-1 号、NP1-3 号和 NP4-1 号人工岛上碳钢腐蚀速率预测值在 $70\mu m/a$ 左右，10—11月腐蚀速率有所降低，

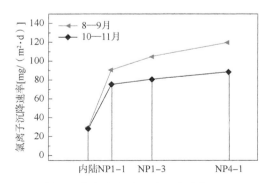

图5　冀东南堡油田人工岛大气氯离子沉降速率变化曲线

维持在 64μm/a 左右。对照 ISO 12944-2：2017[13]，可以推算出滩海油田人工岛的大气腐蚀环境等级为 C4 高。

表3　碳钢腐蚀速率预测数据表

取样点	腐蚀速率预测值（μm/a）		ISO 12944-2：2017[13]
	8—9 月	10—11 月	
NP1-1	66.9	63.2	腐蚀等级 C4 高 低碳钢单位面积上质量和厚度损失（经第一年暴露后）厚度损失参考值 50~80μm，一般属中等含盐度的工业区和沿海区域
NP1-3	70.2	64.5	
NP4-1	73.5	66.4	
油田内陆	49.3	48.6	

3　结论与建议

浪溅区受到海水、盐雾、光照等腐蚀因素的综合影响，导致处于这类区域内的钢质构件的腐蚀成为一个共性问题。对于滩海区域人工岛，其生产设施所处腐蚀环境具有特殊性，除海水和大气外，人工岛土壤也表现出明显的腐蚀性。通过对人工岛所处环境的海水、大气和土壤的多方位分析，得到结论和相应建议如下：

（1）滩海油田人工岛处于海水腐蚀、土壤腐蚀和大气腐蚀综合作用环境，周围海水电导率较高且供氧充足，土壤腐蚀性总体中等偏弱且局部较强，大气腐蚀环境等级为 C4 高，整体腐蚀环境苛刻，易引起钢结构表现出较高的腐蚀速率。

（2）土壤腐蚀性检测受土质、土壤状态、含水量、含盐量、杂散电流等多种因素的复杂影响，建议对人工岛土壤的多项指标进行综合理化分析，结合国际规范确定土壤腐蚀性分级。

（3）滩海区域腐蚀环境分级需综合考虑海水、土壤和大气的影响，建议滩海区域防腐蚀方案设计所参考腐蚀环境等级应增高一级，增大腐蚀防护裕量。

参 考 文 献

[1] 侯保荣. 海洋腐蚀环境理论及其应用[M]. 北京：科学出版社，1999.

[2] 张秀莲，李季，余冬良. 土壤对埋地管道腐蚀性的调查与分析[J]. 煤气与热力，2010，30(3)：38-42.

[3] 丁国清，侯捷，杨朝晖，等. 金属和合金的腐蚀大气腐蚀性　第3部分：影响大气腐蚀性环境参数的测量：GB/T 19292.3—2018[S]. 北京：中国标准出版社，2018.

[4] 王曰义，王洪仁，刘玉梅. 水电导率对钢、铜腐蚀行为的影响[C]. 2001 年全国水环境腐蚀与防护学术交流会，2001：77-84.

[5] 韦云汉，芦金柱. 深海环境碳钢的腐蚀与防护[J]. 全面腐蚀控制，2012，26(3)：1-5.

[6] Amecircan Society for Testing Material. Standard test methods for electrical conductivity and resistivity of water：ASTM D1125—2014 [S]. West Conshohocken：ASTM International，2014.

[7] 丁慧. 海水 ORP 对 3C 钢腐蚀行为的影响[J]. 海洋科学，2013，37(6)：73-76.

[8] 杨春明，张昆，刘芳等. 钢质管道外腐蚀控制规范：GB/T 21447—2018[S]. 北京：中国标准出版

社，2018.

[9] 胡杰珍，刘泉兵，胡欢欢，等．热带海岛大气中氯离子沉降速率[J]．腐蚀与防护，2018，39(6)：463-467.

[10] 刘聪，唐其环，王莞，等．ISO 9223—2012标准碳钢大气腐蚀速率预测方程在我国典型地区的适用性研究[J]．装备环境工程，2017，14(10)：74-77.

[11] 刘军，邢峰，丁铸．环境参数对大气氯离子作用的影响[J]．低温建筑技术，2008(6)：4-6.

[12] 王振尧，潘晨，侯捷，等．金属和合金的腐蚀大气腐蚀性　第1部分：分类、测定和评估：GB/T 19292.1—2018[S]．北京：中国标准出版社，2018.

[13] International Organization for Standardization. Paints and varnishes—Corrosion protection of steel structures by protective paint systems—Part 2：Classification of environments：ISO 12944-2：2017 [S]. Switzerland：ISO copyright office，2017.

南堡油田海底管线勘测及问题管段治理

王召堂

（中国石油冀东油田公司）

摘　要： 冀东油田利用人工岛和导管架对浅海油田实现了海油陆采，针对南堡1号构造铺设了7条海底管线，总长度达到27km，已经安全运行了2年，为了预防海底管线泄漏、排除生产隐患，对海底管线的埋设状况开展了摸底调查。采用声呐探测技术进行了勘测，发现部分海底管线存在裸露、埋深不足、悬空等问题，对于问题管段采取了抛石护坡、碎石覆盖和后挖沟填埋等治理措施，保障了海底管线安全运行，为今后进行海底管线维护积累了经验。

关键词： 海底管线；南堡油田；管线勘测；影响因素；治理措施

随着冀东南堡油田1号构造的开发建设，已建成的海底管线承担着2号、3号岛和NP1-5、NP1-29平台的原油和注水井口用水的运输任务。在整体安全运行一段时间后，需对海底管线埋设状况进行摸底调查，采用声呐探测技术对海底管线两侧150m范围内进行勘测，查明测区内水深、海底地形地貌、海底冲刷、管线空间位置、立管、阳极块及掏空等情况。对勘测结果结合潜水探摸的情况进行综合分析，评价海底管线的安全状态，为管线的维护和管理提供可靠的依据。及时对问题管段进行治理，保障管道运行安全，避免发生环境污染事故。

1　勘测情况简介[1]

冀东南堡油田1号构造位于河北省唐山市南堡外浅滩，曹妃甸西北约20km，浅滩高程为-7~0m。

水深测量采用德国Innomar公司生产的SES-96 Standard Parametric Echo Sounder，并配置涌浪滤波仪消除因风浪引起的测深误差，沿管线路由垂直方向每20m布设长300m的测线，沿侧线进行水深测量并绘制水深图。

海底地貌调查利用英国GeoAcoustics公司DSSS数字旁扫声呐仪，沿管线路由平行方向间隔50m两侧各布设3条侧线，进行声呐旁侧扫海，了解测区内的地形地貌。

利用德国Innomar公司生产的SES-96 Standard Parametric Echo Sounder型管线探测系统，并配置涌浪滤波仪消除因风浪引起的海底跟踪起伏误差。利用差频方式采集数据，通过调换能器发射主频100kHz和114kHz，接收频率12kHz，分辨率10cm，采用计算机硬盘进行数字记录，获得海底泥面下5m深度范围内高分辨率的声学剖面，重点部位进行加密复测并结合潜水员探摸，确定海底管线的空间位置和状态。在作业中尽可能地保持船只的直线匀速行驶。

耗时两个月对测区内 7 条海底管线进行了勘测，发现存在悬空、裸露、埋深不足等问题，其中单段悬空长度最长 167m，最大悬空高度达 5.46m，且裸露段总长 5939m，有的管线悬空和裸露段长度之和占单条管线的比例高达 56%。为保证海底管线运行安全，对问题管段必须进行紧急治理，具体勘测结果见表 1。

表 1 海底管线勘测结果

工程名称	类别	管线总长（m）	调查长度（m）	悬空段			裸露段总长（m）	埋深情况		悬空定义：裸露管顶至海底面距离（m）
				悬空总长（m）	最长悬空段（m）	最大悬空高度（m）		埋深段总长（m）	最大埋深（m）	
NP1-2D 至 NP1-1D	混输管线	3650	3640	125	104	0.87m	1940	1575	1.6m	>0.66
	输水管线	3650	3650	235	105	0.58m	1666	1749	0.9m	>0.36
NP1-3D 至 NP1-1D	混输管线	6700	6474	370	167	5.46	1793	4311	1m	>0.50
	输水管线	6700	6527	250	120	2.5	540	5737	1m	>0.20
NP1-5P 至 NP1-3D	混输管线	800	670	55	26	0.66	0	615	0.95m	>0.20
NP1-29P 至 NP1-2D	混输管线	2400	2370	0	0	0	0	2370	1.82	>0.20
	注水管线	2400	2380	0	0	0	0	2380	1.65	>0.20

2 海底管线出现问题的原因

2.1 施工因素

海底管线埋设采用渤海湾较成熟的高压水射流后挖沟技术。但在后挖沟过程中因挖沟行进速度过快、水射流压力不足、定位导航偏差等因素造成挖沟深度不够、管道没有落入沟底、挖沟路由错误，致使出现管线裸露埋深不足等问题。

2.2 水流冲刷

冀东南堡油田 1 号构造处于浅海区域，裸露管段受潮流海浪影响较大。水流冲刷主要是对裸露管道下面的冲刷，开始于管道与海床面之间出现一水流隧道，致使管道前后存在一定压差，使管道下的水流流速大于行进流速，从而引起管道下的冲刷掏空[1-2]，裸露管线存在进一步被冲刷造成悬空的重大安全隐患。

通过对海底高程的测量结果和管线铺设前海底高程进行比较，发现该海域属自然淤积区，所以冲刷对深埋管线的影响较小。

2.3 私挖乱采

通过对悬空段两侧 150m 范围内的勘测，因私挖乱采在 3 号岛至 1 号岛海底管线两侧出现多个大坑，造成管线悬空和裸露。通过对沙坑区域声呐探测剖面成像图的观察，悬空管线存在搭在沟肩悬空和掏空悬空两种情况(图 1)。

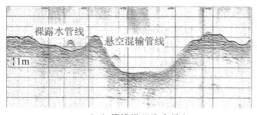 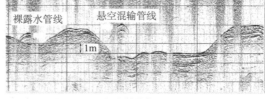

（a）管线搭于沟肩悬空 　　　　　　　　　（b）管线掏空悬空

图1　沙坑区声呐探测剖面

3　问题管段治理

鉴于实际勘测结果，单段悬空长度和最大高度均对海底管线正常运行构成重大安全隐患，需首先对悬空段进行紧急治理。目前海底管线悬空段治理比较成熟的技术有水下打短管桩固定、抛砂袋结合混凝土块覆盖、扰性软管跨接等方法。对于裸露段和埋深不足段，可采用重新挖沟、抛砂袋结合混凝土块覆盖或人工设置仿生海底植物等方法[2-4]。

结合冀东油田海域实际，悬空段采用抛石护坡碎石覆盖结合后挖沟回填法处理。本方法优点是施工工艺及取材简单，便于实施；不需要进行防腐处理；不影响管线正常生产；保护范围广，对同区域周围的海底管线可产生保护。缺点是存在抛填的毛石碎石有进一步被冲刷淘走和形成塌方的可能，造成管道的再度悬空，覆盖的碎石将对管道产生下向压力，破坏防腐层等不利影响[2]。对裸露段和埋深不足段采用后挖沟处理，使管线埋深达到设计要求的1.5m。

3.1　管线曲率修正

根据实测的海底管道路由资料，为减小现存悬空状态下的管道应力，需对海底管道路由纵剖面曲率进行修正。输水和混输管道修正曲率半径分别为1000m和2000m，达到修正段管线与平直管道平顺过渡。

3.2　悬空段毛石护坡碎石回填沙袋支撑

因悬空段多为私挖乱采所致，形成多段不连续大坑，悬空管线中间存在多处支撑点。根据管线悬空实际情况，对部分悬空高度较大区域，采用抛毛石人造坡堤、碎石回填堤芯方法。为避免碎石损坏管线防腐层和便于安放保护防腐层的沙袋，在回填碎石表层铺设300mm厚的小鹅卵石，回填高程为修正后管底高程，专业潜水员水下平整并安放袋装粗砂将管道按一定间距（混输、输水管线间距分别为20m和7m）进行支护。悬空段施工剖面如图2所示。

3.3　过渡处理段开挖

采用潜水挖沟机对悬空管线支撑点进行削挖，为了防止产生过大的管道应力造成管道断裂，需控制水射流压力和船舶行进速度，前两次挖沟的深度控制在0.3~0.5m，随后每次挖沟深度控制在0.5~1.0m，直至达到设计修正路由。混输管线挖沟处理段如图3所示。

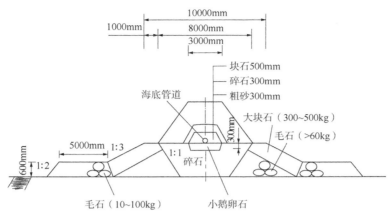

图2 悬空段支护覆盖施工截面图

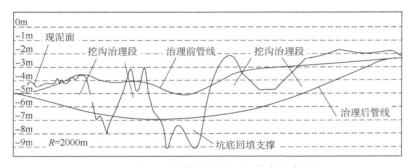

图3 沙坑区管线挖沟处理段分布示意图

3.4 袋装粗砂支护破拆及海底管道下放

待悬空处理段挖沟完成后，由专业潜水员对水下袋装粗砂支护进行破拆，每次破拆高度为200~300mm，以保证管道应力不致改变过大，逐次破拆，直至将管道下放至铺设的小鹅卵石上。

3.5 粗砂碎石块石覆盖

管道回填覆盖段利用定位系统由工程船舶逐段按自下而上为300mm粗砂、300mm碎石、500mm块石进行分层回填覆盖保护，过度处理段管道采用水力自然回淤覆盖。

4 结语

通过采用声呐探测技术对工区7条管线进行勘测，及时发现部分管段存在的严重问题，采取成熟有效的技术方法对问题管段进行抢救性治理，取得了良好效果，确保了海底管线的安全运行，为油田积累了相关问题的处理经验。但同时需要加强海底管线管理，特别是夜间加强管线路由附近巡查力度，避免再次因私挖乱采造成管线悬空；对过往船舶和路由区域内的工程船舶加强管理，避免捕鱼拖网和抛锚对管线及海缆造成损坏；建立定期勘测制度，定期了解海底管线埋设状况，掌握该海域水流冲刷和淤积变化情况。

参 考 文 献

[1] 路继臣，冯林先，林向英，等．滩海石油工程技术[M]．北京：石油工业出版社，2006.

[2] 孟凡生，徐爱民，李军，等．滩海海底管线悬空问题治理对策[J]．中国海洋平台，2006，21(1)：52-54.

[3] 赵峰．辽东湾北部地貌变迁对海底管线安全影响研究[C]//渤海湾浅海油气田开发工程技术文集(第六集)．北京：石油工业出版社，2008.

[4] 刘锦昆，张宗峰．仿生防冲刷系统在埕岛油田中的应用[J]．中国海洋平台，2008，23(6)：38-54.

滩海油田集输管道次声波泄漏监测技术现场试验研究

吴 鹏

（中国石油冀东油田公司）

摘 要： 为提高滩海油田海底管道和陆岸管道泄漏监测有效性，通过分析当前先进的泄漏监测技术，优选次声波法对海底油气混输管道和陆岸输油管道进行现场试验，设计了不同孔径的孔板来模拟漏点，采用橇装计量分离器和储罐计量实际泄漏量和泄漏速度，综合利用光纤通信和无线网桥通信技术将泄漏监测数据传输至生产指挥系统，通过数据计算模型分析泄漏情况，测试实验完成了应用效果评价。

关键词： 海底管道；泄漏监测；次声波；现场试验

滩海油田油气集输管道按照地理位置可划分为两类：一类是人工岛之间或人工岛与导管架之间的海底管道；另一类是陆岸平台之间的集输管道。按照管道输送介质复杂程度可依次划分为四类：输水管道、输气管道、油水混输管道、油气水混输管道。滩海管道发生泄漏将直接污染滩涂和海洋，如果不能在第一时间进行关断，不仅会产生巨大的经济损失，还会产生较大的社会负面影响。国内对管道泄漏监测技术研究起步较晚，从最早的人工沿着管路分段巡视检漏发展到较复杂的利用计算机软件和硬件相结合的方法，通过理论研究、数值计算和计算机仿真，在负压波法、光纤检漏法、压力梯度法研究方面取得了较大进展[1]，尤其针对成品原油管线、天然气管线、轻烃管线等管线的泄漏监测技术已经较为成熟，但还无法实现多相流管道泄漏的精确监测。为实现油水混输和油气水混输管道的高精度泄漏监测，经调研选用次声波泄漏监测技术进行复杂工况下的现场试验。

1 次声波泄漏监测系统

次声波泄漏监测系统基本构成如图1所示。该系统由次声波传感器、次声测量网络传输仪、GPS接收器和监控主机组成[2]。其中次声波传感器是用于接收次声信号，并进行数字量与模拟量的转换的仪器；次声测量网络传输仪是一种通用网络远程信号采集和数据传输的设备，主要用于次声波数据的采集与传输，其安装嵌入式GPS模块，通过

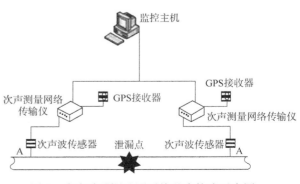

图 1 次声波泄漏监测系统基本构成示意图

北斗卫星导航系统提供精确的时钟和地理坐标；监控主机由计算机和数据采集卡组成，通过设计的检测软件对采集到的数据进行处理，判断泄漏是否发生，并确定泄漏的具体地点。

次声波泄漏监测系统的原理是，油气管道出现破裂时，该点处的压力降低，泄漏点的两边区域内的流体会向泄漏点处流动，形成次声波，次声波会顺着管道向首、末站传播[3]。通过安装在管道两端的次声波传感器，在线实时采集次声波信号，经数据采集器进行 A/D 转换滤波后传递给监控主机软件，通过对次声波信号进行特征量提取实现特性信号显示，当信号特征值超过阈值时实现报警。

2 现场试验及结果分析

2.1 试验情况简介

本次现场试验于 2019 年 6 月 10 日在南堡油田 NP1-3 号人工岛、NP1-1 号人工岛和 NP2-3 陆岸平台进行，试验管道包括两条：NP1-3 号人工岛至 NP1-1 号人工岛油气水海底混输管道、NP2-3 陆岸平台至 NP1-1 号人工岛油水陆岸混输管道。测试管道具有多介质、段塞流、高气油比、海底环境高度复杂、噪声干扰等工况，管道运行参数见表 1。

表 1 现场试验管道数据表

项目	NP1-3 号人工岛至 NP1-1 号人工岛海底管道	NP2-3 陆岸平台至 NP1-1 号人工岛陆岸管道
输送介质	气：$21×10^4 m^3/d$；液：$2106 m^3/d$	液：$4300 m^3/d$
管线型号	内管 $\phi406mm×15.9mm$，外管 $\phi559mm$	$\phi273mm×6.3mm$
运行压力	$0.53～0.8MPa$	$0.9～1.9MPa$
管线长度	6.7km	22.1km

图 2 次声波泄漏监测系统现场试验图

NP1-3 号人工岛、NP1-1 号人工岛、NP2-3 陆岸平台各安装两台次声数据传感器，用于接收管道泄漏事件的次声和屏蔽工艺场站的噪声干扰[4]，监控主机设置在南堡油田中控室。为精确计量实际漏油量和漏气量，在油气水混输管道人工泄漏点安装卧式三相计量分离器，在油水混输管道人工泄漏点安装计量罐。集输管道人工泄漏点安装 DN50mm 球阀作为泄漏控制阀门，为实现不同孔径下泄漏监测精确测试，设计了 $\phi30mm$、$\phi20mm$、$\phi10mm$、$\phi5mm$、$\phi3mm$ 共计五种孔径的放空孔板，现场试验如图 2 所示。

2.2 现场试验结果分析

2.2.1 NP1-3 号人工岛至 NP1-1 号人工岛油气水海底混输管道

次声波泄漏监测系统在进行管道泄漏监测实验前首先进行系统传感器性能测试，在管道正常时段下传感器采集原始数据波形如图 3 所示。采用 DN50mm 球阀进行 3 次放油试验，次声波泄漏监测系统采集数据信号如图 4 所示。

如图 3 所示为 4 个传感器 10min 的噪声信号波形，时间使用格林尼治时间，可以看出各个传感器位置的管道本底噪声不仅非常强烈、频率范围复杂，而且变化起伏也很大。

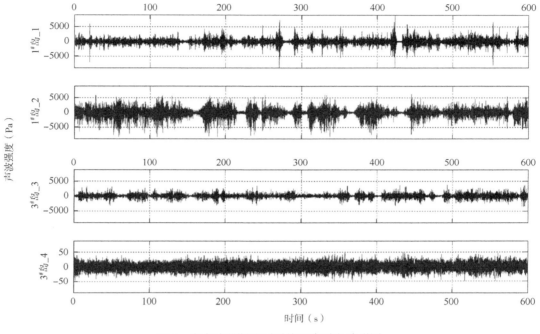

图 3　次声波泄漏监测系统正常时段波形图

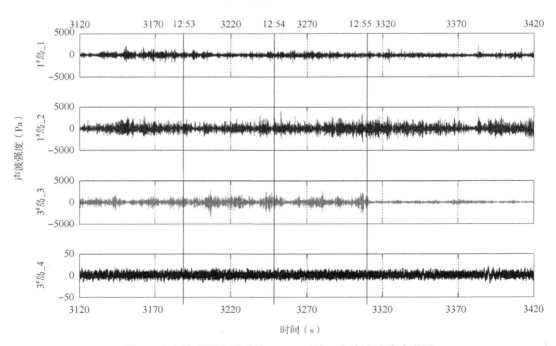

图 4　次声波泄漏监测系统 12:53 开始 3 次放油试验波形图

如图 4 所示为 12：52 到 12：57 时段各点的波形，该时段包含了 3 次放油的时刻，原始波形各点均未发现与其他时刻明显不同的波动信号，泄漏监测系统未检测到泄漏信号。

通过对现场设备操作产生的各种现象和记录数据的观察，可以看到这条海底混输管道的情况对次声波的传播有诸多的不利因素：

（1）声波赖以传输的介质为混合介质（油、气、水），这种介质的不均匀性对次声的传播会形成强烈的散射吸收现象，增大了传播衰减，对远端拾取泄漏信号不利[5]。

（2）油气水输送过程中存在段塞流、层状流等多种流态[6]，不同的分层会造成声传播的多径异速现象，造成声波在传播中产生变形，从而对判别不同位置声信号的关联性造成不良影响。4 个传感器的功率谱分布如图 5 所示，分析发现各传感器的噪声主频率相对独立，可以推断出当前工况下与噪声同级别的次声信号传导到另一个点位时，其能量难以在另一个点位被识别出来，不能确定噪声频率，无法精确滤波。

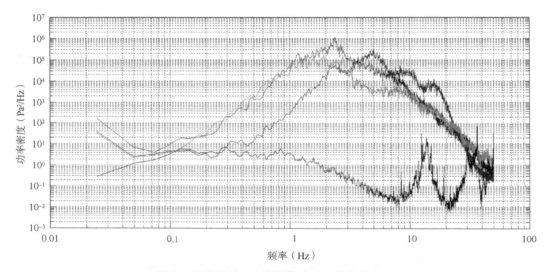

图 5　海底管道四个次声传感器功率谱分布图

（3）受海管立管和外输气液波动影响，海管会产生段塞流导致瞬间压力波动[7]，该管道输送压力平均为 0.7MPa，如果压力存在 1% 的抖动，就可达到 7kPa 的强度，产生强烈的本底噪声，淹没远方传过来的泄漏信号。

2.2.2 NP2-3 陆岸平台至 NP1-1 号人工岛油水陆岸混输管道

该管道采用 ϕ30mm、ϕ20mm、ϕ10mm、ϕ5mm、ϕ3mm 共计五种孔板进行现场放油试验，次声波泄漏监测系统采集数据波形依次如图 6 至图 10 所示。从图 6 至图 8 可以看到清晰的波形变化，泄漏点次声信号在管道起点和末点可以清晰地被检测到，次声波泄漏监测系统也准确地对泄漏点位置进行报警，在 ϕ3mm 孔板下管道泄漏产生的次声波信号不能被管道起点和末点的传感器监测到，次声波泄漏监测系统也未及时报警。

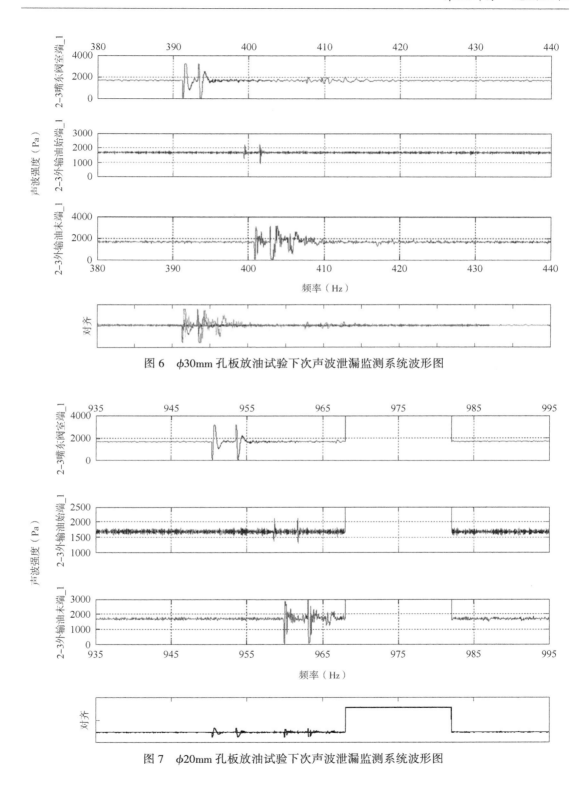

图 6　φ30mm 孔板放油试验下次声波泄漏监测系统波形图

图 7　φ20mm 孔板放油试验下次声波泄漏监测系统波形图

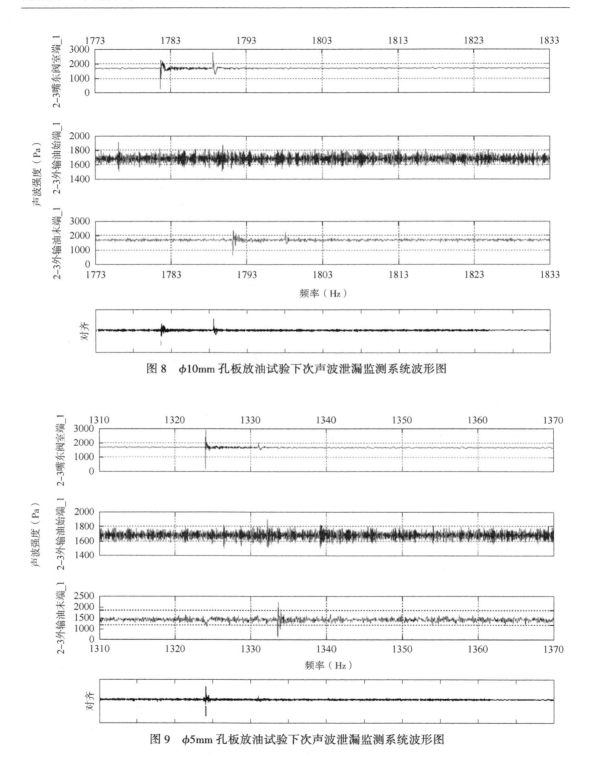

图 8　φ10mm 孔板放油试验下次声波泄漏监测系统波形图

图 9　φ5mm 孔板放油试验下次声波泄漏监测系统波形图

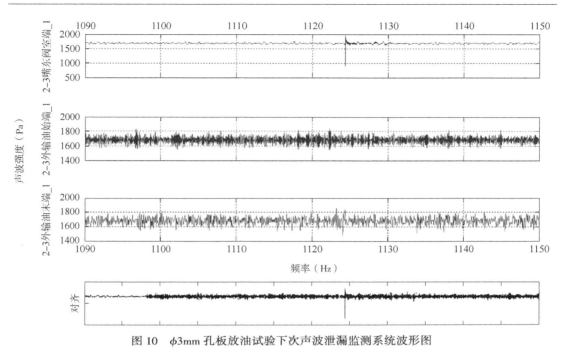

图 10　φ3mm 孔板放油试验下次声波泄漏监测系统波形图

在清晰检测到次声波信号的工况下，计算次声波传输时差，分析次声波泄漏监测系统在不同次声信号强度下泄漏点位置的变化情况。本次实验次声波信号传输速度见表 2，计算该管道泄漏点次声波传输时间的方差值[8]，泄漏点至管道起点为 0.0013，泄漏点至管道终点为 0.0038，计算表明次声波传输的时差比较小，没有其他因素导致信号传播速度发生突变，不同泄漏孔径下次声波泄漏监测系统对泄漏点定位较为集中，都在实际泄漏点位置。

表 2　陆岸管道次声波信号传输时间和速度计算表

序号	泄漏孔径（mm）	测试时间	泄漏点至起点距离（km）	泄漏点至终点距离（km）	泄漏点至起点时差（s）	泄漏点至终点时差（s）
1	20	13：00			7.95	9.41
2	20	13：07			7.96	9.42
3	20	13：10			7.95	9.38
4	20	13：16			7.95	9.37
5	10	13：29			7.97	9.41
6	10	13：33			7.96	9.42
7	5	13：46	9	13	8.04	9.58
8	5	13：53			7.99	9.48
9	30	15：06			7.92	9.44
10	30	15：10			7.93	9.43
11	5	15：22			7.94	9.51
12	5	15：24			8.03	9.52
13	5	15：27			7.96	9.5

3 结论

根据管道泄漏瞬间产生次声波的原理，采用次声波泄漏监测系统进行了现场试验，试验论证了次声波泄漏监测技术在油气水多相流海底管道和油水两相流陆岸管道技术可行性，得到以下结论：

（1）集输管道发生泄漏后，在泄漏点会产生明显的次声波，次声波信号会沿管道传播，并被探测到。

（2）集输管道输送介质越复杂，次声波信号衰减越快[9]。在油气水混合介质下，管道两端传感器不能接收到清晰的次声波信号；在油水混合介质下，管道两端传感器可以接收到次声波信号，泄漏点孔径越大，次声波信号强度越高。

（3）集输管道瞬间压力变化越频繁，次声波信号越不易被检测到，油气水混输管道由于流态变化频繁产生瞬间压力变化时，管道内会产生强烈的本底噪声导致信号被埋没[10]，也无法实施精确滤波；油水混输管道由于没有频繁的瞬间压力变化，管道两端的次声波传感器可以清晰探测到次声波信号。

（4）当前技术水平下，采用次声波泄漏监测技术监测油气水混输管道泄漏是不可行的，用于监测大于3mm孔径的油水混输管道泄漏是可行的，随着数据模型库的增加和噪声处理技术的提高，次声波泄漏监测技术将会有更大的应用前景[11]。

参 考 文 献

[1] 王晓宇，王树立．管道泄漏检测及定位技术的研究现状与发展方向[J]．江苏工业学院学报（自然科学版），2008，20(3)：74-77.

[2] 郭鹏，赵会军，慈智，等．基于次声波法的天然气管道泄漏检测[J]．油气田地面工程，2014，33(8)：43-44.

[3] 邓文涛，张霆．长输管道泄漏的检测方法[J]．中国西部科技，2009，8(12)：23-25.

[4] 倪鸿雁，陈绪兵，胡晶宇，等．大口径输气管道的泄漏检测及去噪[J]．武汉工程大学学报，2018，40(3)：351-354.

[5] 顾明生．管道泄漏次声波信号分析方法研究[D]．徐州：中国矿业大学，2017.

[6] 郭双全．多相流态输送管道随机不确定建模及振动分析[D]．杭州：浙江大学，2014.

[7] 吕宇玲，何利民，牛殿国，等．海洋油气集输系统中强烈段塞流压力波动特性[J]．中国石油大学学报（自然科学版），2011，35(6)：118-120.

[8] 胡杨曼曼，鲍郆，王佳伟．管道泄漏检测系统中次声波信号传播规律研究[J]．辽宁化工，2014，43(4)：452-454.

[9] 尚媛媛．次声波信号分析方法研究[D]．云南：昆明理工大学，2013.

[10] 王黎宏．基于次声波的油气管道泄漏检测系统研究[D]．西安：西安石油大学，2016.

[11] 谢含宇．基于经验模态分析的次声波泄漏检测技术研究[D]．西安：西安石油大学，2018.

某滩海油田输油管道腐蚀成因检测分析

范家僖

（中国石油冀东油田公司）

摘　要：为了查明某滩海油田一条输油管道的腐蚀成因，利用扫描电镜、能谱仪和金相显微镜等仪器，对管道腐蚀严重试件进行了检测分析。检测结果表明，管道腐蚀类型为点蚀+垢下腐蚀，管道腐蚀因素为注入井返排液中含有 CO_2 和 Cl^-。提出了管道集输工艺和在用管道修补方面的指导性建议措施，延长了管道使用寿命。

关键词：输油管道；腐蚀；检测分析；CO_2

近年来，国内油田油气集输管道的腐蚀情况日趋严重[1-4]，尤其是 CO_2 驱油作业，夹带 CO_2 的油井采出液对碳钢管道产生严重腐蚀[5-9]，油田不得不采取措施随时修补管道甚至更换管道材质。某滩海油田 NP2－3 外输油管道 2008 年建设投入运行，管道尺寸 $\phi273mm×7.8mm$（外径×壁厚），材质为 L360MB 管道钢，管道设计压力 2.5MPa，运行压力 1.65MPa，运行温度 40.5℃，管道防腐保温为聚氨酯黄夹克。管内介质为浅滩多口油井的油水采出液，管道运行前期混输过 CO_2 注入井返排液。从 2018 年开始，NP2－3 外输油管道多次发生腐蚀泄漏。为了查明 NP2－3 外输管道腐蚀原因，在管道腐蚀减薄严重部位截取一段管体，进行各项检测和分析，以便采取相应的技术措施，延长管道使用寿命。

1　管道内壁腐蚀形貌宏观分析

管道外壁防腐保温层完好，管体外壁基本无腐蚀痕迹，说明管道腐蚀减薄发生在管道内壁一侧。由图 1 可以看出，管道内壁在圆周方位偏于底部的区域存在结垢较多的现象，而其他区域结垢很少。

由图 2 可以看出，管道内壁底部的结垢严重部位清除干净后，发现很多的腐蚀坑，这些腐蚀坑与结垢部位相对应，形成了垢下腐蚀形式。管道内壁无结垢现象的其他区域基本无腐蚀坑，这说明管道内壁的严重腐蚀与结垢现象存在直接对应关系。锈垢沉积层最厚的部位下面腐蚀减薄最大，并且是以腐蚀坑的形式出现，腐蚀坑的直径达到 15mm 左右，腐蚀形态符合垢下腐蚀的形貌特征。

图 1　管道内壁底部的结垢现象

图 2　管道内壁清理后的腐蚀形貌

2　管道内壁腐蚀微观检测分析

在管道的腐蚀严重区域截取检测分析用的小试样，试样用酒精清洗除油后，试样内壁通过扫描电镜观察腐蚀微观形貌，通过能谱仪检测腐蚀产物成分，分析腐蚀机理（图 3 至图 5）。

图 3　试样内壁腐蚀坑微观形貌（10 倍）

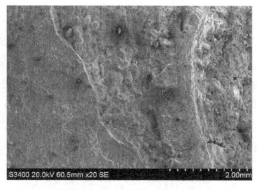

图 4　试样内壁腐蚀坑边缘微观形貌（20 倍）

图 5　试样内壁腐蚀坑里的微观形貌（500 倍）

由图 3 和图 4 可以看出，管道试样内壁有些大腐蚀坑中心有一个凸台，而圆周区域有腐蚀凹陷，这不符合常规油水条件下的垢下腐蚀形式（一般为中间最深，边缘较浅），而符合 CO_2 腐蚀的"台地"特征。并且，大部分的腐蚀坑边缘界限明显，外侧基本不腐蚀，这也不符合常规油水条件下的垢下腐蚀形式（一般腐蚀坑边缘外侧也有腐蚀，呈现逐渐过渡形态）。腐蚀坑里的腐蚀产物呈现细结晶状特点（图 5），这是 CO_2 腐蚀产物的微观形貌特征。由此判断，管道内壁腐蚀坑多数是 CO_2 腐蚀产生的。

从表1可以看出，管道内壁腐蚀产物的化学成分主要为 C、O、Fe 元素，判断主要为 CO_2 腐蚀产物，总反应式为

$$CO_2 + H_2O + Fe \Longrightarrow FeCO_3 + H_2 \uparrow$$

表1　管道内壁腐蚀产物成分

元　　素	含量（%，质量分数）	占比（%）
C	6.14	13.77
O	32.76	55.15
Al	0.72	0.72
Si	0.56	0.54
Cl	3.40	2.59
Mn	1.21	0.59
Fe	55.21	26.64

腐蚀产物中检测出少量 Cl 元素，Cl^- 的存在将大大加速腐蚀进程，特别是会促进点蚀和垢下腐蚀的速率。

3　管道试样酸洗后内壁检测分析

用盐酸和乌洛托品配置特殊酸洗剂，将管道试样浸泡酸洗，清洗除掉试样内壁腐蚀产物，用显微镜检查试样内壁是否有裂纹等缺陷，检测管体最薄处厚度，估算管道的腐蚀速率。

由图6和图7对比分析可以看出，酸洗后管道试样内壁腐蚀坑中心的凸台十分明显，并且腐蚀坑边界清晰，腐蚀坑外侧基本无腐蚀，这符合 CO_2 腐蚀的点蚀坑特征。试样内壁的腐蚀坑以及其他区域均未发现微裂纹痕迹，判断管道内壁不存在应力腐蚀现象。

图6　试样酸洗前的腐蚀表面形貌　　　　　图7　试样酸洗后的腐蚀表面形貌

测量管道试件腐蚀坑处最小剩余壁厚只有 3.8mm，管体原始壁厚 7.8mm，剩余壁厚只有原始壁厚的 48.72%。NP2-3 外输油管道 2008 年 12 月投入运行，截至 2019 年初，累计

运行 10 年多，按照最大腐蚀深度（7.8-3.8=4.0mm）计算，平均腐蚀速率为 0.40mm/a，远高于标准 GB 50050—2007《工业循环冷却水处理设计规范》对碳钢的腐蚀率小于 0.075mm/a 要求，属于严重腐蚀。

4 管道金相组织检测分析

在管道上截取加工试样，经金相砂纸和研磨膏研磨和抛光制样，用 4% 硝酸酒精溶液侵蚀，用金相显微镜分析试样横截面的金相组织及异常，评级微观组织，查找是否有应力腐蚀裂纹、内外壁脱碳、晶间腐蚀等痕迹，判定微观组织是否正常。

由图 8 可以看出，管体金相组织为铁素体+少量珠光体，晶粒度为 7.5 级，未发现粗大的或数量较多的非金属夹杂物，金相组织正常，说明管体材质合格。由图 9 可以看出，管体内壁附近的腐蚀坑处微观组织中，未发现脱碳、微裂纹和晶间腐蚀痕迹，说明管体不存在 H_2S 等造成应力腐蚀的可能性。

 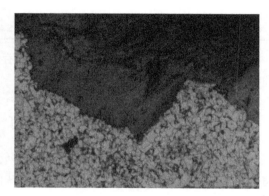

图 8　管体中部的金相组织（500 倍）　　　　图 9　管体内壁附近的金相组织（500 倍）

5 管道腐蚀成因分析与结论

NP2-3 外输油管道的外壁基本无腐蚀，管道内壁的下部腐蚀严重，上部腐蚀轻微，根据管道的腐蚀形貌，确定管道腐蚀类型为点蚀+垢下腐蚀，排除晶间腐蚀和应力腐蚀的可能性。

根据 NP2-3 管道前期混输 CO_2 注入井返排液的生产工况，以及管道内壁腐蚀坑形貌和腐蚀产物成分，确定管道腐蚀因素主要为 CO_2 局部点蚀，油水介质里的 Cl^- 加速了点蚀发生。

判断管道腐蚀原因如下：管道运行前期混输的注入井返排液中含有大量 CO_2，在 Cl^- 促进作用下，在管道内壁产生点蚀，并且管道内壁下部在点蚀处逐渐沉积锈垢，进而形成垢下腐蚀形式，加快了腐蚀速率，形成尺寸较大的腐蚀坑。

6 管道防腐建议措施

根据 NP2-3 外输油管道的目前运行工况，以及管道腐蚀程度，结合投入成本与技术可行性，提出管道集输工艺和在用管道修补方面的指导性措施。

（1）管道集输工艺改进。

浅滩区注入井返排液中含有大量 CO_2，如果与常规油井采出液一起混输，会对碳钢管道产生严重腐蚀。因此，对注入井返排液预先进行 CO_2 分离处理，并采用专用耐蚀材质管道输送，不再混输到碳钢管道里。

（2）在用管道修补措施。

根据 NP2-3 外输油管道的内检测情况，管道全程的前半段腐蚀缺陷较多并且腐蚀减薄较大，管道后半段腐蚀缺陷较少并且腐蚀减薄较轻。制订维修计划，将管道前半段腐蚀集中且严重部分管段彻底更换，其他分散的腐蚀严重局部采用碳纤维树脂补强修复。并且，对原 NP2-3 外输油管道继续留用部分，定期进行一次管道清垢处理，以缓解管道垢下腐蚀趋势。

参 考 文 献

[1] 杨娇，谭军，赵东升，等．某外输管道内壁腐蚀原因分析[J]．材料保护，2019，52(10)：158-162.

[2] 陈波，罗立辉．某海底混输管道内腐蚀评估方法研究[J]．全面腐蚀控制，2020，34(3)：111-118.

[3] 袁涛．大庆至齐齐哈尔输气管道内腐蚀分析与对策[J]．油气田地面工程，2019，38(5)：87-90.

[4] 冯继伟，杨正纲．长输地埋油气管道腐蚀因素与防护对策探讨[J]．化工管理，2020(3)：150-151.

[5] 邢蕊，杨晓宇，李安阳，等．含 CO_2 油田采出水中 X80 管道钢腐蚀特性研究[J]．新技术新工艺，2020(3)：61-65.

[6] 武玮，淡勇，滕海鹏，等. X80 管道钢在力电化学耦合作用下 CO_2 腐蚀行为的研究[J]．化工机械，2020，47(1)：21-27.

[7] 严旭. CO_2 驱集输管道内腐蚀机理研究[J]．化学工程与装备，2020(1)：100-102..

[8] 姚康，孙东杰．原油集输管道 H_2S/CO_2 内腐蚀影响规律的试验研究[J]．材料保护，2020，53(1)：91-95.

[9] 张志宏，许艳艳，葛鹏莉．塔河油田集输管道 20#钢在 CO_2/H_2S 环境中的腐蚀行为[J]．工业安全与环保，2020，46(1)：32-36.

仿生草在南堡油田海底管道防护中的应用及效果

王法永　张　旭　邢彩娟　赵金龙　栾崀峰

(中国石油冀东油田公司)

摘　要： 南堡油田地处渤海湾滩海地区，非法取沙、冲刷导致海底管道局部悬空、裸露问题严重，利用二次削挖修正路由及抛填碎石的方法进行了有效治理。2012年再次调查测量中发现新的悬空和裸露，为了从根源上解决问题，开展仿生草防护试验，以验证南堡油田海域仿生草防止海床冲刷、促进海床淤积的效果，为后续规模应用提供经验和依据。经过试验和连续3年的跟踪检测表明：南堡油田海域环境满足铺设仿生草的条件；仿生草采用锚固固定及在治理段两端铺设高强织布进行防护设计的方式稳固可靠；南堡油田海域仿生草防护效果理想，年回淤量20~30cm。

关键词： 海底管道；悬空；裸露；仿生草

南堡油田地处河北省唐山市渤海湾滩海地区，目前建有海底混输、供水、注水管道7条，海底管道总长度23km，主要承担着3个人工岛和2个导管架平台的油气混输和供、注水任务。自2008年建成以来，由于受到非法取沙、冲刷等因素影响，2010年调查测量发现3号人工岛至1号人工岛海底混输管道局部出现悬空、裸露现象，给海底管道的安全运行带来隐患。如果简单采用支护后沙袋填埋治理，一方面应力得不到有效释放，另一方面施工工作量大。经充分分析论证，决定利用水力喷射挖沟机进行长距离削挖，通过修正路由将取沙坑造成的大跨度悬空逐步下放至设计位置，然后吹沙填埋，截至2011年底对悬空、裸露管道进行了有效治理，消除了隐患，保证了管道运行的安全。2012年再次调查测量中发现多处因冲刷造成的新的悬空和裸露，鉴于海水平潮时间很短，大部分时间是涨、落潮，如果通过吹沙将坑填掉，吹填沙工作量大且施工效率低，也不能从根本上解决海底管道因冲刷导致裸露、悬空的问题。经过充分调研后，决定在南堡油田开展海底管道仿生草防护试验，目的就是检验南堡油田海域仿生草防止海床冲刷、促进海床淤积的效果，为后续大规模应用以及从根源上解决海底管道裸露、悬空问题提供经验和依据。

1　作用机理

1.1　海底冲刷现象

波浪、水流会引起海底结构物底部及其附近海床的泥沙运动，即海底冲刷现象。根据海洋冲刷动力学分析：海底结构物周围冲刷的原因主要是海洋结构物安装在海底后，打破了原有水下流场的平衡，引起局部水流速度加快，使水流形成一定的压力梯度并构成对海底的剪切力；另外，海洋结构物的出现还改变了水流的方向，使之产生湍流和漩涡，更加速了冲刷作用[1-2]。对于海底管道，冲刷会导致管道外露甚至出现一定长度的悬空，若悬空管道长时间保持此状态而没有支撑和固定，将受海流冲击而产生连续性振动，极易造成管道应力疲劳，冬季时浮冰对悬空管段可能产生直接撞击而导致管道弯曲、位移、破损或断裂[3-4]。

1.2 仿生草防护作用机理

仿生草采用耐海水浸泡的新型高分子材料加工而成且符合海洋抗冲刷流体力学原理。从作用机理来看，当仿生草及其安装基垫被可靠地锚固在海底需要防止或控制冲刷的预定位置之后，海底水流经过这一片仿生水草时，由于受到仿生草的柔性黏滞阻尼作用，流速得到降低，减缓了水流对海床的冲刷作用，同时，由于流速的降低和仿生水草的阻碍，促使水流中夹带的泥沙在重力作用下不断地沉积到仿生水草安装基垫上，逐渐形成被仿生草加强了的海底沙洲，从而抑制了海底结构物附近海床的冲刷[1]，如图1所示。

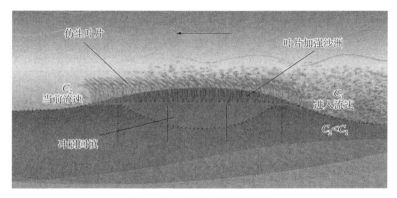

图1 仿生草防护作用机理

2 仿生草在南堡油田海底管道防护中的应用试验及效果

2.1 仿生草的适用环境及南堡油田海域环境

（1）水深：目前，工程上应用最深水深50m。1号人工岛至3号人工岛测区内，自然水深大部变化较为平缓，尤其在测区西北和东南段，水深大部分为2.0~4.0m，坡度较小。而在测区中部，水深值相对较大，在4.0~6.0m之间变化。1号岛登陆点水深为1m左右，3号岛登陆点水深为2m左右。

（2）地质：粉砂、泥砂及淤泥等地质。根据海底管道设计时的勘察资料，1号人工岛至3号人工岛海底管线路由海区在勘察深度内岩土可分为4大层，各岩土层工程适宜性分析如下：第①层——淤泥质粉质黏土，软弱土，为海相地层，承载力容许值为60kPa；第②层——粉砂，中软土，为海相地层，承载力容许值为130kPa；第③层——黏质粉土，中软土，为海相地层，地基承载力容许值150kPa；第④层——粉砂，中软土，为海相地层，地基承载力容许值 180kPa。

（3）流速：1~5m/s。南堡海域涨潮流流向主要集中出现在西南—西北西，落潮流流向主要集中出现在东南—东北；各级流速出现频率比较接近，流速均在 1.2m/s 左右；涨潮流平均流速大于落潮流平均流速，涨潮流平均历时小于落潮流平均历时。

（4）含沙量：适应含沙量较高的海域。渤海湾沿岸河流含沙量大，滩涂广阔，淤积严重，流入海湾的主要河流有黄河、海河、蓟运河和滦河，各条河流每年携带大量悬沙进入渤海湾，致使渤海湾海水含沙量高。

（5）迎水面坡度范围：0°~45°。通过人力作用形成要求的迎水面坡度。

2.2 仿生草应用试验

如图 2 所示，结合检测数据，选取混输管道 F01—F02 之间的悬空、裸露和浅埋段开展仿生草试验，因为该区段在完全治理一年后的悬空、裸露比较集中、连续且最为严重，具有代表性。

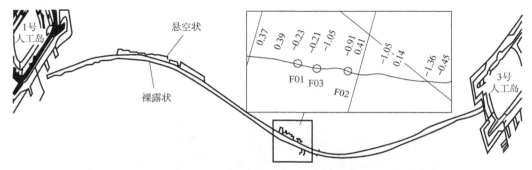

图2　南堡油田海底管道仿生草防护试验位置（F01—F02）

图 2 中 F01—F02 之间的区域为仿生草试验区域，为了满足仿生草的铺设要求，采用沙袋回填，回填高度应高出管顶 0.1m，沙袋水下堆放斜坡迎水面角度为 30°，断面顶宽 3m，护底宽度可取 5~10m，尖突部位可取 10~15m，如图 3 所示。

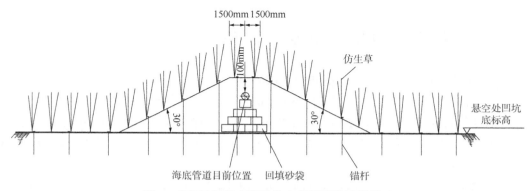

图3　南堡油田海底管道仿生草铺设设计纵断面

仿生草单边铺设宽度取 10m，总长度 50m，仿生草采用锚固设计，另外，由于仿生草的铺设要求闭合性，为防止海流淘空治理段下部沙袋造成二次冲刷，因而在治理段两端端部采用抛沙袋及铺设高强织布的方式进行防护，每端高强织布单边铺设宽度取 10m，长度

10m，如图 4 所示。

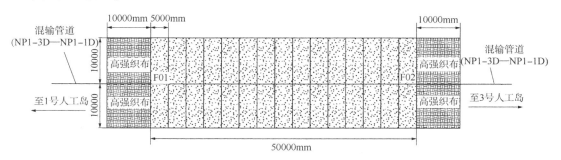

图 4　南堡油田海底管道仿生草平面布置

2.3　仿生草应用试验效果

2012 年 11 月仿生草铺设完成，2013 年、2014 年、2015 年连续 3 年利用多波束扫描检测和潜水探摸仿生草铺设段回淤效果，如图 5 所示，分别是 2013 年、2014 年、2015 年连续 3 年的检测结果，其中虚线示意海底管道位置。

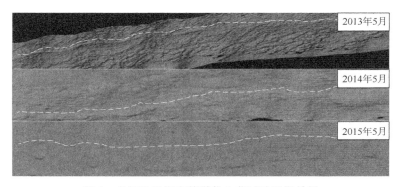

图 5　南堡油田海底管道仿生草试验回淤效果

从图 5 可以看出，2013 年 5 月：草垫完整，无缺失、卷边现象，铺设位置、型号与设计图纸相符，仿生草之间搭接符合要求。高强织布铺设区域沙袋堆积均匀，压实到位，高强织布无卷边现象，与施工方案相符。仿生草已开始正常运行，缓解了流速并出现一定量的泥沙淤积，达到了初步防冲刷效果，但大部分海底管道仍然裸露，管道路由痕迹清晰可见。

2014 年 5 月：仿生草区域完整、运行正常，回淤趋势明显，淤积厚度 10～20cm，淤积区域主要在坡体两侧，管道路由痕迹已不明显。

2015 年 5 月：仿生草完整、运行正常，仿生草区域泥沙堆积较深，周围边缘地段未发现冲刷现象淤积厚度 20～45cm，该段管道已全部被泥沙掩埋，已看不出路由痕迹。

3　结语

针对南堡油田海域海底管道因海底冲刷导致悬空、裸露的问题，进行了调研和录取南堡油田海域基础资料、现场仿生草试验以及连续 3 年跟踪检测，结果表明：南堡油田海域水深、地质、流速、含沙量等环境条件完全满足铺设仿生草的条件；仿生草采用锚固固定、在治理段两端端部采用抛沙袋及铺设高强织布进行防护设计的方式稳固可靠；铺设仿生草后管道逐年回淤，年回淤量在 20cm 左右，采用仿生草对南堡油田海域的海底管道冲刷进行防护的措施可行、有效，能从根本上解决海底管道悬空、裸露问题。

参 考 文 献

[1] 刘锦坤，张宗峰. 仿生水草在海底管道悬空防护中的应用[J]. 石油工程建设，2009，35(3)：20-22.

[2] 赵冬岩，余建星，李广雪，等. 海底管线防冲刷技术试验研究[J]. 哈尔滨工程大学学报，2009，30(6)：597-601.

[3] 刘伟. 冀东油田滩海仿生草冲淤作用模型试验研究[J]. 石油工程建设，2015，41(4)：22-25.

[4] 王利金，刘锦昆. 埕岛油田海底管道冲刷悬空机理及对策[J]. 油气储运，2004，23(1)：44-48.

三层包覆防护技术在冀东油田海洋钢桩防腐修复中的应用

代兆立[1]　窦海余[1]　焦　辉[1]　张彦军[2]　崔伟强[1]　刘清洋[1]

(1. 中国石油冀东油田公司；2. 中国石油集团工程技术研究院有限公司)

摘　要：本文介绍了三层包覆防护技术在冀东油田海洋钢桩防腐修复工程中的应用情况，其中包括三层包覆防护技术介绍、施工工艺、施工过程及施工效果。重点介绍了在码头引桥下较小的作业空间内如何建立安全作业面，并对水下区施工方法进行了探讨，对施工每一步骤的质量控制进行了说明，通过以上方法在冀东油田的现场实施，可以保证安全高质量施工，对以后类似的工程实施起到了借鉴作用，并对该技术的发展和应用趋势做了展望。

关键词：三层包覆防护技术；防腐层；冀东油田；海洋钢桩

冀东油田位于渤海湾北部沿海，沿渤海湾滩海地区建有5座人工岛和1座导管架生产平台。人工岛登陆点(含引桥和码头)下有各种钢桩700多根。为了保证安全生产，2016年和2018年对油田的各种海洋钢结构钢桩(包括登陆点钢桩及海洋平台钢桩)进行了检测和维护，检测内容包括外观检查、钢桩壁厚检查、阴极保护效果检测等。检测中发现，钢桩原有防腐涂层有一定数量的脱落，钢桩本体出现了较严重的腐蚀，最大腐蚀坑深度达3.1mm。为了保证油田的安全生产，在2018年对冀东油田4座人工岛的登陆点钢桩采用三层包覆防护技术进行了防腐修复，起到了很好的防腐效果[1]。

1　三层包覆防护技术介绍

三层包覆防护结构包括底层(自憎水密封油)、中间层(防腐带)和外护层(防护套)。自憎水密封油具有良好的憎水效果，含有优良的缓蚀剂成分，能够有效阻止腐蚀介质的侵蚀，涂敷于经过处理的钢桩表面；防腐带周向缠绕在管桩表面；防护套为轴向单侧开口法兰结构；防腐带和防护套具有良好的缓冲和耐冲击性能，不但能隔绝海水，还能抵御机械损伤破坏。防护套周向长度为管桩圆周长的90%~98%(依据不同管径确定)，安装时用液压扳手沿管桩圆周拉紧，使法兰盘贴合，通过法兰盘上的螺栓孔，用不锈钢自锁螺栓固定，三层包覆防护结构示意如图1所示[2]。

该技术不仅可用于新建海洋钢桩及其他设施的腐蚀防护，也适用于在役海洋钢桩和设施的防腐层修复；不仅能够应用于钢结构，亦可应用于海洋环境其他材质结构[3]。

三层包覆防护技术的特点如下：表面处理要求低、安全环保、可水下施工、操作简单、具有一定的抗冲击性能和防海生物附着性能。

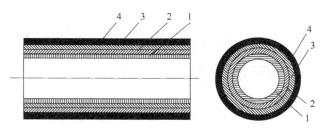

图 1　三层包覆防护结构示意

1—钢桩；2—自憎水密封油层；3—防腐带层；4—防护套层

2　现场应用

2018 年，对冀东油田的 NP1-1、NP1-2、NP1-3、NP4-1 人工岛的引桥和码头下的所有钢桩采用三层包覆防护结构进行了防腐施工，钢桩直径分别为 1100mm 和 1200mm，每根钢桩的包覆高度为平均低潮位下 500mm 至桩顶，钢桩包覆长度从 3.2m 至 3.9m 不等。

2.1　施工过程

施工分为四个主要步骤：钢桩表面处理、自憎水密封油涂敷、防腐带缠绕、防护套安装。具体施工工艺流程如图 2 所示。

图 2　三层包覆防护技术工艺流程

具体施工过程如图 3 所示。

（a）钢桩表面处理

（b）自憎水密封油涂敷

（c）防腐带缠绕

（d）防护套安装

图 3　现场施工

当需要处理的钢桩在海水以下时，在水上作业平台的配合下，表面处理、自憎水密封油涂敷、防腐带缠绕及防护套安装等工作由潜水员完成，一般根据钢桩的直径确定潜水员数量，本项目中一组包覆施工人员由 3~4 名潜水员组成。

2.2　施工技术要求

2.2.1　钢桩表面处理

（1）表面处理可以采用高压水射流处理、电动或手动工具处理。

（2）钢桩表面处理要清除钢桩表面松动的铁锈及漆皮，清除杂物、泥土，无可见的油、脂和污物，无附着不牢的氧化皮、铁锈、涂层和外来杂质。处理等级达到 GB/T 8923.4 要求的 Sa2 级或 St2 级。

2.2.2　自憎水密封油涂敷

（1）用工具将自憎水密封油自上而下涂抹在钢桩表面。

（2）将钢桩表面的坑凹处用自憎水密封油填满。

（3）确保自憎水密封油无漏涂，涂膜厚度达到 200μm 以上。

2.2.3　防腐带缠绕

（1）在起始和结束位置桩缠绕 2 圈完整的圆周。

（2）在开始位置缠绕后，采用自上而下螺旋式缠绕对钢桩进行防腐带施工。螺旋缠绕时搭接宽度不低于防腐带宽度的 55%。在缠绕施工过程中，应始终保持缠绕拉力均匀，保证防腐带与钢桩平整紧密结合，不得出现褶皱和空隙。

（3）施工过程中需要使用多卷防腐带时，要保证防腐带的接头处搭接长度不少于 150mm。

2.2.4　防护套安装

（1）将防护套预安装在钢管桩上。

（2）逐渐缓慢拉紧液压扳手，均匀地对不同扳手施加液压力，直至法兰盘完全贴合，防护套轴向两端有自憎水密封油挤出。

（3）微调防护套位置，直至准确就位，使用 316L 不锈钢自锁螺栓紧固护甲法兰，确保法兰完全贴合，螺栓螺帽朝向一致。

（4）取出液压扳手的定位销，用自锁螺栓拧实。

（5）钢桩分段包覆时，上下两节防护套接缝保证连接紧密。

3　应用效果

施工结束后现场照片如图 4 所示。

从施工过程和效果看，三层包覆防护技术施工简单，修复后整体美观，效果良好，特别适用于在役海洋钢桩的防腐及防腐层修复。

4　结论

（1）三层包覆防护技术具有材料安全环保、可水下施工、施工工艺简单、防护体系整

图 4　现场完工照片

体密封性好、防水、抗渗、防海生物附着、抗浮冰冲击等特性，该技术对于海洋钢结构防腐层修复具有很好的应用前景。

（2）从最先完成安装的钢桩后一年情况来看，三层包覆防护结构外观良好、表面完整、海生物附着少，不锈钢螺栓连接牢固，无腐蚀迹象，可以满足海洋环境桩腿的腐蚀防护要求。

（3）后期还将对已完成包覆施工的钢桩进行持续跟踪观察，进行外观检查，必要时应进行破坏性检查和抽查。

参 考 文 献

[1] 李祥银，代兆立，张彦军，等．冀东油田海洋钢桩海生物附着危害分析及应对措施[J].石油工程建设，2018，44(6)：68-70.

[2] 张彦军，韩文礼，张贻刚，等．海洋平台桩腿防腐层修复三层包覆防护结构研究与应用[J].表面技术，2016，45(11)：123-128.

[3] 张彦军，韩文礼，白玉洁，等．海洋钢结构飞溅区防腐蚀技术现状[J].全面腐蚀控制，2012，26(5)：8-10.

油罐烃蒸气回收工艺在南堡油田人工岛上的应用

王法永

（中国石油冀东油田公司）

摘　要： 4 号人工岛生产的未稳定原油储存在 5000m³ 常压固定顶储油罐内，通过计量，日损耗量达到 2000m³，原油的蒸发损耗严重，对于安全生产、环境、员工的身体健康都是不利的。为此，选择了适合 4 号人工岛的烃蒸气回收工艺，通过压缩机和缓冲气囊实现了烃蒸气的连续回收利用，年利润 171 万元；回收工艺配套了 4 套相互独立的安全控制系统，保障了工艺运行的安全。

关键词： 烃蒸气；损耗；压缩机；控制系统

4 号人工岛为南堡油田下辖的一个采油区，担负油气生产、油气水三相分离、天然气初步处理、原油拉运等任务，其中，分离出的未稳定原油储存在 5000m³ 常压固定顶储油罐内，定期将储油罐内原油通过油轮拉运至陆地原油处理站进行进一步处理。在储油罐内，原油的蒸发损耗严重，尤其是在储存未稳定原油的常压固定顶罐内，除了大、小呼吸损耗，还有闪蒸损耗。为了减少这部分损耗，有效的措施是采用适合南堡油田的油罐烃蒸气回收工艺，一方面回收大罐烃蒸气有可观的经济效益，另一方面实现原油的密闭处理，可以减少大气污染，改善环境。

1　油罐烃蒸气损耗计量

4 号人工岛生产的原油经三相分离器分离后直接进入储油罐，压力由 0.4MPa 降至常压，除了大、小呼吸损耗，还有闪蒸损耗，而且闪蒸损耗远远大于呼吸损耗量。油罐烃蒸气挥发量确定分为理论计算法和测量法，由于油罐烃蒸气挥发量受温度、压力等诸多因素影响，理论计算复杂且不准确，现场测量法更为精确，因此，选用旋进漩涡流量计计量，作为油罐烃蒸气回收工艺设备选型的依据。

为了保证计量的准确性，设计计量工艺流程如图 1 所示，计量工艺流程和设备为后续烃蒸气回收工艺所用，回收的蒸气供给加热器使用。设置补气流程，补气管线上的调节阀与油罐排气流程上的压力传感器联动，保证罐内压力处于微正压且高于微压呼吸阀的开启压力 0.3kPa，使大罐长期处于呼气状态，通过两个流量计的差值准确计量油罐烃蒸气损耗量。经过计量，5000m³ 原油储罐烃蒸气日挥发气量约 2000m³。

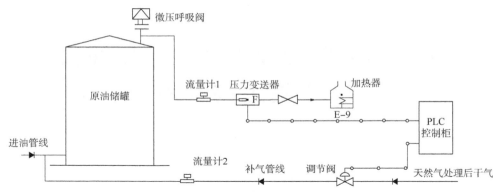

图 1　油罐烃蒸气挥发计量流程

2　油罐烃蒸气回收工艺

2.1　工艺流程及主要设备

从油罐微压呼吸阀排出的烃蒸气经管道输送到气液分离器，气液分离后的气体进入压缩机入口皮囊；当进气把皮囊鼓胀升高到一定高度时，压缩机启机运行，将挥发气增压后外排进入天然气处理系统。经过处理后的干气一路供岛上自用气，另一路则通过调节阀补充到大罐内，用来维持大罐的微正压状态，多余的干气和大罐的挥发气一同再次进入烃蒸气回收系统依次循环，如图 2 所示[1-2]。

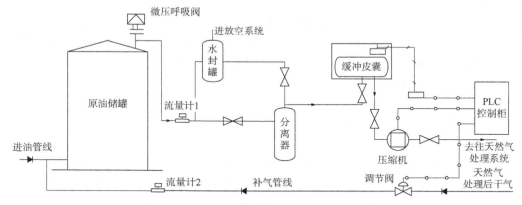

图 2　油罐烃蒸气回收工艺流程

（1）微压呼吸阀。

油罐顶部设置的机械式呼吸阀开启压力设置为正压 1.795kPa、负压 0.295kPa，大罐呼吸阀无法保障大罐抽气装置的安全、连续运行，需在罐顶增设微压呼吸阀，微压呼吸阀开启压力设置为正压 0.3kPa、负压 0.1kPa，保证油罐压力在 -0.1~0.3kPa 范围内工作。

（2）缓冲皮囊。

鉴于油罐烃蒸气挥发不连续性，为保证压缩机入口的微正压，缓冲器选用具有柔性的橡胶皮囊。为保证皮囊的安全，控制压力在 0.5kPa 以下，皮囊容积为 30m³，考虑到橇装及其联动控制的精确，选用皮囊尺寸为 6400mm×2700mm×1750mm，皮囊房尺寸为6500mm×2800mm×2050mm；缓冲时间不低于 4min，皮囊正常工作设置高度范围为0.5~1.5m。

（3）天然气压缩机。

压缩机选用结构紧凑、效率高、振动小的 V 形往复活塞式，计量得到原油储罐烃蒸气日挥发气量约 2000m³，压缩机的设计排量取计量的油罐蒸气损耗量的 2 倍，排量选择3m³/min，采用 2 级压缩，额定转速为 730r/min，吸气压力微正压，额定排气压力0.45MPa，冷却系统为风冷式，压缩机机组实现橇装模块化。

2.2 安全控制系统

为确保油罐和烃蒸气回收工艺安全收气，除了大罐原有的液压式呼吸阀和机械式呼吸阀，配套以下互相独立的安全控制系统[3,4]。

（1）微压呼吸阀控制系统。

微压呼吸阀开启压力设置为正压 0.3kPa、负压 0.1kPa，即呼吸阀在压力超过 0.3kPa时对外打开排气，低于负 0.1kPa 时对内打开进行吸气，气体从阀底部通过有一定保温作用，防止冬季阀结冻而失去安全保护作用。

（2）皮囊液压控制系统。

在压缩机进口端设置皮囊，当罐内压力出现微小变化时皮囊高度相应升高或降低，皮囊高度的变化通过差压变送器传送至 PLC 控制变频器频率来实现压缩机转数与排量的控制，由于皮囊高度在 0~176mm 之间变化，即输入到自动化控制系统的压力信号为 0~1760mm 水柱，相对于大罐压力，输入信号被放大，增加了灵敏度，因此控制更准确、及时、可靠。

（3）水封罐安全控制系统。

系统超压，PLC 控制系统和微压呼吸阀同时作用都不能解决时，在压缩机前端设置水封罐来保障缓冲皮囊安全，当水封罐压力达到 0.5kPa 时，水封罐排水泄压，排出气体进入放空系统。

（4）干气补偿系统。

为避免因油罐内负压进空气而导致回收的烃蒸气中氧气含量超标而对后续的天然气处理带来风险，烃蒸气回收工艺中设置干气补偿系统，当压缩机入口压力低于 0.05kPa 时，补气管线上的调节阀开启，利用天然气处理后的干气补气。常规的补气流程设置在微压呼吸阀出口，4 号人工岛补气流程设置在油罐原油入口，干气的补入将溶解在原油中的烃蒸气带出，降低了原油的饱和蒸气压，起了稳定原油的作用。

3 应用效果

由于 4 号人工岛原油储罐是 24h 连续进油，加之烃蒸气回收系统设置了缓冲气囊，该工艺能够连续运转。烃蒸气回收工艺投产后，效果理想，平均日回收气量 2000m³，其中液化气产量 0.26t，轻烃产量 0.12t，年利润 171 万元。烃蒸气回收工艺的投用既节约了能源，实现了节能减排的目标，又减少了大气排放，有利于安全生产和员工的身体健康。

参 考 文 献

[1] 冯叔初，郭揆常，王学敏．油气集输[M]．东营：石油大学出版社，2002.

[2] 张杰，辜新军，叶洋，等．皮囊式大罐抽气装置[J]．油气田地面工程，2010，29(10)：101.

[3] 陈文，叶洋，尹虽子，等．大罐抽气技术[J]．油气田地面工程，2011，30(5)：29-31.

[4] 陈刘杨．大罐抽气装置在塔河油田三号联合站的应用[J]．长江大学学报(自然科学版)，2011，8(5)：86-87.

南堡油田集输管道带压封堵技术应用分析

蔡　彪　龙志宏　邢　泽

（中国石油冀东油田公司）

摘　要：带压封堵技术是一种在管道不停输状态下处理管道穿孔、改线和抢修等问题的方法。本文首先简要介绍了基本原理和各工序检查项目，而后以南堡油田新 PG2 外输油管道不停输带压封堵施工应用为案例，详细地论述了带压封堵施工要点质量控制要素，包括开孔位置确认，最高可施焊压力计算，三通安装，严密性试压，带压开孔，带压封堵，新旧管线连头，管道解封、安装盲板等内容。实践表明，管道带压不停输封堵技术有利于环保、提高生产能力，具有操作安全性高、经济性较好等优点，为集输管道安全运行提供了有力保障。

关键词：集输管道；带压不停输封堵；连头；现场应用

新 PG2 外输油管道是南堡油田的一条集输干线，起于新 PG2 平台，止于南堡 3-2 转油站，管道规格 φ508mm×8mm，设计压力 2.5MPa。2018 年，该管道在定向穿越曹妃甸工业区迁曹公路段出现穿孔事件，为保证管道运行安全，在 φ508mm 管线上进行不停输带压封堵作业，在连头段新管线上增加球阀两个，在新增球阀与上游囊孔之间开孔与 φ273mm×7.1mm 新 PG2 供气管线连通，以便球阀关闭后，利用气管线暂时代替油管线输油。

1　带压封堵技术

1.1　基本原理

管道带压不停输封堵技术是一种安全、经济、快速高效的在役管道维抢修特种技术[1]，其先将治理段管线两端分别用旁通管接通，以旁通管线输送管道介质，然后封堵主管线，在完全密闭的状态下，在主管线上按照计划方案进行治理施工作业，待新管道与主管道连接后，解除封堵，切换到主管道正常输送介质，最后将旁通拆除，完成现场恢复。

1.2　工序检验项目

管道不停输带压封堵风险极高，在实施前进行了大量的准备工作，针对其中的关键风险点，制订详细的各工序检查项目计划，见表 1，明确了检查标准和方式，并编制了较为完善的施工方案，以更好地指导现场施工。封堵过程中根据实际情况不断优化调整方案，保证了新 PG2 外输油管道不停输带压封堵施工的成功实施。

表1　各工序检查项目计划表

序号	工序	检验项目	验收标准	检查方式	记录与表格
1	现场踏勘、管道调查	作业点位置、地形地貌及周边环境，管道运行参数、清管情况、以往管道开孔作业情况	GB/T 28055—2011	对照检查	管道调查表
2	开挖作业坑	作业坑尺寸、坡度和平台高度	GB/T 28055—2011	实测	管沟开挖及回填记录表
3	管件组对、焊接、检测	测量管线壁厚、椭圆度和三通护板长度	GB/T 28055—2011	实测	开孔封堵作业记录表
		三通、短节的焊接	GB/T 28055—2011	外观检查	管件焊接记录
		无损检测	SY/T 4109—2015	磁粉探伤	探伤报告
4	安装机具	筒刀与开孔结合器内孔同轴度	GB/T 28055—2011	实测	开孔封堵现场作业记录表
		测量计算第一尺寸和开透尺寸	GB/T 28055—2011	实测与计算	开孔、下塞堵尺寸记录表
		检查开孔机的密封性	GB/T 28055—2011	实测	开孔封堵作业记录表
5	开孔作业	开孔位置是否有焊缝、开孔机试压情况、验证夹板阀密封性	GB/T 28055—2011	打压	开孔封堵作业记录表
		检验开透尺寸、夹板阀圈数	GB/T 28055—2011	实测与计算	开孔封堵作业记录表
6	塞堵的安装	检查塞堵安装方向和密封圈	GB/T 28055—2011	检查	开孔封堵作业记录表
		检查鞍形板尺寸	GB/T 28055—2011	实测	开孔封堵作业记录表
		验证塞堵密封效果	GB/T 28055—2011	检查	开孔封堵作业记录表
7	安装盲板	检查密封面、密封垫片外观	GB/T 28055—2011	检查	开孔封堵作业记录表
		螺栓应对称紧固	GB/T 28055—2011	观察	开孔封堵作业记录表
8	防腐层检漏	管件防腐后进行电火花检漏	SY/T 0063	检查	防腐绝缘层电火花检测记录表

2　带压封堵技术应用情况

2.1　施工工艺顺序

剥离管道防腐层→检查管线椭圆度及壁厚→组对封堵三通、旁通三通、2in 短节、下囊三通→焊接三通、短节→焊道检测→安装阀门并试压→组装开孔机→开孔机与阀门整体打压→开孔→关闭阀门→拆除开孔机→安装封堵器→管线封堵→封堵段排空→封堵段氮气置换→安装隔离囊→机械断口→连头焊接 ϕ508mm 球阀→建设 ϕ273mm 新管线→无损检测→新管线试压→新管线氮气置换→拆除隔离囊→新管线平衡、导通→解除封堵→安装塞柄、加盖盲板。不停输带压封堵施工工艺原理如图 1 所示。

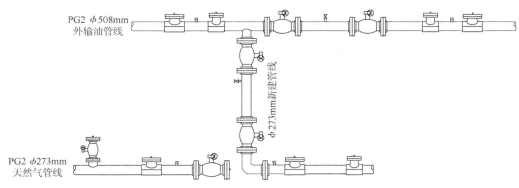

图 1　不停输带压封堵施工工艺原理图

2.2　施工要点质量控制

（1）开孔位置确认。开孔作业点应选择在直管段上，尽量避开管道焊缝，使用外卡尺和直板尺测量管线椭圆度，确保上、下游开孔封堵部位的管道椭圆度误差符合标准要求。防腐层剥离长度为三通两侧外各 100mm 之间的管段，打磨环焊缝焊接位置，测量壁厚，避开严重腐蚀区域，三通焊缝区域采用超声波进行检测并留存记录。

（2）最高可施焊压力计算。根据标准 GB/T 28055—2011 进行管道施焊压力计算管道允许带压施焊的压力，经计算该压力大于管道最大运行压力，因此在焊接作业期间管线无须降压运行。

$$p = \frac{2\sigma_s(t-c)}{D}F \tag{1}$$

式中　p——管道允许带压施焊的压力，MPa；

　　　σ_s——管材的最小屈服极限，MPa；

　　　t——焊接处管道实际壁厚，mm；

　　　c——因焊接引起的壁厚修正量，mm；

　　　D——管道外径，mm；

　　　F——安全系数，无量纲。

（3）三通安装。根据现场实际情况，决定三通组装的顺序，当三通与管线间缝隙和角度满足开孔要求后，先点焊后预热，达到预热温度后按照焊接工艺规程进行三通焊接。焊接完成后横焊缝进行超声加磁粉检测，环焊缝进行磁粉检测，上、下游三通，短节的焊道根据 SY/T 4109—2015 进行验收。环焊缝焊接顺序如图 2 所示。

（4）严密性试压。阀门安装完成后，将氮气瓶与夹板阀下

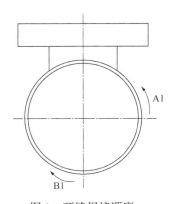

图 2　环缝焊接顺序

侧平衡孔相连接，将三通腔体与夹板阀形成的空腔内冲入氮气，然后关闭阀门进行严密性试压，将压力升至管线运行压力的 1.1 倍。第一次升压至 50%稳压 5min，第二次升压至 80%稳压 5min，第三次升压至 100%稳压 15min，稳压期间检测三通焊缝及阀门与三通连接处无渗漏点，无压降视为合格。

（5）带压开孔。开孔前，连接开孔机液压管，确认各连接部位无松动，开启开孔机开孔，通过标尺杆记录开孔尺寸。开孔时，当开孔机切削到预定尺寸后，停机，然后以手动操作开孔机使开孔刀前进 5~10mm，确认孔完全被开透并进行校核，方可上提刀具，要求在开孔作业时管线内介质压力、流速应保持稳定。开孔完成后将刀退出，关闭夹板阀，关闭开孔控制阀，关闭液压站，通过泄压阀排出开孔机腔体内的残余压力。

（6）带压封堵。封堵前，检查封堵器、封堵结合器，选择合适的封堵皮碗，安装封堵头收回主轴，测量封堵尺寸，安装封堵器至夹板阀，整体严密性试验。封堵时，不应清管作业，管线内压力稳定，流速保持 5m/s[2]，下封堵时应按照"先下下游封堵，后下上游封堵"的原则进行，过程中密切监听管线内是否有异常响动，并密切监视液压站压力表。封堵到位后，通过平衡孔泄压可根据泄漏量验证封堵是否合格，在下游平衡孔处进行排油，从上游平衡孔处注氮吹扫，直至下游平衡孔处检测含氧量小于 2%为合格。带压封堵作业如图 3 所示。

图 3　带压封堵作业

（7）新旧管线连头。按原管道设计要求 SY/T 4204—2016 对新管道进行严密性和强度压力试验，目测管道无变形、不破裂、无渗漏、压降不大于试验压力的 1%为合格。采用爬管器进行机械断管，管线断开后放置挡油墙，进行可燃气体浓度检测，合格方可打火施焊，完成 ϕ508mm 管线与 ϕ273mm 管线的连通。

（8）管道解封、安装盲板。提封堵时应按照"先提上游封堵，再提下游封堵"的原则，使用氮气对封堵腔体内天然气进行置换，检测合格后拆卸封堵器，通过鞍形板与开孔结合器螺栓孔的找正对中，将开孔切下的鞍形板随塞柄恢复到原位置，确保清管器、检测器顺利通过。下塞柄过程中管线内压力、流速应保持稳定，确认塞柄安装完毕后，验证塞堵密封效果，泄压使用氮气对腔体内油气进行置换，拆除开孔机，安装三通盲板。管道解封完成后效果如图 4 所示。

图 4 管道解封完成后效果

3 结语

新 PG2 外输油管道不停输带压封堵施工项目于 2019 年 1 月 19 日进场，1 月 30 日完工，顺利完成新 PG2 外输油管道 ϕ508mm 切换到供气管线 ϕ273mm 的连通，并置换投产成功。实践证明，不停输带压封堵技术的成功应用，不仅节约了油田管线的施工成本，而且确保了集输系统的平稳运行，在实施过程中曾多次优化施工方案，整个过程处于安全受控状态，这为今后类似管道改造积累了一定的经验。

参 考 文 献

[1] 胡筱波. 油田管线施工双侧带压封堵技术的应用[J]. 能源与节能，2014(10)：144-186.
[2] 江涛，朱圣平，李方圆. 天然气管道不停输带压封堵技术应用实践[J]. 石油工程建设，2013，39(6)：48-55.